# 車輛感測器原理與檢測

蕭順清　編著

全華圖書股份有限公司

# 作者經歷簡介

- 台北科技大學 車輛工程系碩士班畢業
- 汽車檢驗員、汽車技工執照、甲級、乙級技術士汽車修護檢定合格
- 職訓局汽車修護檢定技術士命題委員、評審員
- 青輔會青年職訓中心汽車科主任、講師
- 曾任五種品牌汽車公司 服務部課長、經理
- 有德公司副總經理
- 汽車保養廠 技師、合夥、經營顧問、講師
- 台北科大、明志科大、南開、亞東、北台灣科技學院兼任講師
- 南亞技術學院機械系車輛組講師

# Preface 作者序

近年來本人在跟保修廠的技師及對在校生授課中，發現大部分人對車上電路查修均甚感困擾，普遍認為「電」很不容易理解及學習，因為不懂就不敢亂摸，怕一不小心就把電腦、電路或元件燒壞。會造成此種現象，主要是因很多人對電路基礎觀念不對或不夠清楚，而目前坊間書籍，對電路均講得太複雜或太著重理論，且教學方式無法讓學習者一聽就懂，因此造成很多學習者不易理解(學習障礙)。本人以多年之授課心得，採用「最簡單的方法去教會他人」，希望能讓你在學習上有所幫助。

本書介紹之感測器，依功能分為感測溫度、壓力、流量、位移、轉速轉角、氣體、爆震及其他等，除了使用在引擎各控制系統中，也涵蓋傳動、底盤、空調各控制系統，例如 AT、EHPAS、ESP…等所使用之感測器。

本書雖只著重於車輛感測器方面相關之原理、知識及檢測技術，如果讀者能熟讀與實際去體驗各種檢測方法，相信能從中獲得更多相關電路之查修技巧，並活用在其他控制電路中。

本書適合科技大學、技術學院車輛系學生學習感測器原理及檢測方法、電路查修等實用技能，也適合業界技師自習及進修之參考資料。如果你對本書內容有任何改進建議，請不吝指正。

# Preface 編輯部序

「系統編輯」是我們的編輯方針，我們所提供給您的，絕不只是一本書，而是關於這門學問的所有知識，它們由淺入深，循序漸進。

本書內容主要探討車輛各種感測器之原理、控制電路及檢測方法等。是一本理論與實務並重的書，有別於市面上偏向理論之書籍，造成學生讀了理論，卻不會應用在實務檢測，此爲目前技職教育所欠缺。故本書強調如何使學生瞭解原理的同時，亦能於實務中動手檢測及查修，以利日後就業之需求。

同時，爲了使您能有系統且循序漸進研習相關方面的叢書，我們列出了本公司出版，各有關圖書的書目，以減少您研習此門學問的摸索時間，並能對這門學問有完整的知識。若您在這方面有任何問題，歡迎來函連繫，我們將竭誠爲您服務。

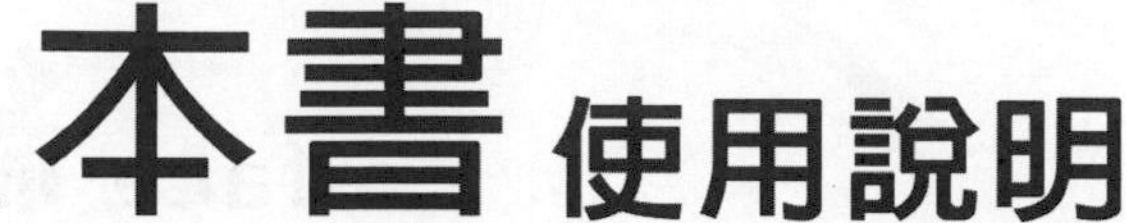

# 本書使用說明

作者常提醒學習者在學習時要「學到重點」，如果好好學到重點，即可以縮短學習時間，但作用原理一定要學，才能從中推敲分析出可能故障原因，故障排除功力及速度一定比他人強，尤其目前車上各元件幾乎都用電控方式，不知作用原理，等於瞎子摸象，極可能會把元件或電路燒壞。因此爲讓讀者能容易理解，本書編排方式力求實用原則，除了懂得學理(理論)，也要能應用在實務中。希望透過前輩經驗之傳承，可減少後學者很多學習摸索的時間，這也是本書的目的之一。

本書對查修或檢測方法均列出各種方法給讀者參考，讀者可自行選擇其中一種方法去應用在實務中，如果能活用各種檢測方法，對查修故障能力及速度一定更有幫助。

各感測器電路檢測，採用功能、作用原理、故障現象、可能故障原因、檢測方法、貼心提醒、查修密技之編排方式，讓你更容易了解。

本書各種電路舉例並不限定於某一車種，但儘量以大部分車種使用之電路作範例說明，因此，如果你學會本書所提一些基本觀念及檢測方式，只要你有該車種之電路圖，你應該就會舉一反三，順利地動手去做檢測查修工作。甚至有些電路即使手上沒有電路圖，你也可以動手去查修，在查修故障時，如果你能了解一些通則，即使手上沒有原廠修護手冊之規範數據，對故障研判仍有極大參考價值。

書中所提之檢測數值，例如 DCV、ACV、Hz…等，乃指一般性之設計數值，可能因車種不同而有些微之不同，故僅供參考，建議維修時仍請參考各原廠之修護手冊內之正確數值及規範。

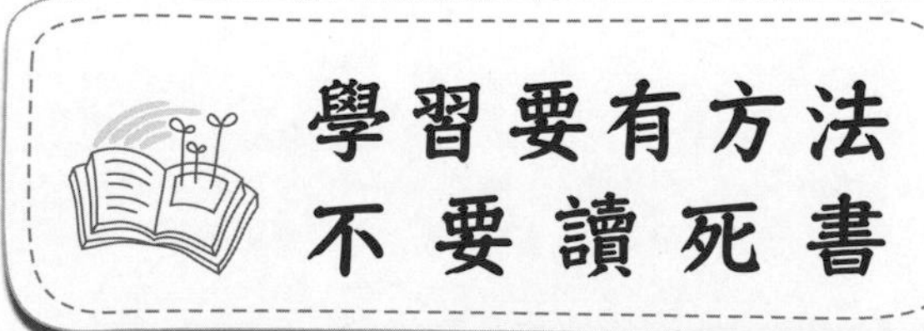

## 相關叢書介紹

書號：0547302
書名：電動汽機車(第三版)
編著：李添財
20K/496 頁/500 元

書號：0395002
書名：現代汽車電子學(第三版)
編著：高義軍
16K/776 頁/680 元

書號：0507401
書名：混合動力車的理論與實際(修訂版)
編著：林振江、施保重
20K/288 頁/350 元

書號：0556904
書名：現代汽油噴射引擎(第五版)
編著：黃靖雄、賴瑞海
16K/368 頁/450 元

書號：0258201
書名：汽車故障快速排除(修訂版)
編譯：石 施
20K/312 頁/300 元

書號：0555302
書名：汽車煞車系統 ABS 理論與實際(第三版)
編著：趙志勇、楊成宗
20K/408 頁/380 元

書號：0643871
書名：應用電子學(第二版)(精裝本)
編著：楊善國
20K/496 頁/540 元

◎上列書價若有變動，請以最新定價為準。

## 流程圖

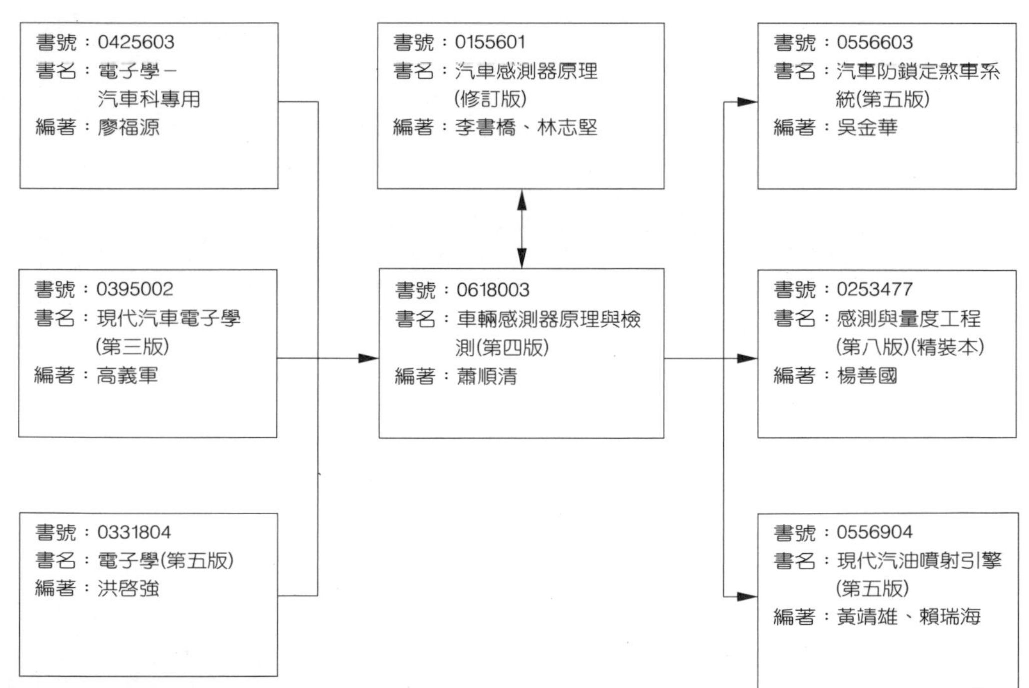

Table of Contents 目錄

## 第 1 章 感測器基本概念篇


1-1 感測器在汽車之應用 ........ 1-1

1-2 感測器之發展 ........ 1-2

1-3 車輛常用感測器分類 ........ 1-2

1-4 汽油噴射引擎控制原理 ........ 1-4

1-4-1 依噴油嘴安裝位置分類 ........ 1-4

1-4-2 依噴油方式分類 ........ 1-4

1-4-3 依 BOSCH 命名方式分類 ........ 1-5

1-4-4 汽油噴射引擎基本控制方式 ........ 1-6

1-4-5 車上感測器使用之訊號 ........ 1-8

1-4-6 工作週期(Duty cycle%)與頻率(Hz) ........ 1-8

1-4-7 感測器之學習重點 ........ 1-11

1-4-8 感測器工作之三個條件 ........ 1-11

1-4-9 車用引擎電腦的電源供應方式 ........ 1-12

1-5 感測器使用之三種訊號 ........ 1-12

1-5-1 霍爾式感測器之作用原理及檢測方法(產生方波訊號) 1-12

1-5-2 電磁感應式感測器之作用原理及檢測方法(產生 ACV 訊號電壓) ........ 1-18

1-5-3 分壓電路原理及檢測方法(產生 DCV 訊號電壓) ........ 1-21

1-6 故障碼如何產生的？ ........ 1-24

1-6-1 感測器如何讓電腦產生故障碼？ ........ 1-24

1-6-2 如何叫故障碼 ........ 1-27

1-6-3 如何消除故障碼 ........ 1-30

1-6-4 當故障燈一直不熄時，如何查修？ ........ 1-30

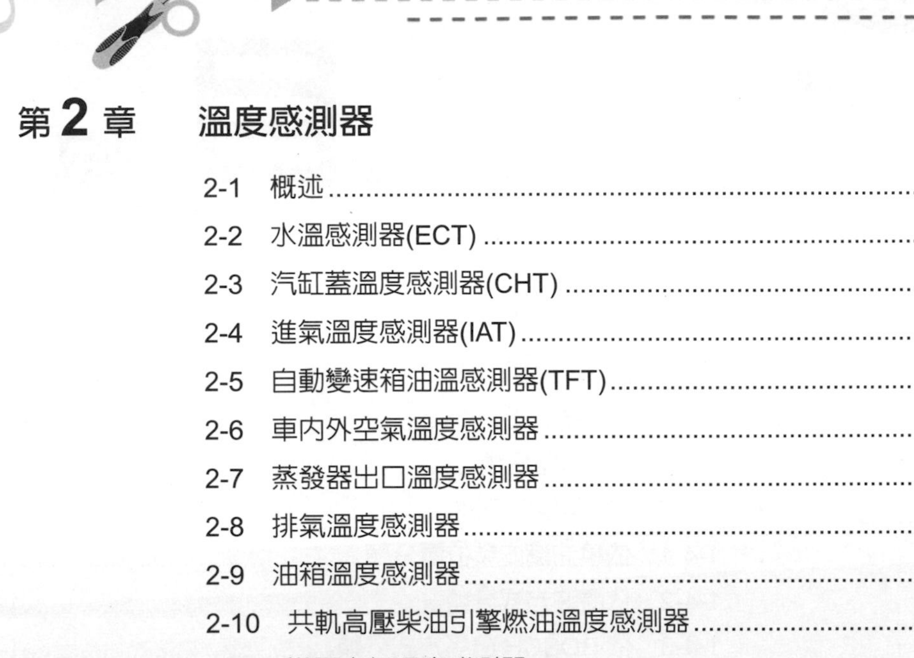

## 第 2 章 溫度感測器


2-1 概述 ........................................2-1
2-2 水溫感測器(ECT) ........................................2-3
2-3 汽缸蓋溫度感測器(CHT) ........................................2-10
2-4 進氣溫度感測器(IAT) ........................................2-11
2-5 自動變速箱油溫感測器(TFT) ........................................2-12
2-6 車內外空氣溫度感測器 ........................................2-14
2-7 蒸發器出口溫度感測器 ........................................2-14
2-8 排氣溫度感測器 ........................................2-15
2-9 油箱溫度感測器 ........................................2-15
2-10 共軌高壓柴油引擎燃油溫度感測器 ........................................2-15
2-11 增壓空氣溫度感測器 ........................................2-16


## 第 3 章 壓力感測器


3-1 進氣歧管絕對壓力感測器(MAP) ........................................3-1
3-2 大氣壓力感測器(BARO) ........................................3-7
3-3 共軌高壓柴油引擎燃油油壓感測器 ........................................3-7
3-4 油箱壓力感測器 ........................................3-10
3-5 渦輪增壓感測器 ........................................3-10
3-6 冷媒壓力感測器 ........................................3-11
3-7 煞車油壓感測器 ........................................3-12
3-8 煞車增壓器真空感測器 ........................................3-13
3-9 排氣壓力感測器 ........................................3-14
3-10 排氣壓力差異感測器 ........................................3-14


## 第 4 章 流量感測器


4-1 進氣空氣量感測方式 ........................................4-1

Contents

4-2 翼板式空氣流量感測器(VAF)....................4-2
4-3 熱線式(熱膜式)空氣流量感測器(MAF)....................4-3
4-4 卡門渦流式空氣流量感測器....................4-10
4-5 矽晶片式空氣流量感測器....................4-14

第 5 章 位移感測器

5-1 節氣門位置感測器(TPS)....................5-1
5-2 電子節氣門....................5-6
5-2-1 電子節氣門構造及作用原理....................5-6
5-2-2 電子節氣門的功能....................5-9
5-2-3 電子節氣門故障現象及可能故障原因....................5-9
5-2-4 電子節氣門--油門踏板位置感測器(APP)....................5-10
5-2-5 電子節氣門--節氣門位置感測器(TPS)....................5-15
5-2-6 電子節氣門作動器(馬達)....................5-17
5-2-7 各車種電子節氣門怠速學習程序....................5-18
5-3 搖擺率及橫向 G 力感測器....................5-20

第 6 章 轉速轉角感測器

6-1 曲軸位置感測器(CKP)....................6-1
6-1-1 電磁感應式曲軸位置感測器....................6-1
6-1-2 霍爾式、磁阻式曲軸位置感測器....................6-7
6-1-3 光電式曲軸位置感測器....................6-15
6-2 凸輪軸位置感測器(CMP)....................6-16
6-2-1 電磁感應式凸輪軸位置感測器....................6-16
6-2-2 霍爾式、磁阻式凸輪軸位置感測器....................6-16
6-3 車速感測器....................6-17
6-4 輪速感測器....................6-19
6-5 轉向角度感測器....................6-25
6-6 自動變速箱輸入軸感測器....................6-31

## 第 7 章　氣體感測器


7-1　前含氧感測器 ....................7-1
7-1-1　二氧化鋯含氧感測器 ....................7-1
7-1-2　二氧化鈦含氧感測器 ....................7-9
7-1-3　寬域型空燃比感測器(Wide-band Oxygen Sensor). 7-10
7-2　如何利用長短期燃油修正，去判斷故障點 .................... 7-13
7-3　後含氧感知器 .................... 7-15
7-4　空氣品質感測器(AQS).................... 7-16


## 第 8 章　爆震感測器


8-1　爆震感測器 ....................8-1


## 第 9 章　其他感測器


9-1　光感測器....................9-1
9-2　自動變速箱檔位開關....................9-4
9-3　引擎機油壓力開關 ....................9-8
9-4　動力轉向壓力開關 ....................9-9
9-5　煞車油面開關 .................... 9-10


## 附　錄


附錄 A　LED 測試燈使用說明 ....................附-1
附錄 B-1 新標準之汽車專有名詞....................附-7
附錄 B-2 縮寫汽車專有名詞之中英對照表 ....................附-13
附錄 B-3 SAE J1930 專有名詞與頭字語....................附-16
附錄 C　電路系統檢修注意要點....................附-23

# 1 感測器基本概念篇

## 1-1 感測器在汽車之應用

現代車輛不論是汽油噴射引擎、高壓共軌柴油引擎或其他車上各系統控制(例如自動變數箱、車輛穩定控制系統…)，均需利用各感測器提供訊號給電腦去控制各種作動器(例如引擎之噴油嘴、點火線圈、怠速、EGR、EVAP、可變氣門控制電磁閥、自動變速箱電磁閥…等)，及自我診斷、警示駕駛員(例如系統有故障現象時，會亮起故障燈)。因此感測器是一個很重要的元件，它用來監視及量測各系統之作用狀況，隨時提供正確的訊號給電腦。

在車輛上運用的感測器種類非常多，依功能可分爲感測溫度、壓力、流量、位移、轉速轉角、氣體、爆震及其他等。但歸納其訊號型態只有四種(DCV 直流電壓、ACV 交流電壓、方波、開關)，因此只要了解這四種型態感測器之作用原理及檢測方法，再認識感測器運用在該系統中的功能，即能很輕鬆的學習它。

## 1-2 感測器之發展

目前我們生活中陸續出現很多新產品或新發明，爲什麼會有這些新產品或新發明出現呢？主要有下列三大因素：

1. 因爲人類的智慧：現代人的頭腦越來越聰明，因此產生了“發明家”。
2. 因爲人類有此需求：人類爲追求更舒適，更方便、更安全、更環保…，因此發明了這些新產品，才有人購買。
3. 因爲材料科學的進步：陸續被發現或改良一些新材料，才能實現在新產品上。例如發明 CPU，才有電腦…等等。

同理，在感測器方面，也不斷的發展出新的材料與技術，例如感測元件使用半導體 IC 晶片，發展出體積更小、輕量化、耐久性及可靠度(工作穩定性要好)更佳之感測器。尤其汽車上的感測器更需要克服在苛刻的路況及天候環境中，例如耐高溫、耐震動，因此耐久性與可靠度比其他行業更爲重要。

所謂可靠度是指在規定的條件(規定時間、產品所處的環境條件及使用條件等)下，能夠使感測器正常的工作。例如進氣歧管壓力感測器的可靠度爲 0.998 (2000H)，它是指進氣歧管壓力感測器符合上述條件時，工作在 2000 小時內，它的可靠性爲 0.998(99.8%)。

另外，在感測控制技術之設計上也要考慮到環保(例如廢氣之排放)。但有時爲了考慮環保，在汽車或引擎性能及燃油經濟上就要犧牲一些(例如爲了降低排氣中 NOx 排放量，採用 EGR 之控制方式)，這是在目前工業發展過程中無法避免的現象。

## 1-3 車輛常用感測器分類

| 感測器分類 | 型　式 | 舉　例 |
|---|---|---|
| 溫度感測 | 熱敏電阻式 | ★冷卻水溫度感測器(ECT)<br>★汽缸蓋溫度感測器(CHT)<br>★進氣溫度感測器(IAT)<br>★自動變速箱油溫感測器(TFT)<br>★車內外空氣溫度感測器<br>★蒸發器出口溫度感測器<br>★排氣溫度感測器<br>★油箱溫度感測器<br>★共軌高壓柴油引擎燃油溫度感測器 |

| 感測器分類 | 型　式 | 舉　例 |
|---|---|---|
| 壓力感測 | 電容式<br>壓阻式<br>壓電式 | ★進氣歧管壓力感測器(MAP)<br>★大氣壓力感測器(BARO)<br>★共軌高壓柴油引擎燃油壓力感測器(FRP)<br>★油箱壓力感測器<br>★渦輪增壓感測器<br>★冷媒壓力感測器<br>★煞車油壓感測器 |
| 流量感測 | | ★翼板式空氣流量感測器<br>★熱線式(熱膜式)空氣流量感測器<br>★卡門渦流式空氣流量感測器 |
| 位移感測 | 線性式(可變電阻式)<br>霍爾效應式 | ★節氣門位置感測器(TPS)<br>★電子油門(節氣門)<br>★搖擺率及 G 力感測器 |
| 轉速轉角感測 | 電磁感應式<br>霍爾效應式<br>磁阻式<br>光電式 | ★曲軸位置感測器(CKP)<br>★凸輪軸位置感測器(CMP)<br>★車速感測器(VSS)<br>★輪速感測器<br>★轉向角度感測器<br>★自動變速箱輸入軸感測器 |
| 氣體感測 | | ★前含氧感測器<br>★空燃比感測器<br>★後含氧感測器<br>★空氣品質感測器(AQS) |
| 振動感測 | | ★爆震感測器(KS) |
| 光感測 | | ★光感測器 |
| 開關感測 | ON/OFF 式<br>線性式(可變電阻式) | ★自動變速箱檔位開關<br>★引擎機油壓力開關<br>★動力轉向壓力開關<br>★煞車油面開關 |

# 1-4 汽油噴射引擎控制原理

## 1-4-1 依噴油嘴安裝位置分類

(1) 單點噴射(SPI, TBI)：只有一只噴油嘴裝在進氣總管上。

(2) 多點噴射(MPI)：噴油嘴裝在各缸進汽門前方之進氣歧管上。

(3) 缸內直接噴射(GDI, FSI)：噴油嘴裝在燃燒室旁，直接噴入汽缸中。

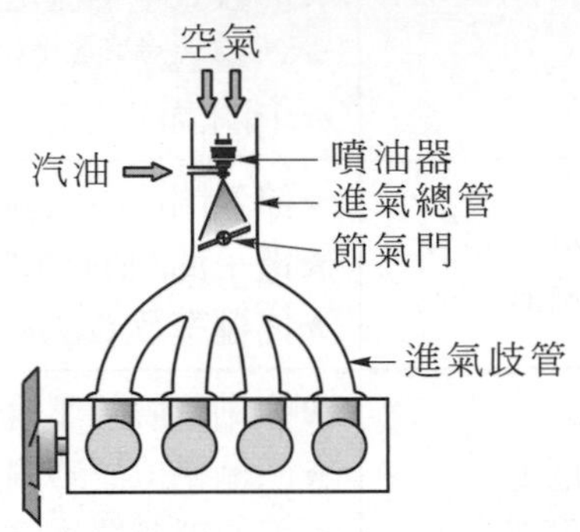


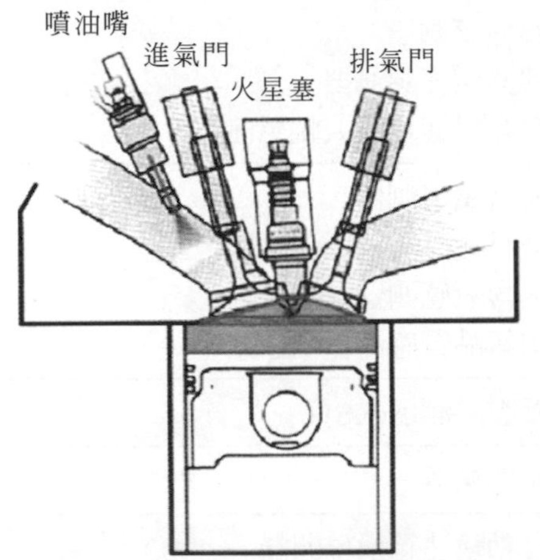


多點噴射（進氣口噴射MPI）

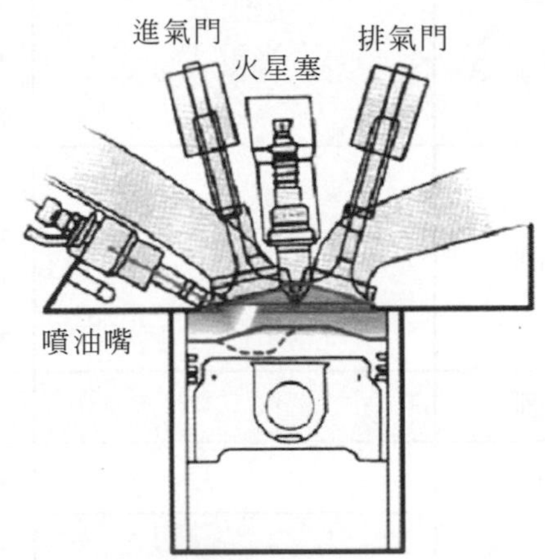


缸內直接噴射（GDI, FSI）

## 1-4-2 依噴油方式分類

(1) 同時噴射：各缸噴油嘴同一時間噴射。

(2) 分組噴射：將各缸噴油嘴分組，使各組之各缸同時噴射，例如四缸引擎分兩組噴射。

(3) 順序噴射(輪流噴射)：依點火順序逐缸噴射。目前噴射引擎均採用此種。

## 1-4-3　依 BOSCH 命名方式分類

汽油噴射引擎依德國博世(BOSCH)公司的命名方式分為：

(1) K 型：即 K-Jectronic，稱為機械控制連續噴射系統。

(2) KE 型：即 K 型之改良型，利用電腦控制與機械控制連續噴射系統。

(3) D 型：即 D-Jectronic，利用歧管壓力(轉速密度型)來偵測進氣量之間歇噴射系統。

(4) L 型：即 L-Jectronic，利用翼板式空氣流量感測器來偵測進氣量之間歇噴射系統。

(5) LH 型：利用熱線、熱膜式空氣流量感測器來偵測進氣量之間歇噴射系統。

(6) M 型：即 Motronic，將汽油噴射系統和電子點火系統結合在一起，使混合氣與點火正時獲得最佳之控制方式。

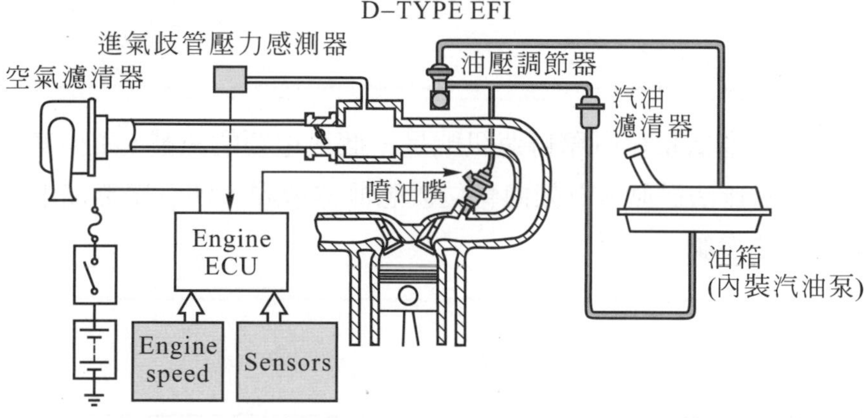


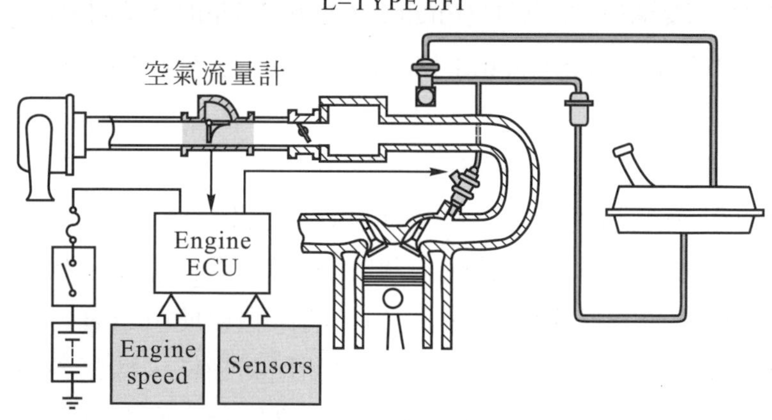

## 1-4-4　汽油噴射引擎基本控制方式

由進氣量與引擎轉速訊號給引擎電腦，來決定基本噴射量，如下圖。再參考其他感測器例如水溫、進氣溫度、節氣門位置、爆震、含氧感測器…等訊號，去修正最適宜之噴油量與點火時間。

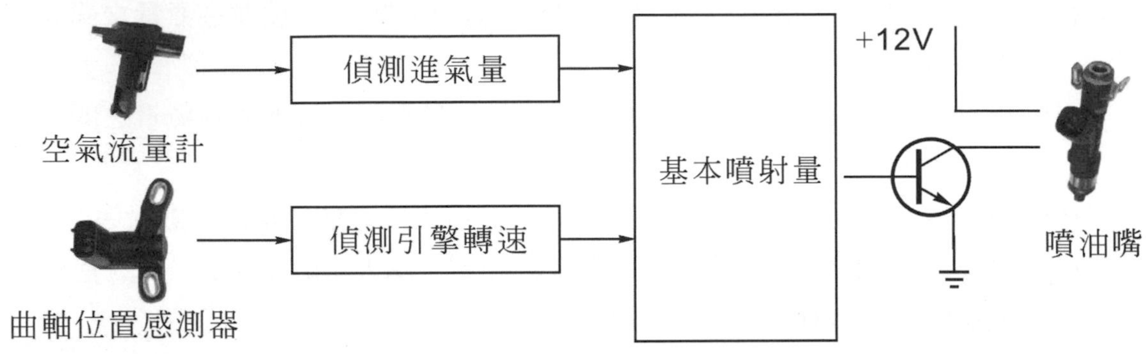


**貼心提醒**

由上表可見進氣量與引擎轉速訊號是一個很重要的訊號，如果其中一個不正常，將使引擎無法發動。例如曲軸位置感測器故障，則引擎無法取得轉速訊號，引擎就無法發動。

**貼心提醒**

引擎電腦一般稱呼為 ECU (Engine Control Unit)、ECM(Engine Control Module)或 PCM(Powertrain Control Module)，電腦也稱呼為控制模組或控制單元。

汽油噴射引擎電腦接到各感測器訊號(輸入訊號)，經過電腦內部分析計算、判斷後，會去控制各作動器(輸出訊號)，使引擎在最佳之狀況下運轉。如果有不正常之輸入訊號或輸出訊號(部分)，則電腦會使引擎警告燈恆亮，表示引擎有故障現象。維修人員也可由診斷接頭利用診斷機去觀察各感測器及部分作動器之作用情形(數值)及叫出故障碼，作為維修時之參考資訊。

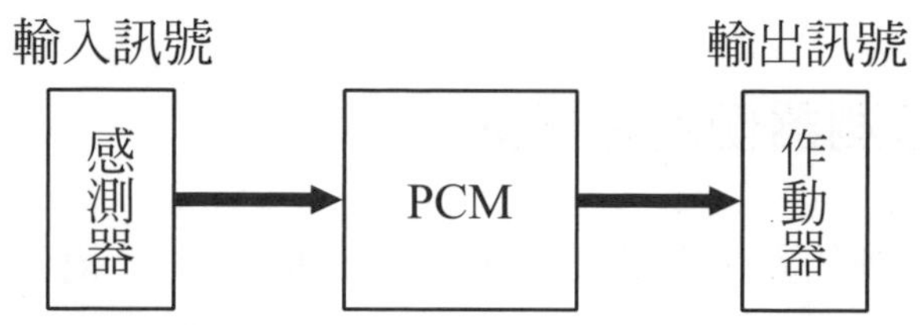

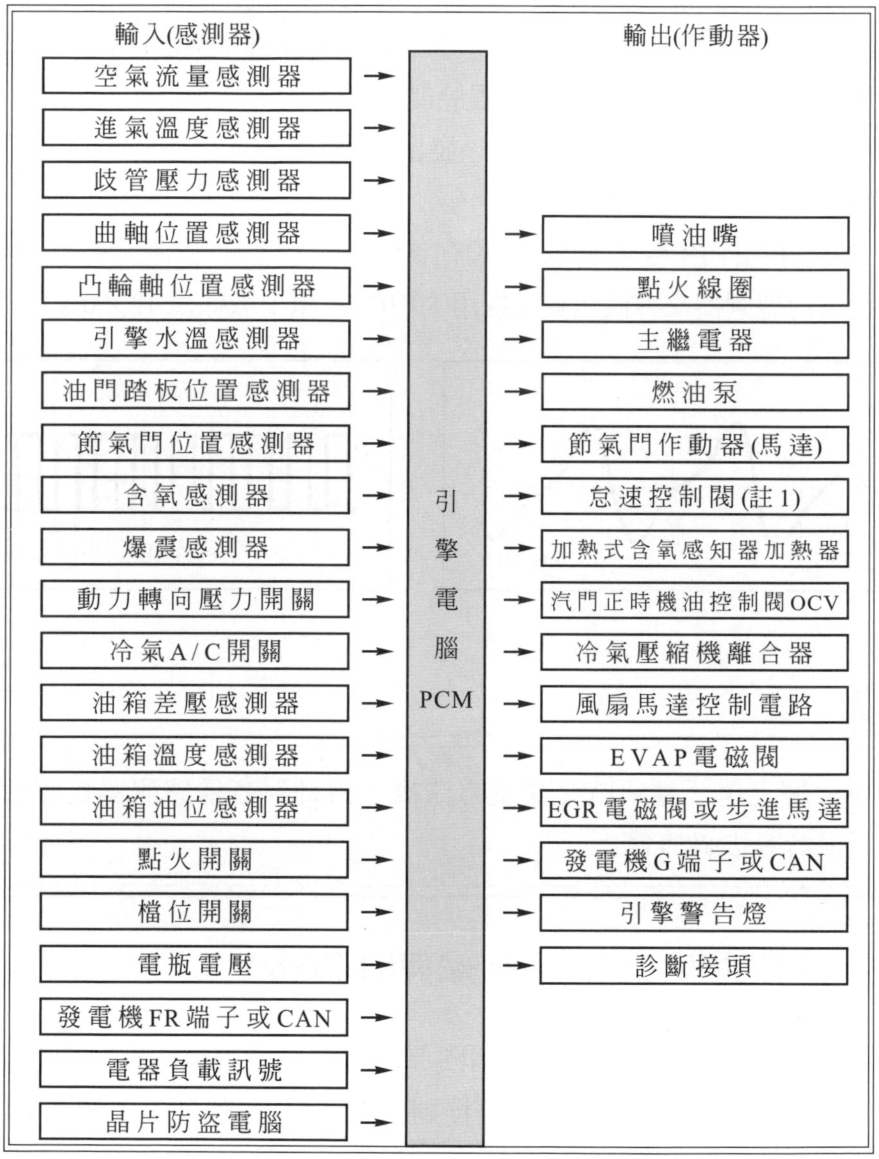

輸入訊號
輸出訊號
感測器
PCM
作動器

輸入(感測器)
輸出(作動器)
空氣流量感測器
進氣溫度感測器
歧管壓力感測器
曲軸位置感測器
凸輪軸位置感測器
引擎水溫感測器
油門踏板位置感測器
節氣門位置感測器
含氧感測器
爆震感測器
動力轉向壓力開關
冷氣A/C開關
油箱差壓感測器
油箱溫度感測器
油箱油位感測器
點火開關
檔位開關
電瓶電壓
發電機FR端子或CAN
電器負載訊號
晶片防盜電腦
引擎電腦PCM
噴油嘴
點火線圈
主繼電器
燃油泵
節氣門作動器(馬達)
怠速控制閥(註1)
加熱式含氧感知器加熱器
汽門正時機油控制閥OCV
冷氣壓縮機離合器
風扇馬達控制電路
EVAP電磁閥
EGR電磁閥或步進馬達
發電機G端子或CAN
引擎警告燈
診斷接頭

註 1：如果有裝置電子油門(節氣門)車輛，就不需怠速控制閥。

## 1-4-5 車上感測器使用之訊號

除了利用開關，例如點火開關(IG)、冷氣開關(A/C)、檔位開關(TR)、動力轉向油壓開關…等作爲感測訊號以外，不外乎下列三種訊號：

(1) DCV 直流電壓：利用可變電阻及電路分壓原理；例如使用在水溫感測器、進氣溫度感測器、節氣門位置感測器…等。

(2) ACV 交流電壓：自己本身可以發出 ACV 電壓；例如使用在電磁感應式各種感測器、爆震感測器…等。

(3) 方波：利用頻率變化；例如使用在霍爾式、光電式、磁阻式各種感測器…等。大部份感測器之方波訊號是採用 5／0 V，極少數採用 12／0 V。

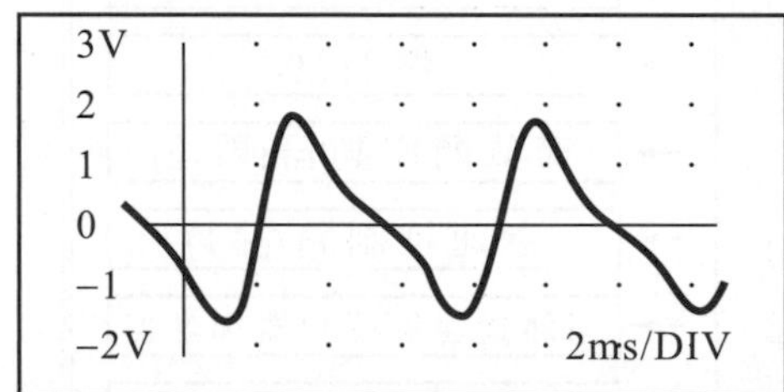


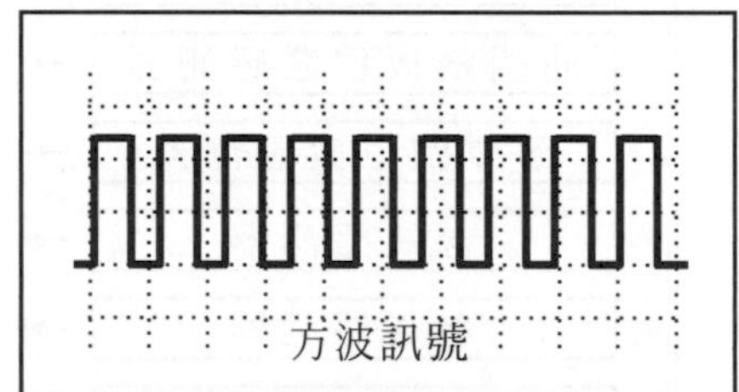


**貼心提醒**

只要了解上述三種訊號之測量方法後，再針對各種感測器是屬於何種訊號，即可很容易去做查修。

## 1-4-6 工作週期(Duty cycle%)與頻率(Hz)

作動器控制電路，有些是利用電腦內部電晶體來控制集極與射極的導通時間，稱爲脈波寬度調變法(簡稱 PWM)，就是控制脈波寬度，也就是工作週期(Duty cycle%)會變化的控制方式。下圖是工作週期(Duty cycle%)的定義，請注意下圖是電腦以控制搭鐵端之設計，因此 ON 脈波寬度要以 0V 電位來計算，以此例之工作週期(Duty cycle%)爲 75%。

$$\text{工作週期\%} = \frac{\text{ON脈波寬度}}{\text{週期}} \times 100\%$$

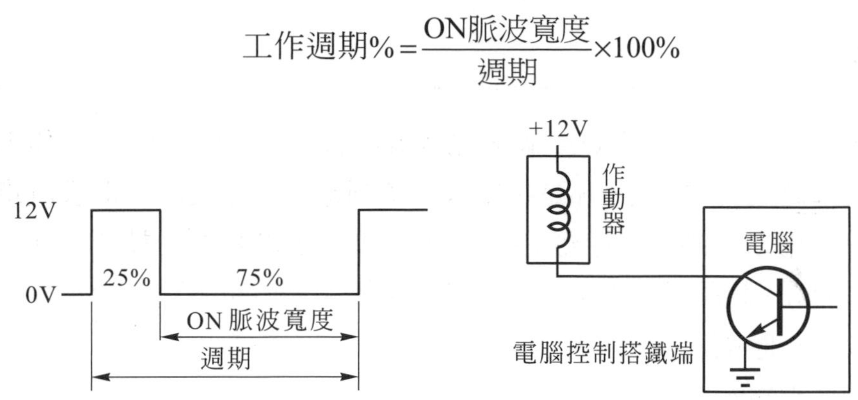


上述感測器所產生之方波，一般其工作週期(Duty cycle%)大部分均設計爲固定式(例如 50%)，但提供不同頻率之訊號給電腦。例如下圖，在同一時間內產生之方波數愈多，表示頻率愈高。

低速時
頻率低
高速時
頻率高

在同一時間的內產生之方波數不同

頻率是指一秒內所產生之週期數(次 / 秒，單位叫 Hz，赫芝)，例如下左圖中 1 秒中有 2 個週期，其頻率爲每秒 2 週，稱爲 2Hz。下右圖中週期爲 20ms(毫秒)，即 0.020s(秒)，頻率爲 1/0.02，即爲 50Hz(每秒產生 50 次之訊號數量)。

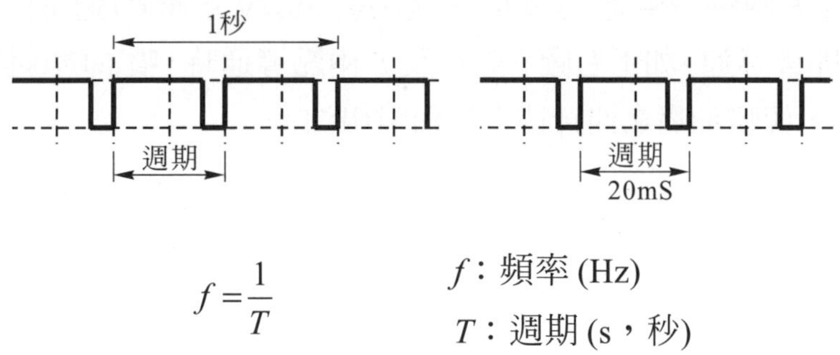


$$f = \frac{1}{T}$$

$f$：頻率 (Hz)

$T$：週期 (s，秒)

## 貼心提醒

很多書籍或資料均將 ON 脈波寬度解釋爲正(+12V)電位之%(如下左圖會解釋爲工作週期爲 25%)，那是指電腦以控制電源端之設計。但因汽車上大部分地方設計均以控制搭鐵端爲主(如果電腦以控制搭鐵端之設計，則工作週期 Duty 爲 75%)。請讀者特別留意，以免混淆不清。汽車上電腦會以控制電源端之設計較少，通常使用在控制自動變速箱之油路換檔電磁閥及部分車種之可變汽門正時之電磁閥。

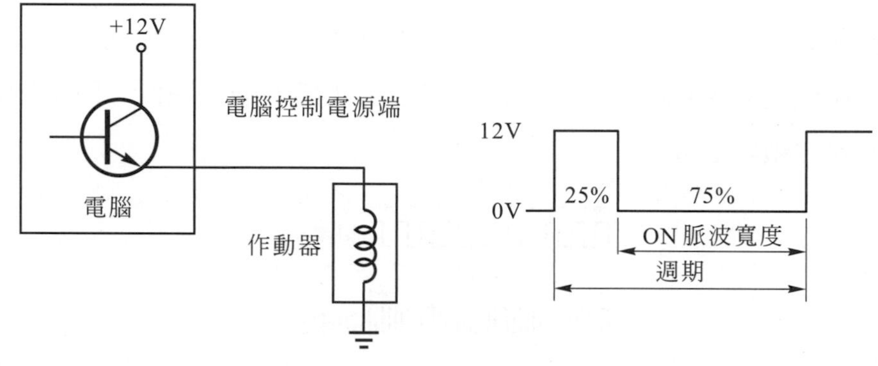


## 貼心提醒

簡易電晶體之作用原理如下圖爲 NPN 型電晶體，如果基極 *B* 沒有電壓(不來電)時，*C* 及 *E* 兩點不導通。當基極 *B* 送出約 >0.7V 電壓時(通常由電腦送出)，*C* 及 *E* 兩點即會導通。如下右圖，當 *C* 及 *E* 兩點導通時，噴油嘴線圈即通電(構成完整迴路)，使噴油嘴之油針往上吸而噴出油。

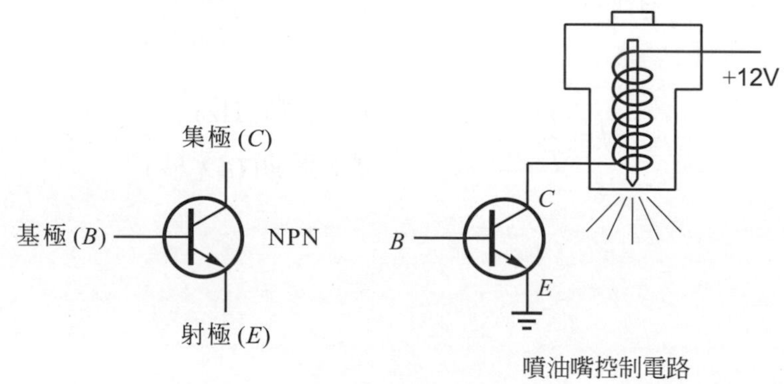

噴油嘴控制電路

**貼心提醒**

測量電路時，例如右圖，用測試棒欲測量 *AB* 二點，如果不小心將二支測試棒互相碰觸，使 *AB* 二點接觸，則電腦內部電晶體即刻會燒燬。在查修電路時要特別留意此點，因爲有些人測量時把電腦燒燬而不自知，當然就要倒楣的顧客付帳囉！

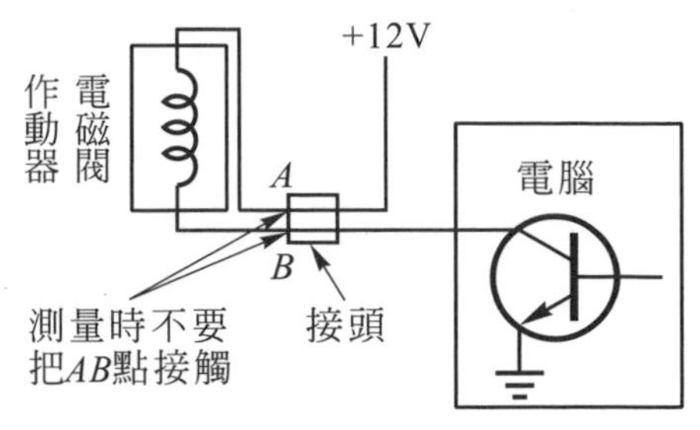


## 1-4-7　感測器之學習重點

(1) 了解各種感測器作用原理及種類。

(2) 各種感測器電路檢測數據或波形(靜／動態)及判斷好壞。

(3) 各種感測器損壞時，會產生之症狀(故障現象)。

## 1-4-8　感測器工作之三個條件

(1) 電源電壓(電源線)，或稱參考電壓：通常爲 5V 或 12V，大部分是由電腦送出，電壓固定。

(2) 訊號電壓(訊號線)，或稱輸出電壓：會變化的電壓，要送回給電腦去做控制用(有時電源電壓與訊號電壓會是同一條線，例如水溫感測器)。

(3) 搭鐵(搭鐵線)：測量感知器搭鐵線電阻時，要拆開電瓶負極線。

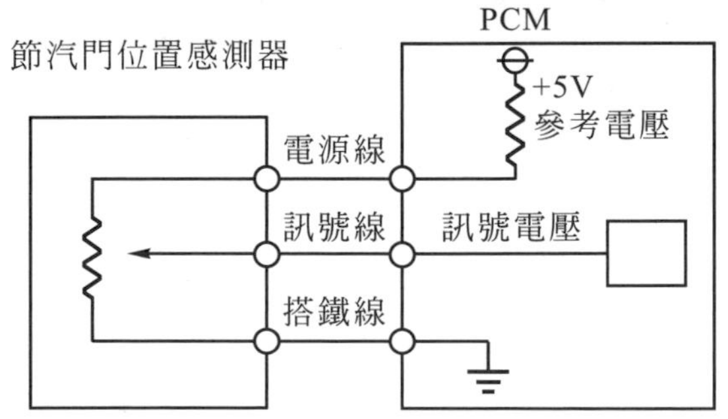


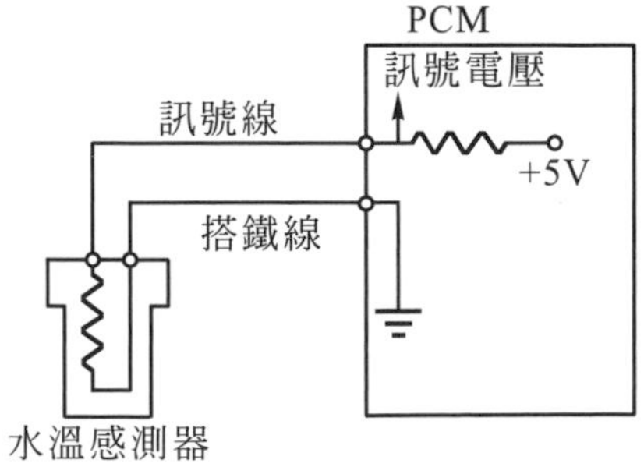

### 1-4-9 車用引擎電腦的電源供應方式

連接到電腦的電源供應有兩種，一是直接電源(或稱永久電源，即由電瓶經保險絲直接接至電腦)，另一種是由點火開關控制的電源(即 IG SW ON 才有電)。

由電腦控制運作的電壓一般有兩種，有 5V 及 12V。包括感測器使用的 5V 或 12V 電源電壓，及控制作動器的 12V 驅動電壓。

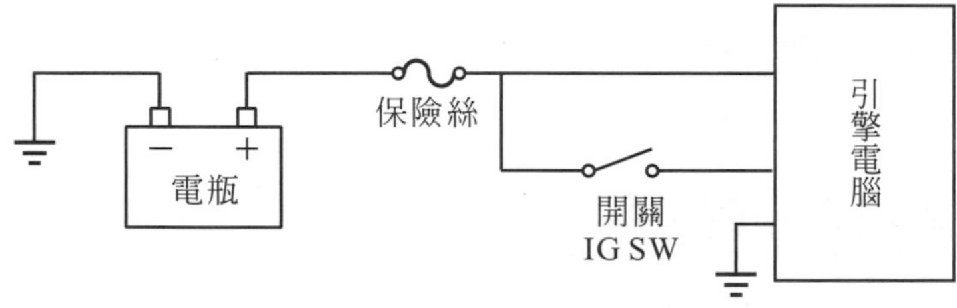


## 1-5 感測器使用之三種訊號

我們先將感測器使用之三種訊號(方波、ACV、DCV)逐一介紹如下：

### 1-5-1 霍爾式感測器之作用原理及檢測方法(產生方波訊號)

◉ 作用原理：

(1) 霍爾效應：當在半導體霍爾元件通以電流 *I*(*X* 方向)，並在霍爾元件的垂直方向 (*Z* 方向)施加磁場時，會使半導體內電荷流向改變，因而在半導體兩端產生電動勢，此為霍爾電壓，此種現象稱為霍爾效應。

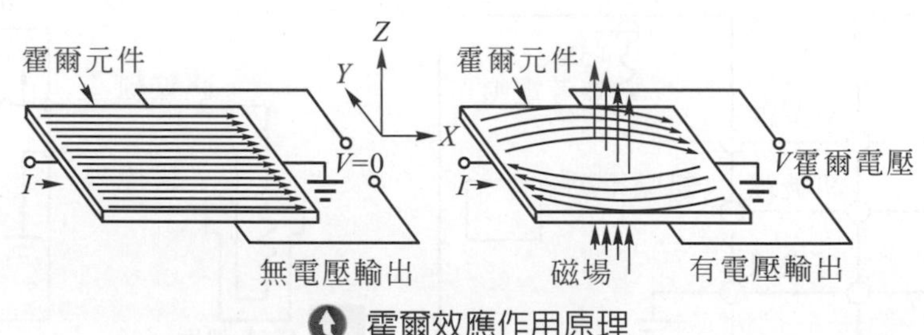


霍爾效應作用原理

(2) 霍爾式感測器使用在汽車上有二種：觸發葉片式及觸發齒輪式

a. 觸發葉片式：當信號盤之葉片進入永久磁鐵與霍爾元件之間隙時，磁場被葉片遮住，此時不產生霍爾電壓(0V)，感測器無輸出訊號。當信號盤之葉片的缺口部分進入永久磁鐵與霍爾元件之間隙時(沒有葉片遮住)，霍爾電壓升高，感測器輸出電壓訊號。

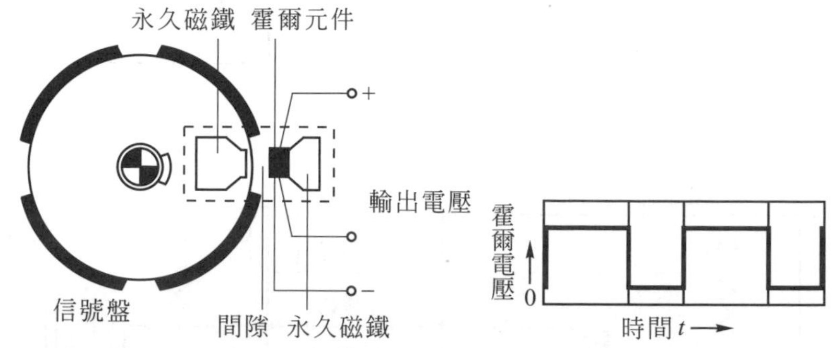


b. 觸發齒輪式：當齒輪轉動時，會產生磁場強弱之變化，因此引起霍爾電壓之變化如下圖。

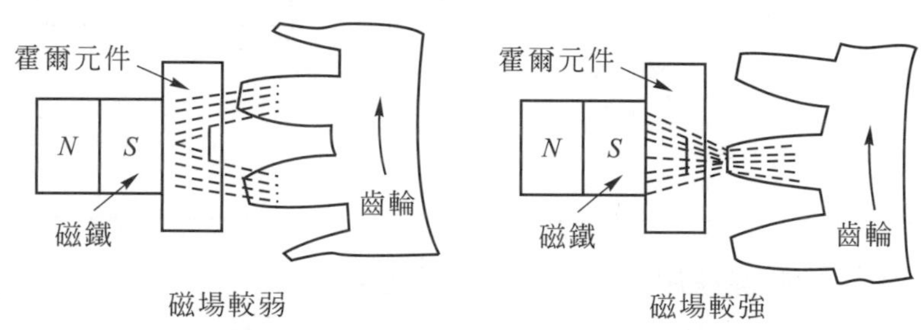


(3) 霍爾式感測器控制電路如右下圖，一般有 3 條線，一條爲電源線(一般常見有 12V、5V 及 8V 等三種設計)，一條爲搭鐵線，一條爲訊號電壓(由電腦送出 5V 給感測器)。當轉子旋轉時產生磁力線，會使霍爾感測器內部之電晶體產生開關作用(使集極與射極接通或不通)，故訊號線會產生 0 與 5V 之方波訊號。當轉子轉速愈快，則產生之方波數愈多，即頻率(次/秒)愈高。

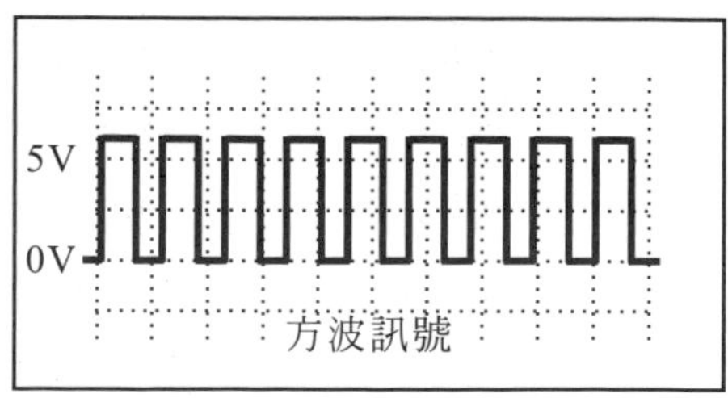

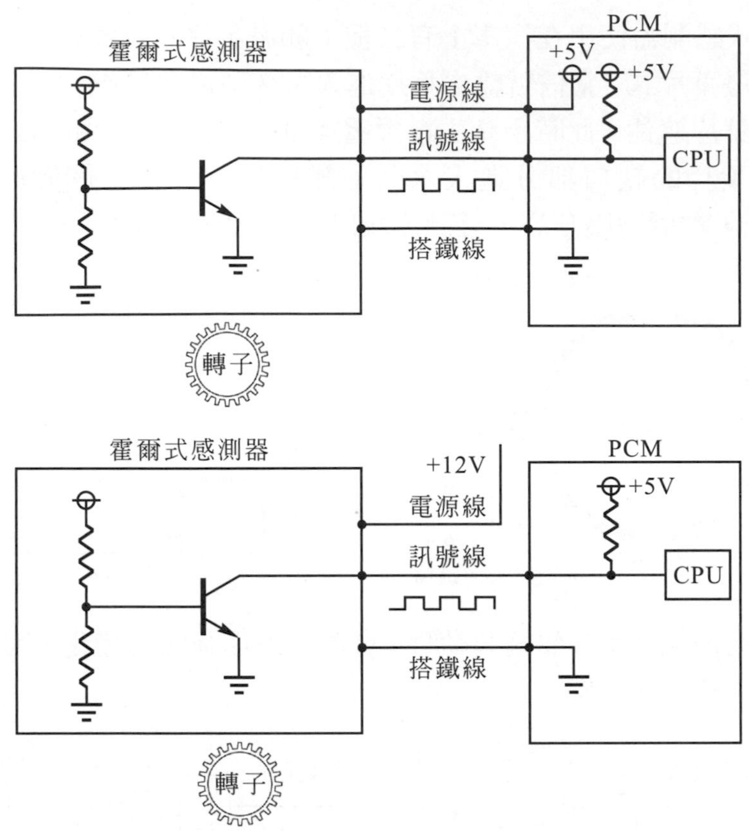


**貼心提醒**

有些車種之電源線採用+12V，如上圖接線。

(4) 目前很多車種均採用這種霍爾(Hall)IC之感測器，例如使用在曲軸位置感測器(CKP)、凸輪軸位置感測器(CMP)、車速感測器(VSS)、輪速感測器、轉向角度感測器…等。其主要優點爲：當轉速快慢時所感測之方波較準確，不易受電磁波干擾，缺點爲成本較高。

(5) 另外有一些車種會使用一種叫做磁阻元件(MRE,Magnetic Resistance Element)式感測器，其內部爲利用磁性電阻元件經電子電路處理後，當轉子轉動時，也是產生方波訊號，你可以將它當作與霍爾式相同之作用原理(檢測方法也相同)。

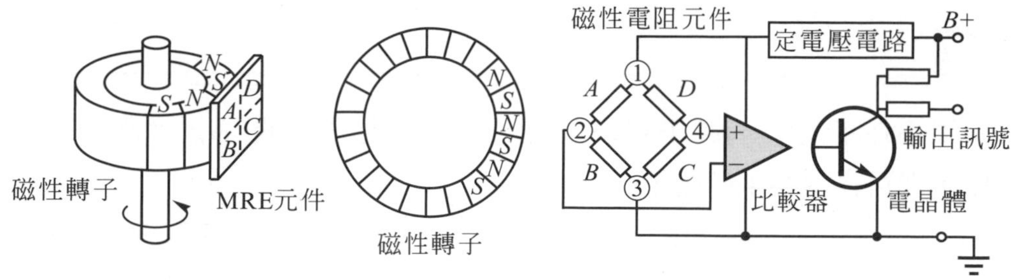


## ◉ 霍爾式感測器檢測方法：

**方法 1：** 你可以如下圖，拆開感測器接頭，測量電腦之訊號線是否送出 5V，及電源線是否送出 5V 或 12V(視車種)。如果測出正常，即表示感測器故障。(但請注意感測器接頭是否接觸不良)

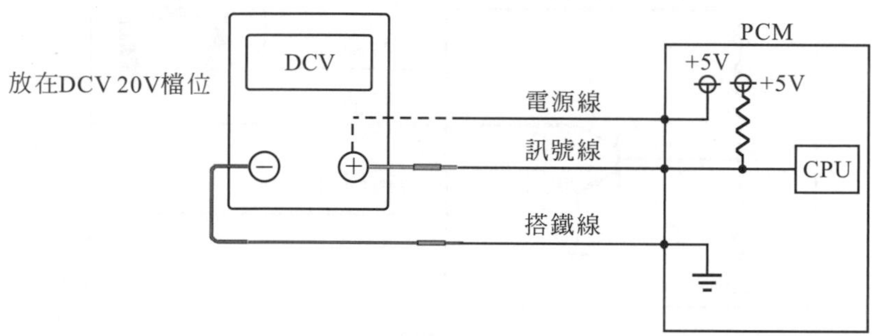


**方法 2：** 利用 LED 檢測燈--如下圖接線，當轉子旋轉時，正常時 LED 應會閃爍，當轉子轉速愈快時，LED 閃爍速度也愈快。(有關 LED 檢測燈構造及使用請參考本書後面附錄 A)

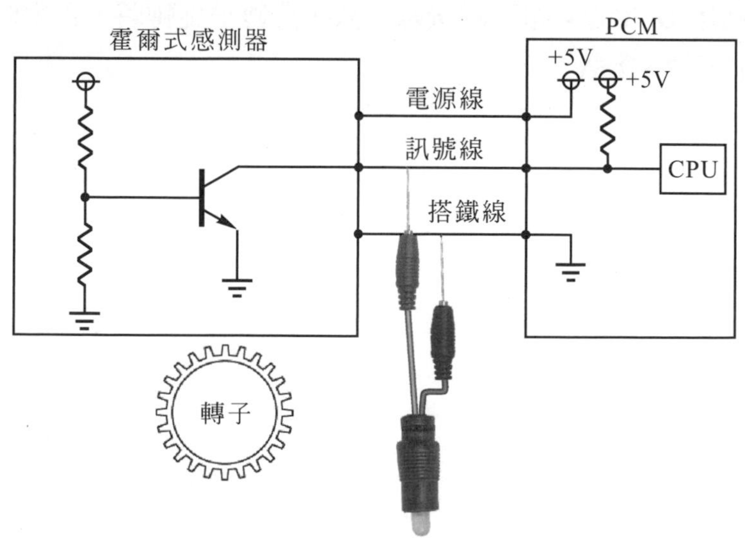

**貼心提醒**

如果不在車上(沒有轉子時)，你可以用螺絲起子碰觸(靠近／離開)感測器的動作，即可模擬轉子轉動情形。

當感測器拆下時，如何測試：你也可以採用如下圖串聯方式連接，來測試拆下之感測器是否良好(此接線爲此感測器電源線是採用 12V 者)，當螺絲起子碰觸時，正常時 LED 應會閃爍，當起子碰觸速度愈快時，LED 閃爍速度也愈快。

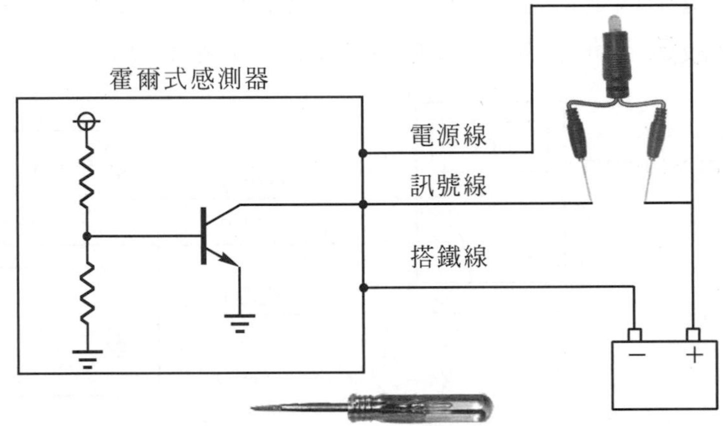


請留意上圖只適用電源線接 12V 之感測器。另外，勿將電源+12V 接到訊號線，否則可能把霍爾感測器內部電晶體燒燬。

**方法 3：** 利用 DCV 錶--如下圖接線方式，當轉子旋轉時，正常時 DCV 錶指示約爲 2～2.5V。

**貼心提醒**

用 DCV 錶去測量方波，所顯示爲平均電壓。該平均電壓的大小，與轉子齒距有關(也就是工作週期%)。

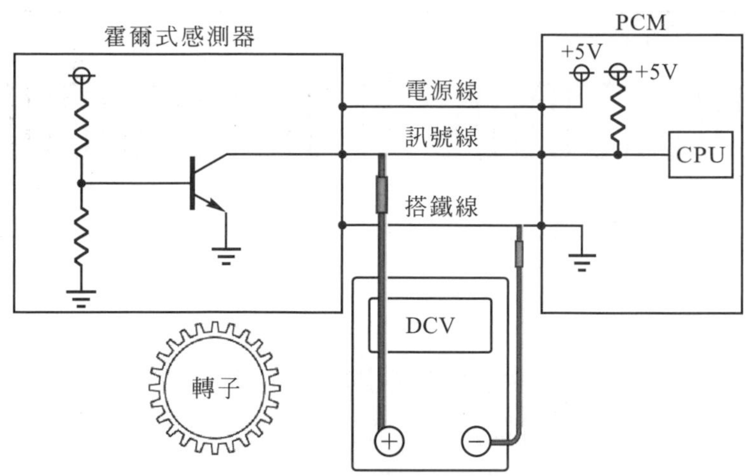


方法 4：利用歐姆錶--拆開感測器接頭，用歐姆錶去測量感測器 3 個接點之任意 2 個，正常時應爲不通(∞)。如果量出有電阻，則可能感測器故障。但如果量出電阻無限大(∞)，並不表示感測器是正常的，必須利用其他方法去測試。

方法 5：利用工作週期%、頻率 Hz、轉速錶去測量--如方法 3 之接線，你可以測出當轉子旋轉時之工作週期%、頻率 Hz(次／秒，每秒產生多少方波數量)或轉速(rpm)。

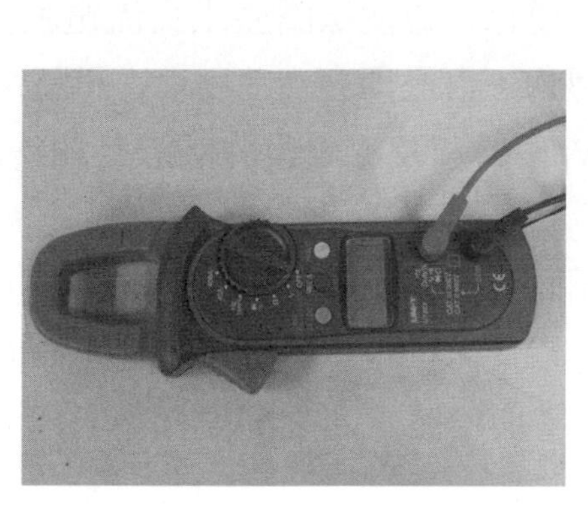

上圖二錶都是屬於多功能錶，可提供包含工作週期%、頻率 Hz、RPM 等測量。

方法 6：用診斷機之分析數據 (Data list 或 Datalogger) 去觀察此感測器作用情況。

方法 7：利用示波器--將示波器之訊號線接在此感測器之訊號線上，示波器之搭鐵線接在良好搭鐵處，正常時即可觀察到下左圖之波形。下右圖之波形表示轉子有一齒斷掉或齒隙太髒、有金屬粉黏附現象。

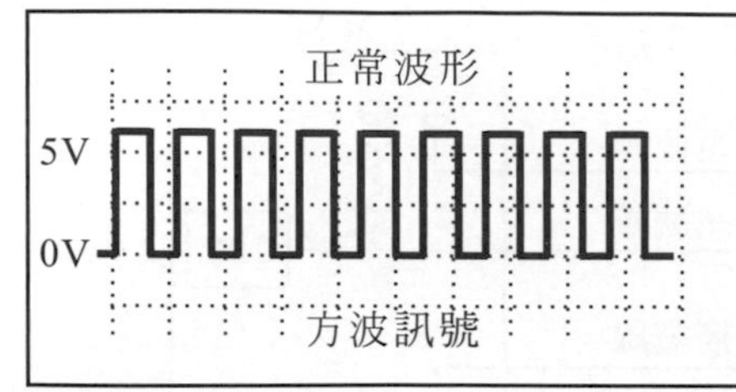


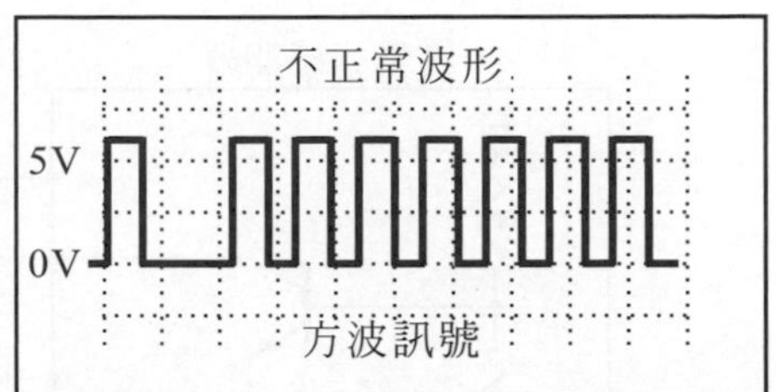


**貼心提醒**

使用示波器的好處在於能很眞實地顯示出電路上電壓之變化，只要電路上有不正常現象，尤其是間歇性(偶而短暫性)斷路或接觸不良，利用示波器是最能看得清清楚楚。例如上右圖之不正常波形，如果你利用上述方法1～6 是不易測出的。因此，示波器在某些地方查修故障時，還是有其特別好用之處。

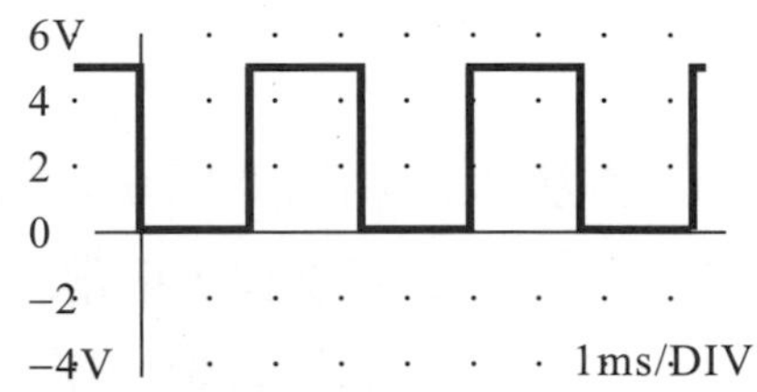


## 1-5-2 電磁感應式感測器之作用原理及檢測方法 (產生 ACV 訊號電壓)

◉ **作用原理**：一般爲 2 條線，內部爲一組線圈(拾波線圈)，外有永久磁鐵，當轉子旋轉時，由於永久磁鐵磁力線的變化，會使線圈產生交流電壓(ACV)，因此不需要外部供給電壓，只要轉子轉動，自己即會產生 ACV 訊號電壓。不過通常 ACV 電壓不高，一般由 0.2～3V(與轉速及線圈設計圈數有關)，當轉速愈高，ACV 電壓愈高，頻率也愈高。

當轉子旋轉逐漸接近拾波線圈時會產生一個逐漸增大的正感應電壓，當轉子對正拾波線圈時產生的感應電壓爲零，當轉子繼續旋轉離開拾波線圈時會產生一個逐漸增大的負感應電壓。轉子與拾波線圈之間要保持有適當間隙，否則會影響感應電壓大小。

此型感測器缺點是：當轉速太慢或太快時，感測的電壓有時會較不準確，且訊號易受干擾，另外使用日久內部線圈老化易造成短路，無法產生訊號或訊號太小。優點是成本較低，故有很多車種仍在使用，例如使用在曲軸位置感測器(CKP)、凸輪軸位置感測器(CMP)、車速感測器(VSS)、輪速感測器、自動變速箱輸入軸感測器…等。

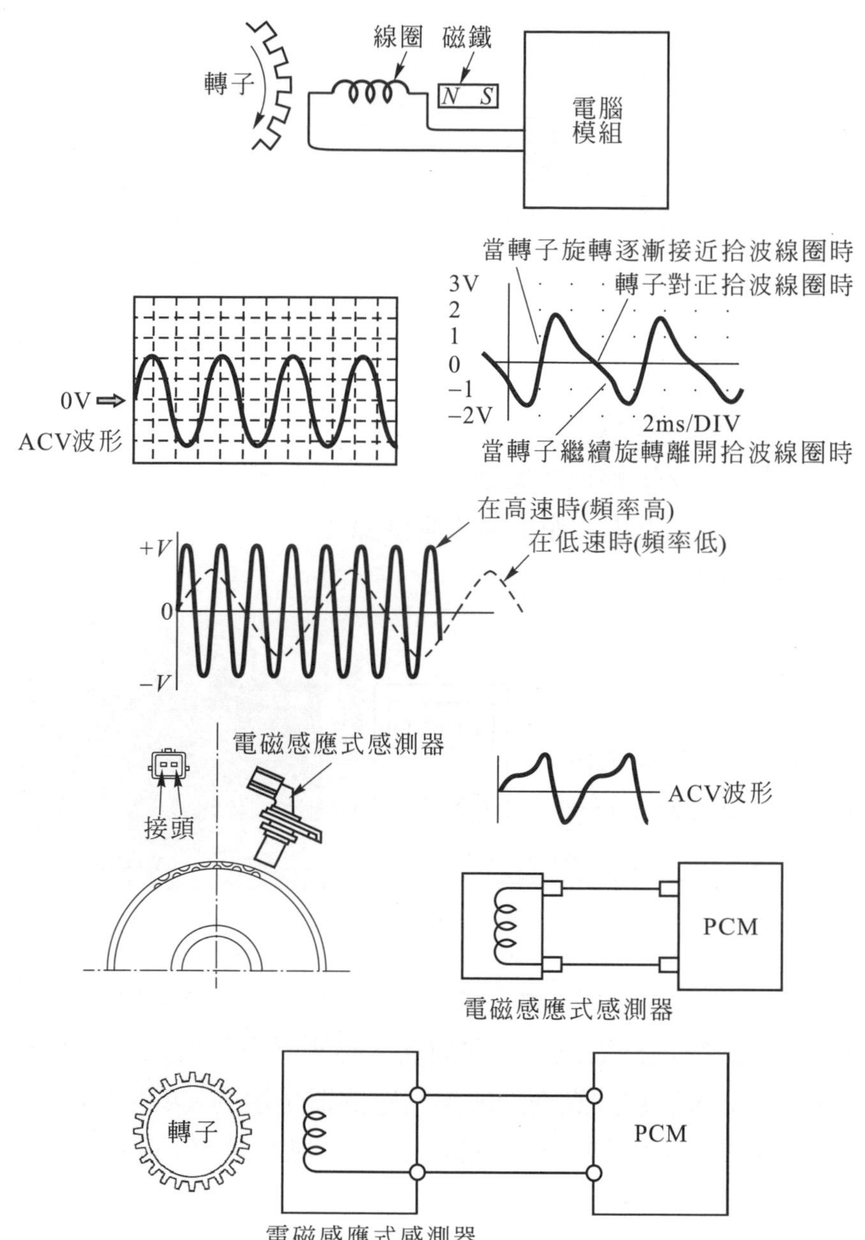


## ◉ 此型感測器檢測方法：

**方法 1：** 利用 LED 檢測燈--如下圖接線，當轉子旋轉或拆下感測器用螺絲起子連續碰觸外殼磁鐵處，正常時 LED 應會閃爍，當轉子轉速或起子碰觸速度愈快時，LED 閃爍速度也愈快。但有些車種 LED 亮度會較爲微弱，必須仔細看其亮度。有些車種當轉子轉速不夠快時，可能 LED 不閃，但加快轉速 LED 即會閃爍。

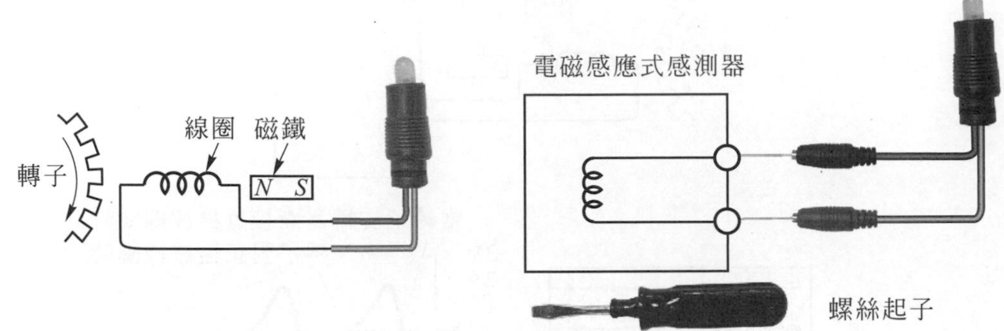


**方法 2：** 利用三用電錶之歐姆檔去測量電阻值，是否合乎廠家規範--把歐姆錶旋轉在 2kΩ 檔位，將兩根測試棒接在電磁感應式線圈兩端，即可測得電阻(Ω)大小。如果無法測得 Ω 值，表示線圈是斷路損壞的，如下圖之接線。

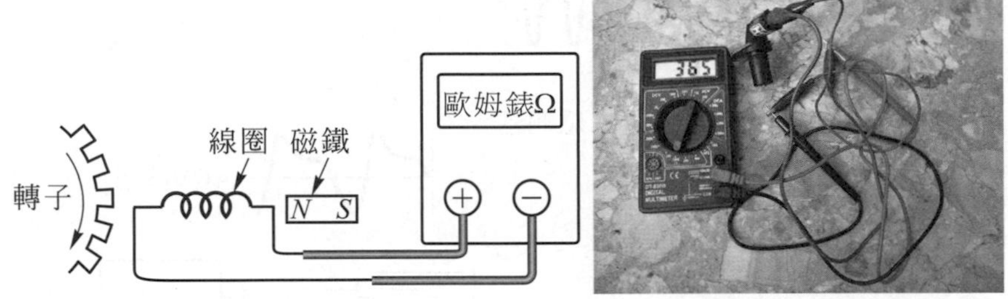


**貼心提醒**

數位式歐姆錶所選擇檔位要比欲測量之感測器電阻要大，否則歐姆錶會無法顯示，有些人常未注意此點而造成誤判感測器是壞的。如果你嫌要選擇檔位太麻煩，可使用多功能電錶只有一個 Ω 檔位(自動檔位者)，就不易出錯。

**貼心提醒**

此型感測器於冷車時，使用歐姆錶去測量時是正常的，但可能熱車時變不正常，這是此型感測器的缺點。乃因內部線圈使用日久老化造成。

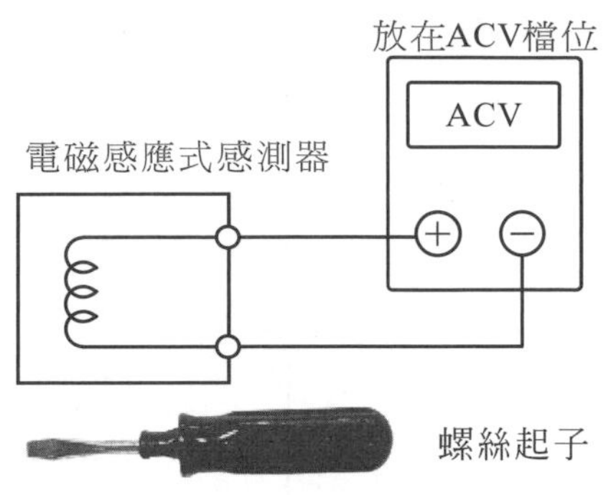


方法 3：利用三用電錶之 ACV 檔位--如右圖接線方式，當轉子旋轉或拆下感測器用螺絲起子連續碰觸外殼磁鐵處，正常時 ACV 錶指示約為 0.2～3V(視車種及使用地方)。

方法 4：使用診斷機之分析數據(Data list 或 Datalogger)去觀察此感測器作用情況。

方法 5：利用示波器--將示波器之訊號線接在此感測器之任一條線上，示波器之搭鐵線接在此感測器之另一條線上，正常時即可觀察到下列之波形。

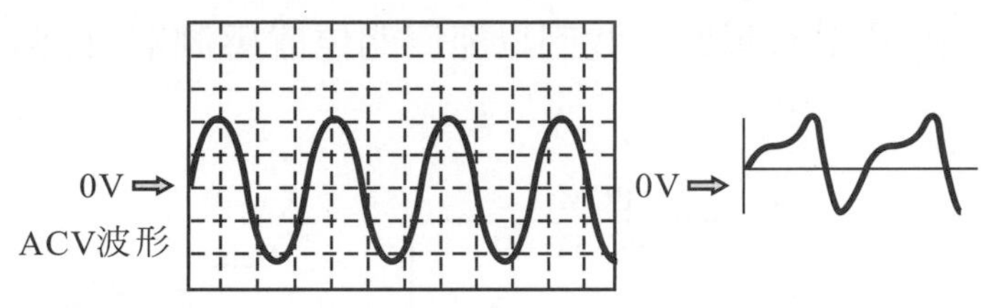


上圖左右波形不同，是因轉子形狀不同之關係。

## 1-5-3　分壓電路原理及檢測方法(產生 DCV 訊號電壓)

分壓電路：如下圖 $A$ 點電壓 $V_A = 5\text{V} \times \dfrac{R_2}{R_1 + R_2}$

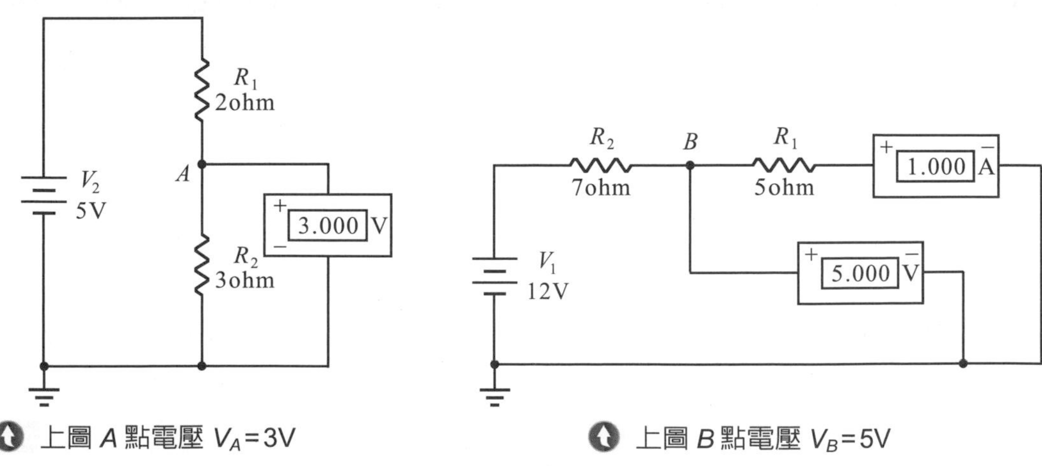


上圖 $A$ 點電壓 $V_A$=3V　　上圖 $B$ 點電壓 $V_B$=5V

練習題：

下圖 $C$ 點電壓 $V_C$＝?V，$D$ 點電壓 $V_D$＝?V

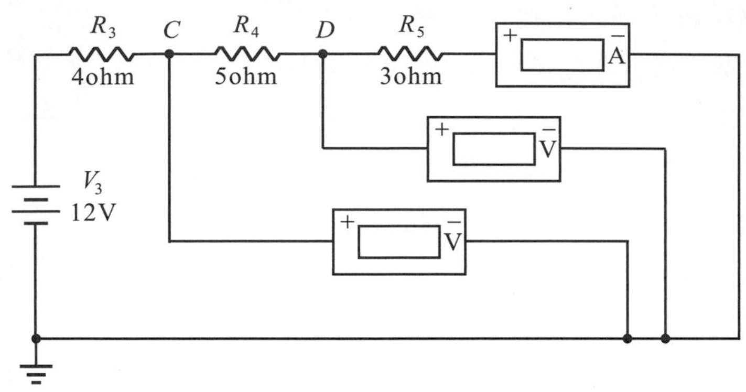


有些感測器是採用分壓電路原理，來產生直流電壓 DCV 訊號電壓，如果了解其原理，對故障判斷會很有幫助。我們以節汽門位置感測器(TPS)控制電路為例作說明，如下左圖。

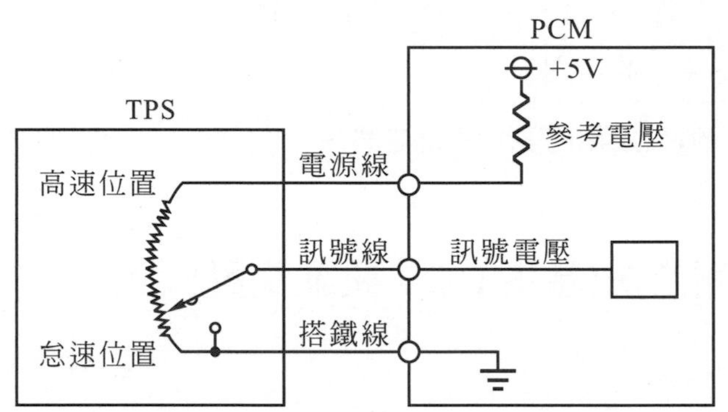


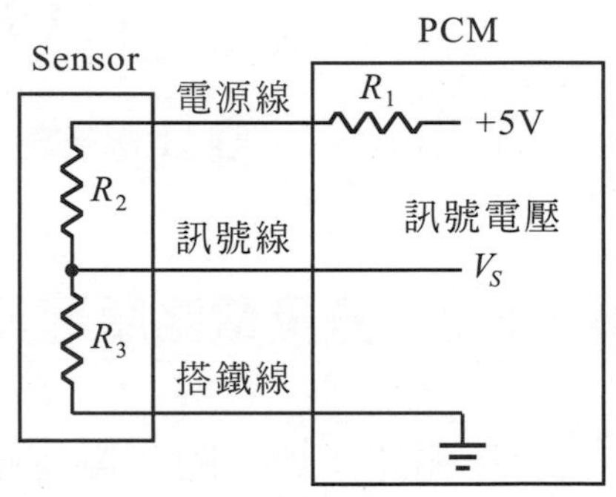


◉ **作用原理**：有 3 條線，一條由電腦提供 5V 之參考電壓(電源線)，一條為訊號線，一條為搭鐵。當怠速時節汽門開度較小，可將可變電阻分解為上右圖，電阻 $R_3$ 較小，$R_2$ 較大。當節汽門踩到底(高速)時，$R_3$ 變大，$R_2$ 變小。我們來計算怠速時與高速時之訊號電壓變化，根據分壓電路原理，訊號電壓

$$V_s = 5\text{V} \times \frac{R_3}{R_1 + R_2 + R_3}$$

你也可以用歐姆定律之 $V=I\times R$ (電壓＝電流 × 電阻)，去逐點計算它的電壓，上述公式只是提供更簡易算法而已。

怠速時，因 $R_3$ 較小，故測得之訊號電壓 DCV 較低。高速時，因 $R_3$ 變大，故測得之訊號電壓較高。但訊號電壓最高不會超過 5V，因參考電壓(電源)爲 5V。而且設計上正常之訊號電壓也不會達到 5V(通常訊號電壓會設計爲 0.2～4.8V 或 0.5～4.5V 之間)，因爲若測得之訊號電壓爲 5V 及 0V 是要用來告訴電腦，此時故障警示燈就會亮起，請看下一章節--故障碼如何產生的？

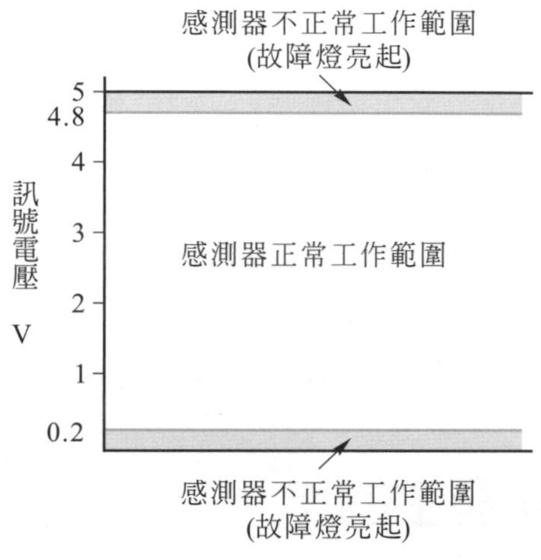


**貼心提醒**

$R_1$ 電阻的功能爲限流電阻，是用來保護電腦及感測器，避免因線路短路到搭鐵，造成太大電流流經電腦及感測器。

## ◉ 此型感測器檢測方法：

**方法 1：** 利用三用電錶之 DCV 檔去測量--如下圖之接線，當感測器作用時(例如上述 TPS，當轉動節汽門時)，通常 DCV 會從 0.5～4.5V 變化。

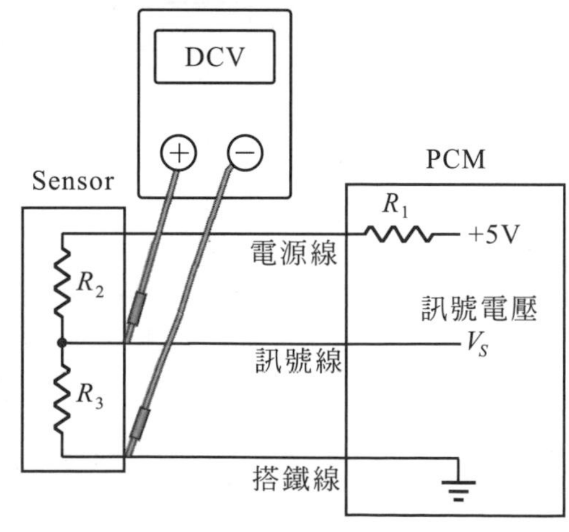

方法 2： 使用診斷機之分析數據(Data list 或 Datalogger)去觀察此感測器作用情況。

方法 3： 利用示波器--將示波器之訊號線接在此感測器之訊號線上，示波器之搭鐵線接在良好搭鐵處，正常時即可觀察到電壓波形是否變化。尤其接觸不良之狀況，使用示波器很容易看出。

**貼心提醒**

常看到很多人學感測器，不知此分壓電路原理，造成呆板死記數據現象，不知該感測器爲何動作(原理)，因此對故障判斷就沒有概念，技術永遠不會進步。

# 1-6 故障碼如何產生的？

## 1-6-1 感測器如何讓電腦產生故障碼？

我們了解上述分壓電路原理後，如下左圖，如果電源線發生斷路時，此時測得之訊號電壓爲 0V，因此電腦接收到此訊號電壓 0V，就會將故障警示燈亮起。如下右圖，如果訊號線發生斷路時，此時電腦接收到訊號電壓仍爲 0V，也會將故障警示燈亮起。

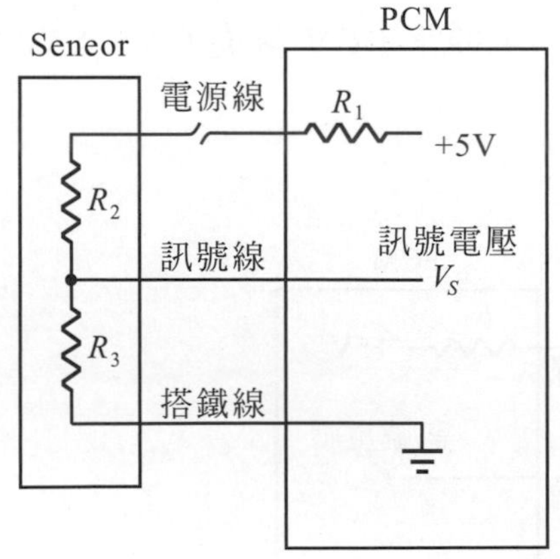


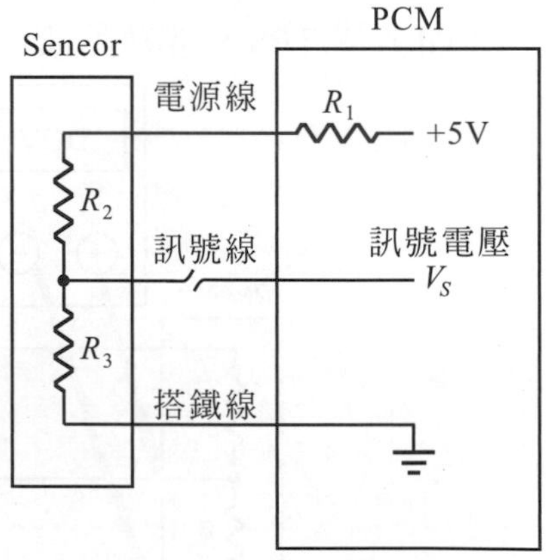

如下左圖，如果搭鐵線發生斷路時，此時測得之訊號電壓為 5V，因此電腦接收到此訊號電壓 5V，也會將故障警示燈亮起。如下右圖，如果感測器故障(例如內部 R3 斷路)時，此時電腦接收到訊號電壓仍為 5V，也會將故障警示燈亮起。

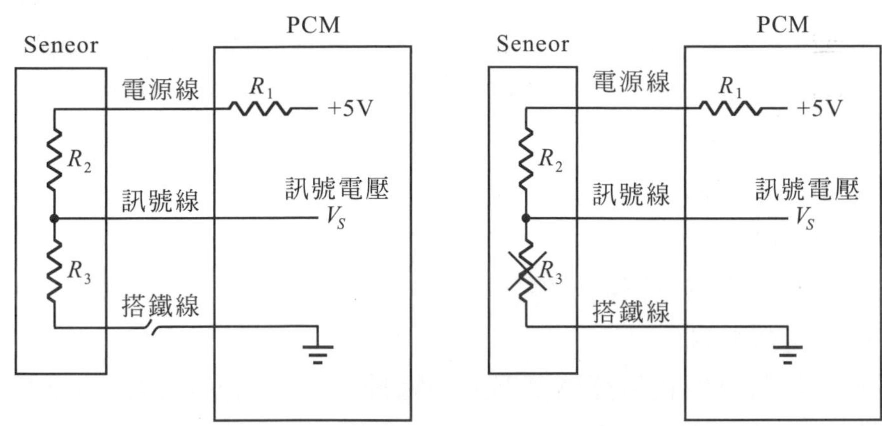


從以上得出結論：當感測器的訊號電壓，送給電腦為 0V 或 5V 連續達一定時間(例如有些車設計 2 秒以上)時或電腦接到之脈波訊號有異常(例如方波訊號在一定時間內訊號沒有變化，即沒有訊號輸入)，電腦即判斷該感測器電路已出現異常，就會亮起故障警示燈，並記憶該故障碼。在正常情況下，故障警示燈應在 IG SW ON(開紅火)3 秒後、起動後幾秒內或引擎達到某一轉速(一般設計約 500RPM)後熄滅。此功能稱為故障自我診斷系統。

另外，當引擎電控系統若出現故障現象(故障警示燈不熄)時，電腦會進入故障防護模式(或稱為失效安全功能、失效保護系統)，以防止引擎產生其他故障，並使系統能繼續運作。例如：

(1) 當水溫感測器或其電路發生故障時，會進入故障防護模式，會提供一設定值(通常設定為 80℃)給電腦控制引擎繼續運轉，以防止混合氣太濃或太稀。
(2) 當進氣溫度感測器或其電路發生故障時，會進入故障防護模式，會提供一設定值(通常設定為 20℃)給電腦控制引擎繼續運轉，以防止混合氣太濃或太稀。
(3) 當爆震感測器或其電路發生故障時，會進入故障防護模式，會提供一設定值(例如將點火提前角度設定為 5° BTDC)給電腦控制引擎正常工作。
(4) 當點火系統發生故障造成無法點火時，會進入故障防護模式，會立即切斷噴油，使引擎停止運轉。否則不點火仍繼續噴油，噴入汽缸之未燃混合氣會排至觸媒轉換器，造成溫度過高、排放污染及耗汽油。

(5) 當大氣壓力感測器或其電路發生故障時，會進入故障防護模式，會提供一設定值(通常設定為一大氣壓 101kPa)給電腦。

**貼心提醒**

實際設計上，電腦會較準確去計算故障燈亮燈時機，例如下列範例：

- 當電腦偵測到空氣流量感測器輸出訊號電壓持續低於 0.2V 或高於 4.9V 達 2 秒鐘以上，則設定故障碼。
- 當進氣溫度感測器輸出訊號電壓低於 0.1V 或高於 4.9V 達 0.5 秒鐘以上時，則設定故障碼。
- 引擎冷卻水溫度感測器輸出電壓低於 0.1V 或電壓高於 4.9V 達 0.5 秒鐘以上時，則設定故障碼。
- 當電腦未接收到曲軸位置感測器或凸輪軸位置感測器所傳送的電壓訊號達 2 秒鐘時，即設定故障碼。

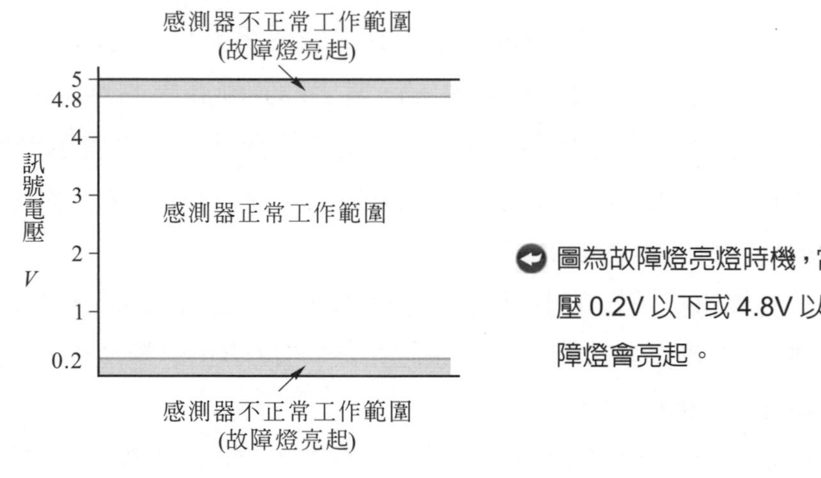


圖為故障燈亮燈時機，當訊號電壓 0.2V 以下或 4.8V 以上，則故障燈會亮起。

**貼心提醒**

了解上述故障碼產生的原理後，你應當知道會產生故障碼是因該感測器或其相關之電路故障所引起的(此時指斷短路故障碼)，但並不是所有的故障都會產生故障碼，例如：

- 因機械故障引起的故障：例如耗機油(如活塞磨損)、汽缸壓縮壓力、空氣濾清器太髒堵塞、PCV 閥堵塞、噴油嘴太髒咬住或不密、燃油壓力(如燃油濾清器堵塞、管路漏油)…等均無法產生故障碼。但上述有些項目如果會造成混合比太稀或太濃，也有可能使含氧感測器故障碼被記憶在電腦中。

- 進氣系統引起的故障：例如管路脫落或破裂，造成真空洩漏…等均無法產生故障碼。但上述現象如果會造成混合比太稀或太濃，也有可能使含氧感測器故障碼被記憶在電腦中，或記憶成性能碼(例如 P0171 系統過稀)。
- 排氣系統引起的故障：例如排氣系統堵塞或洩漏…等均無法產生故障碼。
- 點火系統引起的故障：例如點火線圈功能衰減(但會跳火，不跳火才會產生故障碼)、高壓線斷線、火星塞不良、點火正時不對…等均無法產生故障碼。因為目前大部分電腦只以點火訊號做監控是否點火來產生故障碼。

因此，切記，沒有故障碼(故障警示燈不熄)並不表示此車無故障，這是在查修故障時要有的正確觀念。

另外一點更重要的是：產生之故障碼有時並非該感測器或其相關之電路故障所引起的，查修時也要特別留意，例如：發生含氧感測器之故障碼，可能是進氣歧管漏氣(例如真空管脫落或破裂)造成混合氣過稀，使含氧感測器處於低電位而產生含氧感測器之故障碼，因此故障點並不在含氧感測器或其相關之電路。詳細請再參考 7-1 含氧感測器章節。

## 1-6-2　如何叫故障碼

OBD 故障診斷系統，分為 OBD-I 及 OBD-II 兩種。

1994 年以前車輛採用 OBD-I，其故障診斷接頭(插座)，例如 BMW 採用 20 孔插座、Benz 採用 38 孔插座、豐田採用 17 孔插座…，各車種叫故障碼的方式有下列四種：

(1) 以故障警告燈閃爍方式來讀取故障碼--使用跨接線連接某二點，如下圖之 TE1 及 E1 兩插孔，此時故障燈會閃爍各種長短時間，就可讀到故障碼，例如豐田車系。

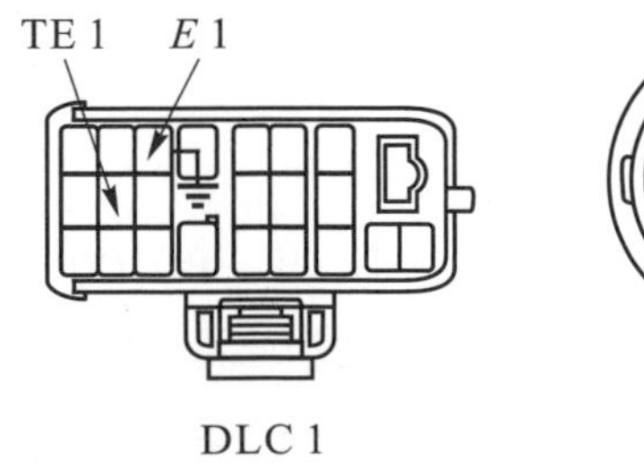

DLC 1

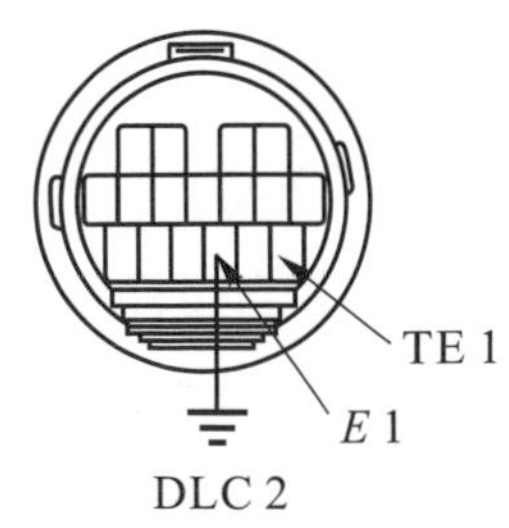

DLC 2

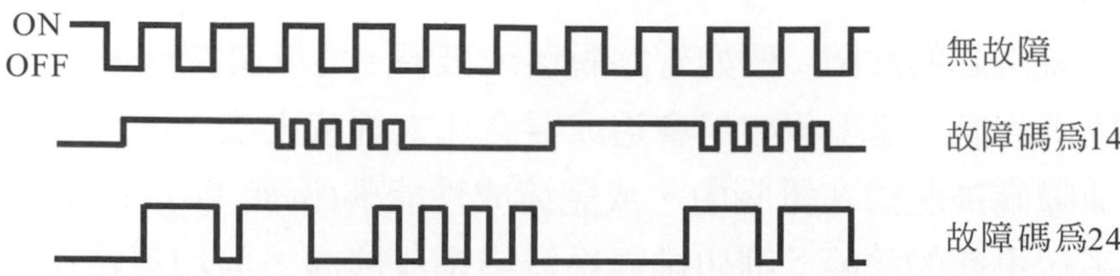


(2) 使用指針式 DCV 電錶擺動方式來讀取故障碼。

(3) 利用引擎電腦上之 LED 燈閃爍方式來讀取故障碼--旋轉電腦上之診斷開關，例如日產車系。

(4) 利用車上的顯示銀幕有檢測故障碼的功能。

1994 年以後車輛採用 OBD-II，其故障診斷接頭(插座)採用統一規格之 16 孔插座如下圖，也採用統一之故障碼，OBD-II 故障代碼表示方式如下述，其讀取故障碼方式，大部分車種就要靠診斷機去讀出故障碼。但部分車種仍可採用跨接線或跨接搭鐵(例如三菱車可將 16 孔診斷接頭的第 1 腳跨接搭鐵線、豐田 1996 年以後之 M-OBD 部份車型如 2002～ALTIS、2002 CAMRY、2004 VIOS，可將第 4 腳與 13 腳跨接)來讀取故障碼。

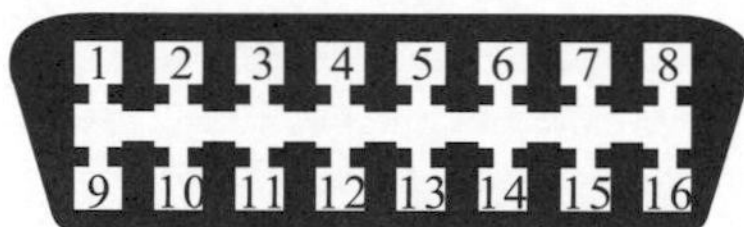

16 pin 診斷接頭(母)

接診斷機接頭(公)

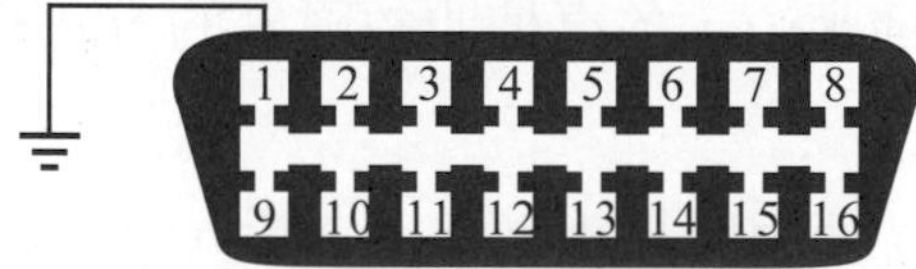


三菱車將第 1 腳跨接搭鐵線，IG SW ON 後即可由儀錶上之故障警示燈閃爍方式來讀取故障碼

豐田車 1996 年以後之 M-OBD，將第 4 腳與 13 腳跨接，IG ON 後即可由儀錶上之故障警示燈閃爍方式來讀取故障碼

### ◎ OBD-II 故障代碼(DTC)表示方式：

DTC 通常是一組 5 位數的字母與數字碼，例如“P0100”。

- 首位的字母(英文字)用來辨識哪一個系統所設定的故障碼。P 用於動力傳輸(引擎及變速箱)、C 用於底盤、B 用於車身、U 用於網路通訊系統。

- 代碼的第三位數(數字)表示主系統下設定代碼的副系統。
  a. Px1xx 用於燃油與空氣的計量。
  b. Px2xx 用於噴油嘴。
  c. Px3xx 用於點火系統。
  d. Px4xx 用於廢氣排放控制設備。
  e. Px5xx 用於車速、怠速設定與其它相關的輸入。
  f. Px6xx 用於電腦與其它相關的輸出。
  g. Px7xx 用於變速箱。
  h. Px8xx 用於變速箱。

**貼心提醒**

診斷機的功能，很多人只會用它來叫故障碼或消除故障碼，其實它還有很多功能，如果你能善用它，對故障排除也有很大幫助。例如：它還有資料記錄器或叫分析數據(Data list 或 Datalogger)，可以讓你觀察各感測器及作動器之目前作用狀況及數據。有些診斷機也可以儲存記錄上述之作用狀況及數據資料，讓你可以回顧觀察(事後再叫出慢慢做分析)。它也可以使用動態測試(Active Test)功能去測試作動器之模擬作動。它也可以使用模組編程功能去對電腦重新編程。它也可以使用防盜晶片密碼設定…等等。診斷機有原廠機及通用機(泛用機)，二者之功能有些會有一些檢測項目不同(視車種)。

**貼心提醒**

示波器的好處：除了可以觀察電路的電壓變化(波形)，知道該元件(例如感測器或作動器)眞實之作用狀況，一般電錶測到的數據是平均值，不易看出電路或元件短暫之不正常。另外它可以捕捉到變化速率快及間歇發生的故障訊號。也可用較慢的速度來顯示這些波形(將橫座標之時間調慢些)，同時還可以儲存記錄這些波形，供維修人員回顧觀察已經發生過的快速訊號，對查修故障很有幫助。後面章節會陸續介紹示波器好用之處。

## 1-6-3 如何消除故障碼

一般來說，消除故障碼有二種方式：

(1) 較老車型使用跨接線者，一般可使用跨接某二點，或拆除電瓶負極樁頭 10 秒或一段時間，即可消除故障碼。

(2) 目前車型大部分需靠診斷機去消除故障碼。

## 1-6-4 當故障燈一直不熄時，如何查修？

了解上述故障碼產生原理後，當你遇到故障燈一直不熄時，除了某些車種要保養歸零外，你就應該知道，不外乎下列三種可能故障原因(含間歇性故障)。

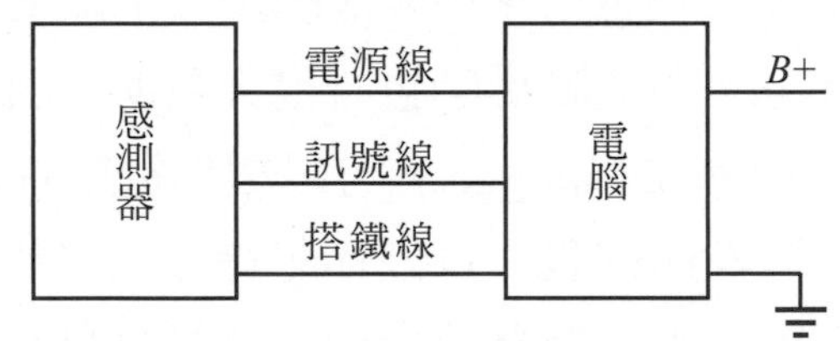


(A) 電腦故障(無電源或搭鐵不良)或感測器無電源來(有些感測器電源由電瓶提供+12V)。

(B) 感測器至電腦 ECM 之二或三條線路有斷路、短路到搭鐵、短路到電源。

(C) 感測器故障。

上述 ABC 狀態稱為斷短路故障碼，另外有種故障碼稱為性能碼，例如 P0171(系統過稀)、P0172(系統過濃)…等，若出現為性能碼，則其可賦故障原因會較多。

**貼心提醒**

實務上碰到短路到電源之故障較少，大都是人為誤接因素。

### ◉ 如何查修步驟(故障燈不熄)，我的建議如下：

步驟 1：先用診斷機，去叫故障碼(知道查修方向是哪個感測器電路產生之故障碼)。如果你不會使用診斷機內之分析數據(Data list 或 Datalogger)去觀察此感測器作用情況，你可以直接跳至步驟二。

步驟 2： 可由感測器之訊號線直接用 LED 測試燈或三用電錶去測量，即可馬上知道訊號電壓是否正常，如果不正常，再去檢查分析是屬於上述 ABC 三種故障原因之哪一項。

## 查修範例

例如由診斷機已知 TPS 故障碼，你應該直接去測量 TPS 接頭 A 點之訊號線是否有 DCV 電壓變化(當 IG SW ON 時，轉動節汽門，正常時 DCV 訊號電壓應會 0.5～4.5V 變化)，如果訊號線無電壓，再去測量電源線是否有+5V，或搭鐵線是否搭鐵良好，即可知故障點在何處，此方法不易誤判，且查修速度非常快。(或可使用 LED 測試燈)

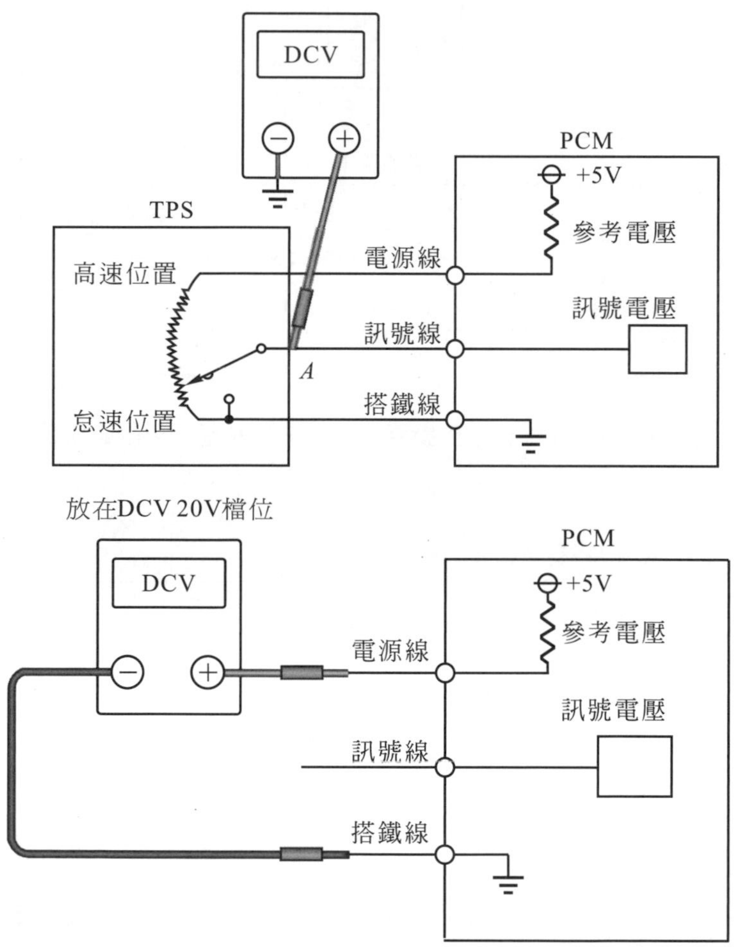


由感測器端子接頭測量，如果是剛好 5V，表示電源線及搭鐵線正常。
但如果低於 5V 則不正常，也許搭鐵不良…。

## 查修密技

如果是感測器至電腦間之訊號線斷路或短路到搭鐵，該如何測量較快速呢？方法 1：你可以用歐姆錶去測量如下圖，但線路很長就不易測量。建議採方法 2：使用 DCV 錶如下圖，由感測器端子接頭接電源線及訊號線，如果量出數值小於 5V(一般約 4V)，表示感測器至電腦間之訊號線沒有斷路。如果量出數值等於 5V，表示感測器至電腦間之訊號線有短路到搭鐵，此時你可以用歐姆錶去再確認訊號線是否有短路到搭鐵。

**方法 1：**

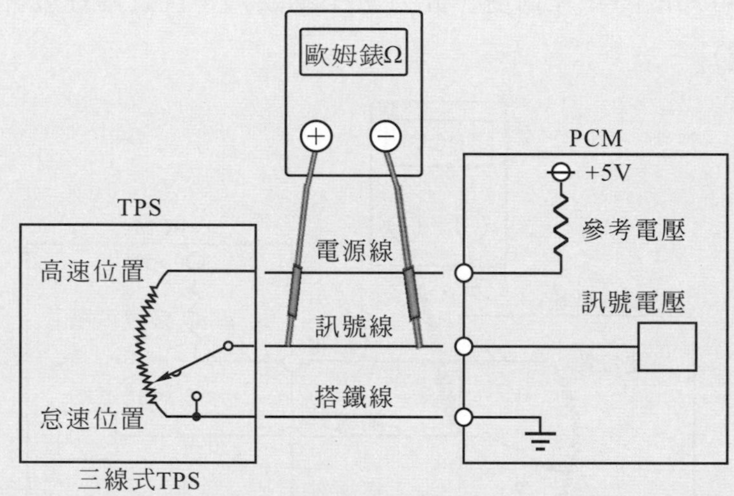


如果測出為 0Ω，表示訊號線沒有斷路，此方法缺點是如果線路太長，就不易測量

**方法 2：**

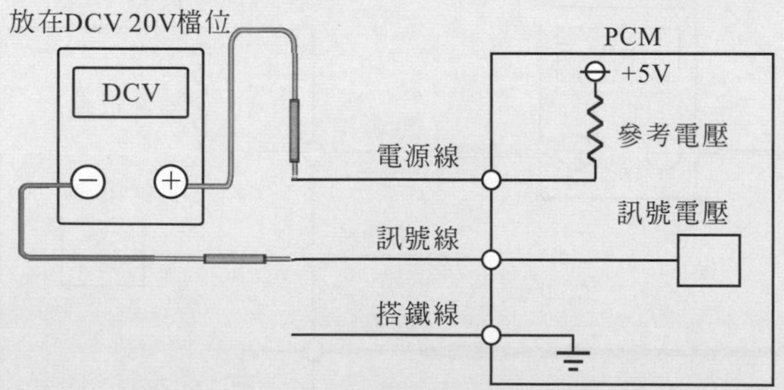


如果量出數值小於 5V，表示感測器至電腦間之訊號線沒有斷路
如果量出數值等於 5V，表示感測器至電腦間之訊號線有短路到搭鐵
如果量出數值等於 0V，表示感測器至電腦間之訊號線有斷路

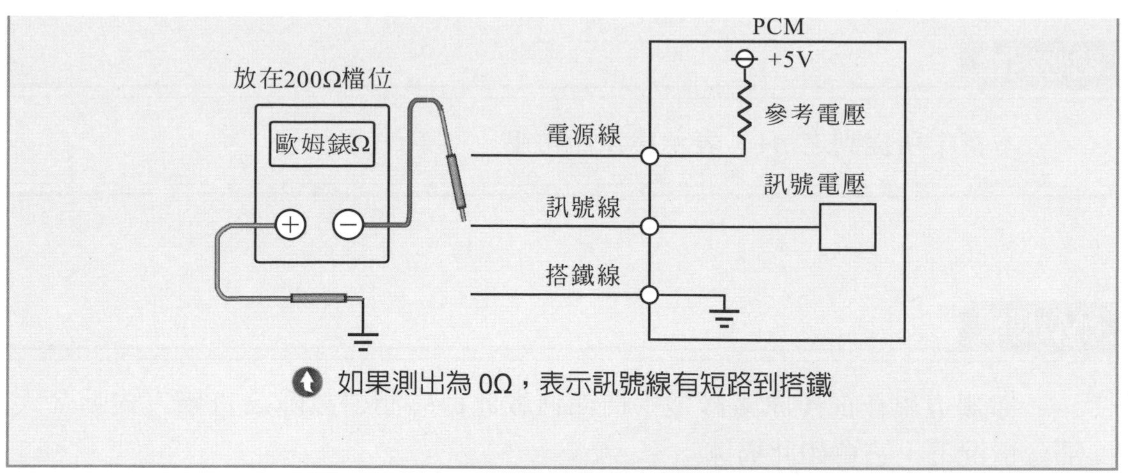


❶ 如果測出為 0Ω，表示訊號線有短路到搭鐵

## 查修密技

查修故障時要記得下列口訣，首先由診斷機第一次讀到故障碼後，不要高興得太早，最好將故障碼先消除，再去讀取故障碼，此時讀到之故障碼才是正確的。因爲第一次讀到的故障碼，可能因各種狀況(例如不正常之操作或人爲因素，發動中隨意去拔掉感測器接頭或上次維修忘了去消除故障碼…等)，所產生之故障碼不一定是眞正的故障現象。不過仍建議將第一次讀到之故障碼先予儲存記錄(凍結資料)，對一些特殊或間歇性故障分析會有幫助。

## 貼心提醒

常見有些人把診斷機當做寶，叫到某一故障碼，就以爲是該感測器故障，即刻打電話叫材料行送該感測器來，但更換後故障碼仍在。爲什麼？這就是他未了解上述故障碼產生原理(有三種可能故障原因會產生故障碼)。因此，我常提醒修車時，叫到某一故障碼，不要高興得太早，如果你了解感測器作用原理，由訊號電壓去檢測是否正常，你就很容易去判斷出上述三個可能故障原因 ABC 之哪一個。

**貼心提醒**

本書中所提到之 *B*+，表示爲電瓶電壓

**貼心提醒**

你知道現在很多原廠修護手冊如何教此種感測器故障之查修方式嗎？大部分情況下，它會如此描述：

步驟 1：先用診斷機，去叫故障碼。或使用診斷機內之分析數據(Data list 或 Datalogger)去觀察此感測器作用情況。

步驟 2：利用歐姆錶去測量感測器至電腦之二條或三條線路是否有斷路(是否有連續性、導通性)以及是否有短路到搭鐵。

步驟 3：如果步驟二正常，則更換該感測器。

原廠修護手冊通常不會教你如何去測量訊號電壓，理由一是感測器端子是防水接頭，不允許用探針去刺。理由二可能是教育訓練可簡化，不必教各種感測器原理。

但請你思考一下，上述原廠之方法是否較好，對查修故障速度是否較快？

請你想想上述步驟 2，感測器是裝在引擎室內，而電腦(ECM)大部分車是裝在車內儀錶板下方、手套箱下方或排檔桿旁邊，你一個人用歐姆錶去測量那二端接點，會如何辛苦又費時！(常看到有人拿一捆長線在量測，只因爲該線路太長)其他相關問題，請看後面章節之陸續介紹。

**查修密技**

當線路很長時，如何測量該線是否斷路？除了前述方法，可使用歐姆錶測量線路兩端(但線路太長，不易測量)或測量訊號電壓外，也可採用下列三種方法：

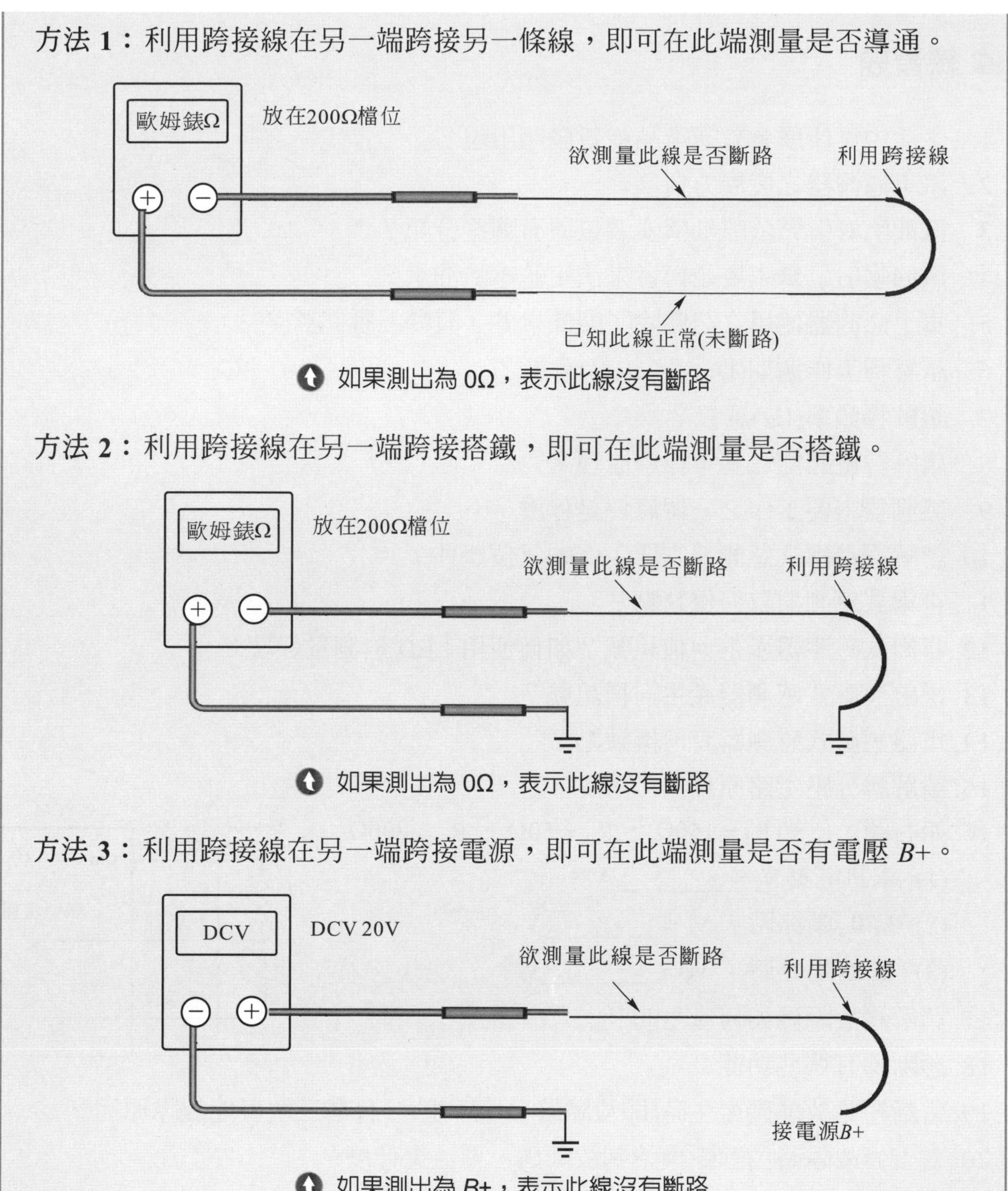


## 貼心提醒

上述方法 3，如果碰到線路上有阻抗(例如接頭端子接觸不良)，由上圖量出電壓仍爲 B+，因此最好再以方法 2 作確認。

## 練習題

1. 生活中爲什麼會有新產品或新發明出現？
2. 汽車感測器之發展方向？
3. 汽油噴射引擎依噴油嘴安裝位置有哪些分類？
4. 汽油噴射引擎主要由何者來決定基本噴油量？
5. 車上感測器使用之訊號除了開關以外，有哪三種訊號？
6. 請解釋工作週期(Duty cycle%)意義？
7. 請解釋頻率(Hz)意義？
8. 請解釋電晶體之基本作用原理？
9. 感測器主要工作之三個條件是什麼？
10. 請解釋霍爾式感測器主要工作的三個條件？
11. 霍爾式感測器有何優缺點？
12. 霍爾式感測器產生何種訊號？如何使用 LED 燈測量好壞？
13. 電磁感應式感測器產生何種訊號？
14. 電磁感應式感測器有何優缺點？
15. 請解釋分壓電路原理？
16. 如右圖，已知 $R_1 = 150\Omega$ ， $R_2 = 50\Omega$ ， $R_3 = 200\Omega$
    (1) 求訊電壓 $V_S =$ ________ V。
    (2) 當 $R_3$ 斷路時， $V_S =$ ________ V。
    (3) 當 $R_2$ 斷路時， $V_S =$ ________ V。

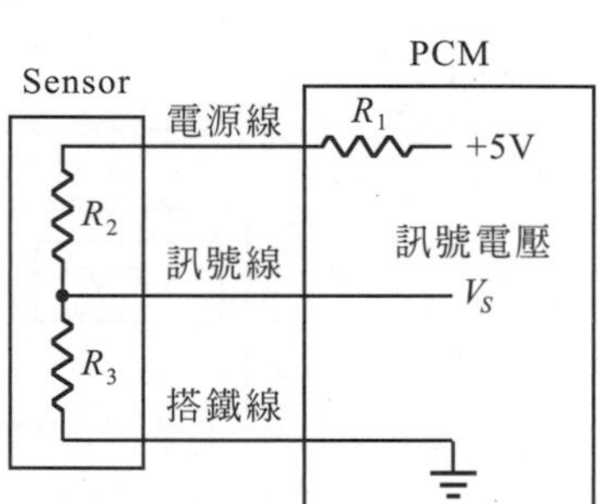


17. 請解釋故障碼如何產生的？
18. 診斷機有哪些功能？
19. 當斷短路故障碼產生時(即故障警示燈不熄)，有哪三個可能故障原因？
20. 當查修故障時由診斷機讀到故障碼，要注意什麼？
21. 爲何要設計故障防護功能(安全模式)？

# 2 溫度感測器

## 2-1 概述

溫度感測器使用在各行各業，目前在車輛上使用較廣泛之材料爲熱敏電阻式，例如使用在引擎水溫、汽缸蓋溫度、進氣溫度、排氣溫度、自動變速箱油溫、共軌高壓柴油引擎燃油溫度、油箱油溫、空調系統中各種溫度感測(例如車內、車外溫度、蒸發器出口溫度)，熱敏電阻與溫度之特性關係可分爲三種：

(1) 負溫度係數熱敏電阻(NTC)－其電阻值隨溫度升高而減小，車上使用最多。

(2) 正溫度係數熱敏電阻(PTC)。

(3) 臨界溫度係數熱敏電阻(CTR)。

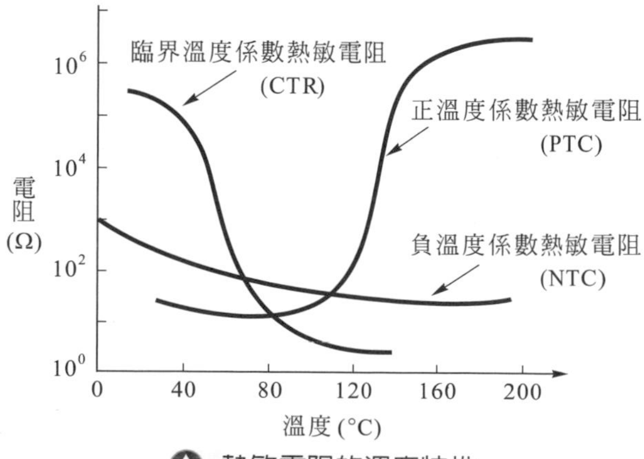


熱敏電阻的溫度特性

另外有些舊型車輛會使用熱效亞鐵溫度感測器(MO·$Fe_2O_3$，或簡稱熱效溫度開關)來控制引擎冷卻風扇馬達，熱效亞鐵溫度感測器實際上是一種開關式感測器，當溫度超過某一溫度時，會使感測器內的舌簧開關斷開，造成冷卻風扇繼電器白金接點閉合(常閉型繼電器)，來控制冷卻風扇馬達運轉。當溫度低於某一溫度時，會使感測器內的舌簧開關閉合，造成冷卻風扇繼電器白金接點吸開，來控制冷卻風扇馬達不運轉。熱效亞鐵溫度感測器也應用在空調壓縮機溫度感測器，當壓縮機溫度超過某一溫度時，會切斷壓縮機離合器電源，使壓縮機停止運轉，以保護壓縮機。

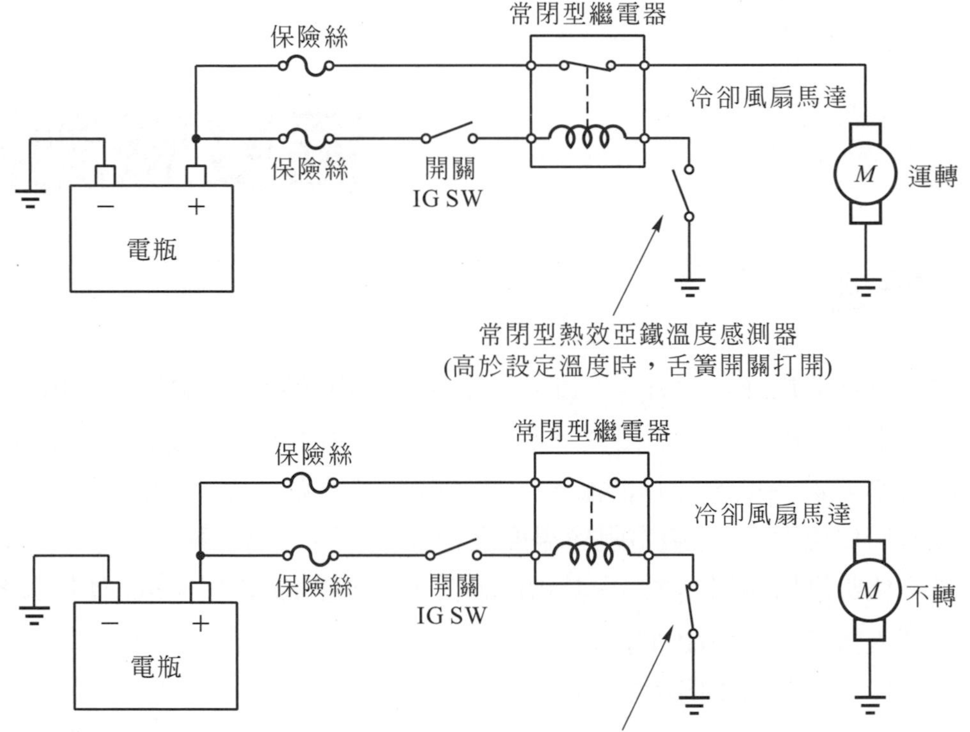


早期化油器車輛會使用石臘式及雙金屬片式溫度感測器，石臘式溫度感測器是利用石臘的低溫固態、高溫液態，體積膨脹推動活塞，來打開或關閉閥門。雙金屬片式溫度感測器則是利用膨脹係數不同之兩種金屬製在一起，當高溫時，兩種金屬的膨脹係數不同，使雙金屬片向膨脹係數小的一方彎曲，來控制閥門打開或關閉。

# 2-2 水溫感測器(ECT)

◉ **功能：**提供引擎冷卻水溫度訊號給電腦作爲修正噴油量、點火正時、怠速控制、水箱風扇馬達作動時機、A/C 切斷控制、水溫錶、EGR 及 EVAP 電磁閥作動時機、發電機控制、自動變速箱換檔時機及 OD 檔(TCC)控制，還有最新之電子節溫器控制採用引擎前後各一只水溫感測器…等用途。

◉ **作用原理：**採用負溫度係數熱敏電阻(NTC)，當水溫較低時，電阻較大。電腦提供+5V 參考電壓，至水溫感測器內部熱敏電阻，當溫度愈高時，電阻愈小，依分壓電路原理(請參考前面第 1 章說明)，電腦內部接收之訊號電壓(DCV)即較低，DCV 値約爲 0.5～4.5V 變化(但不會超過 5V)。一般設計爲 2 條線，將參考電壓與訊號電壓線共用。根據分壓電路原理，訊號電壓 $V_s$ 可依下列公式算出：

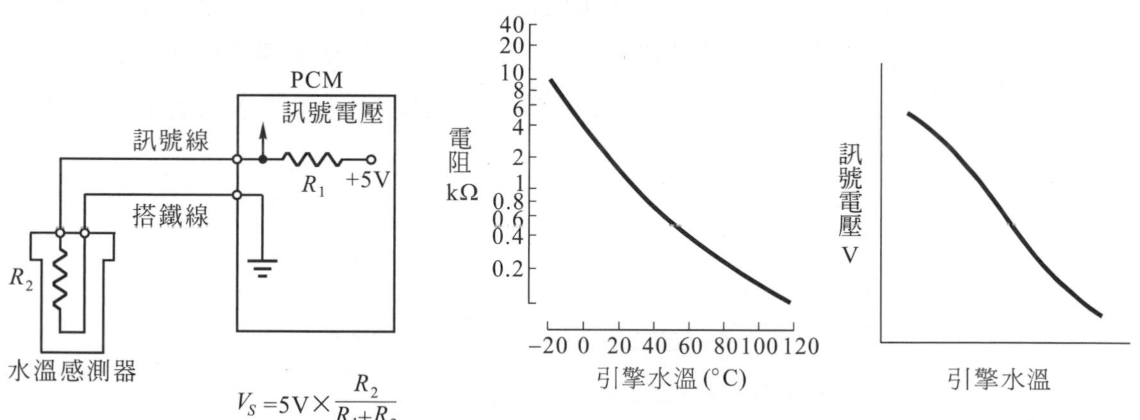


| 5.1~6.5kΩ (水溫0°C時) |
|---|
| 2.1~2.7kΩ (水溫20°C時) |
| 0.9~1.3kΩ (水溫40°C時) |
| 0.48~0.68kΩ (水溫60°C時) |

| Temperature °C | Sensor Voltage |
|---|---|
| 120 | 0.25 |
| 100 | 0.46 |
| 80 | 0.84 |
| 66 | 1.34 |
| 60 | 1.55 |
| 40 | 2.27 |
| 30 | 2.60 |
| 20 | 2.93 |
| 0 | 3.59 |
| –20 | 4.24 |
| –40 | 4.90 |

引擎水溫與溫度、訊號電壓之關係參考表

◉ **故障現象：**

- 引擎不易發動(電腦會判定水溫在極低或極高溫，造成噴油太稀或太濃)。
- 引擎加速無力、耗汽油、冒黑煙。
- 怠速抖動。
- 上述功能項目之控制失效，例如水箱風扇馬達不轉、TCC 不作用、沒有 OD 檔、入檔減震失效、降檔功能失效…等。

◉ **可能故障原因：**

- 水溫感測器故障。
- 水溫感測器二條線路(斷路或短路到搭鐵)或接頭接觸不良。
- 引擎電腦故障。

◉ **檢測方法：**

**方法 1：** 如果故障燈不熄，利用診斷機叫出故障碼爲水溫感測器迴路。此時把水溫感測器接頭拆下，利用 DCV 錶如下圖接線，正常時 DCV=5V，表示電腦、訊號線及搭鐵線都正常，如果水溫感測器接頭無接觸不良現象，故障點即是水溫感測器。如果要再次確認水溫感測器是否正常，再利用方法 2 去檢測。

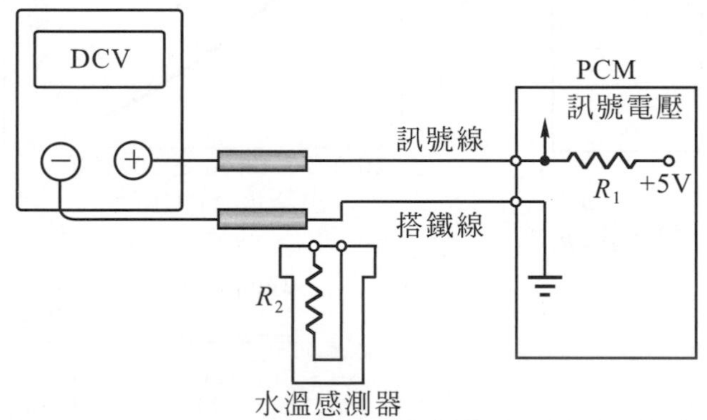


**方法 2：** 利用三用電錶歐姆檔--拆開此感測器接頭，將歐姆錶二條測試線接水溫感測器二接點，如下圖，將感測器泡在水杯中逐漸加熱、或用熱吹風機吹它、或用打火機烤它，可觀察溫度冷時電阻較大，熱時電阻較小。可比對是否合乎廠家規範值，例如 TOYOTA ALTIS 在 20℃時爲 2～3 kΩ，在 80℃時爲 0.2～0.4 kΩ。

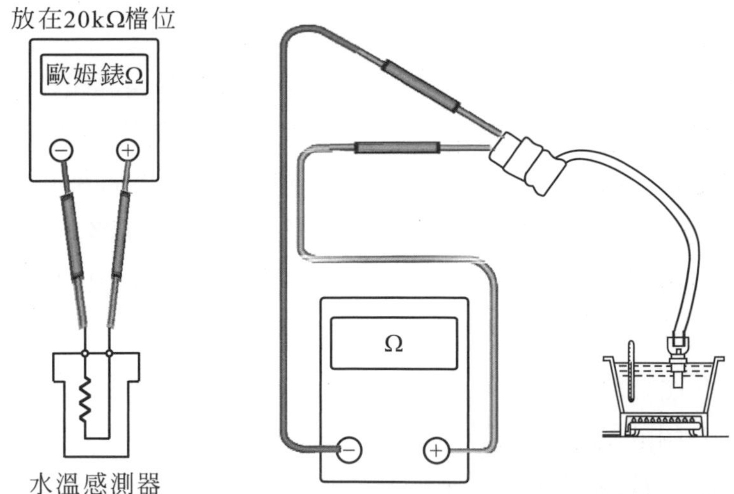


方法 3： 利用三用電錶 DCV 檔位--如下圖，將電錶測試線黑棒接搭鐵，紅棒接訊號線，逐漸加熱，可觀察溫度冷時訊號電壓 DCV 較高，溫度熱時 DCV 較低。DCV 值約爲 0.5～4.5V 變化。

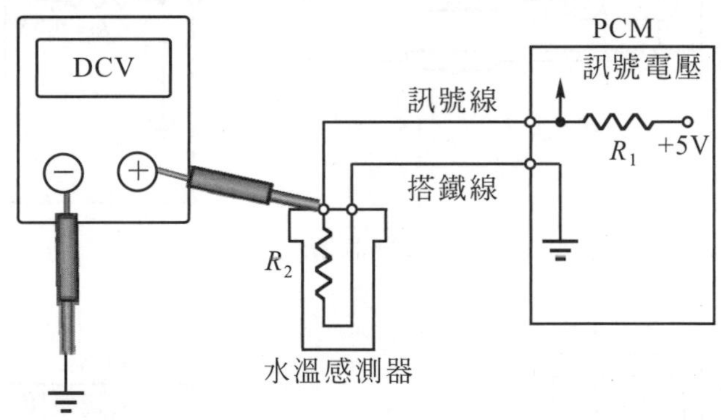


方法 4： 利用診斷機之分析數據(Data list 或 Datalogger)去觀察此感測器作用情況。

## 查修密技

如何善用診斷機之分析數據(Data list)來快速判定故障：

1. 拆開水溫感測器接頭，將接頭二點跨接--此時如果溫度變成 140℃，表示線路沒斷。如果溫度變成－40℃，表示線路有斷路。
2. 拆開水溫感測器接頭，不跨接--此時如果溫度變成 140℃，表示線路有短路到搭鐵。如果溫度變成－40℃，表示線路正常。

以上方法可適用在車上所有溫度感測之電路。其道理並不難，只是腦筋要夠清醒。(上述 140℃或－40℃可能因車種不同會稍有差異)

## 查修密技

你可以把水溫感測器接頭拆下，利用 DCV 錶如圖 1 接線，正常時 DCV=5V，此表示電腦送出之+5V、訊號線及搭鐵線三者都正常。如果量出 DCV 爲 0V，表示線路有斷路。欲知訊號線或搭鐵線斷路，可將 DCV 錶測試棒一條接訊號線，另一條接良好搭鐵處如圖 2，若量出爲 5V，則可判定搭鐵線斷路。欲測量搭鐵線是否正常，也可如圖 3 接線，正常時電阻等於 0 Ω。以下各單元感測器都可以使用類似方法去測量，會讓你查修速度更快。不要像有些人用歐姆錶去測量訊號線及搭鐵線兩端是否斷路，會很耗時。(因感測器至電腦端線路可能很長，而且電腦端子位置也不易測量)

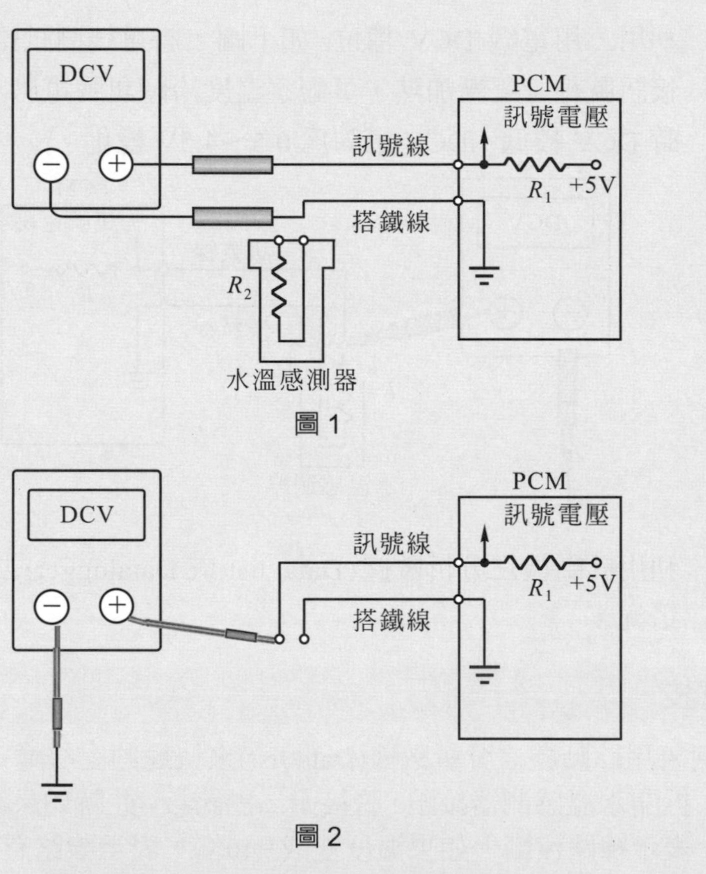


圖 1



圖 2

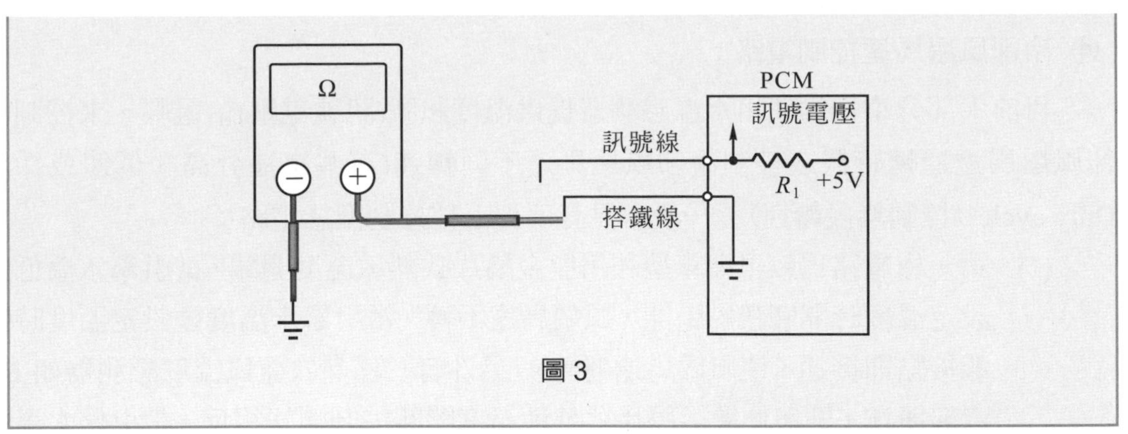


圖 3

## 查修密技

如果水溫感測器搭鐵不良或水溫感測器兩個接頭氧化造成接觸不良(有阻抗)，等於在迴路上多串聯一個電阻 $R_3$(如下圖)，此車會造成什麼現象？其中之一故障--會使引擎溫度變高、散熱不良，因水箱風扇馬達變得比較慢才開始運轉，例如原車設計 95℃開始運轉，此時可能要到 105℃才開始運轉。為什麼呢？因為前面我們學過分壓電路原理，現在電路增加一個電阻，會使電腦收到之訊號電壓變大，電腦會判定此時溫度還未達風扇馬達運轉之溫度。由此例你可以了解：學一點作用原理，對故障分析就很有幫助。你也應該會想到車上很多地方例如點火、噴油…電路，如果搭鐵不良會產生很多奇怪的故障現象。

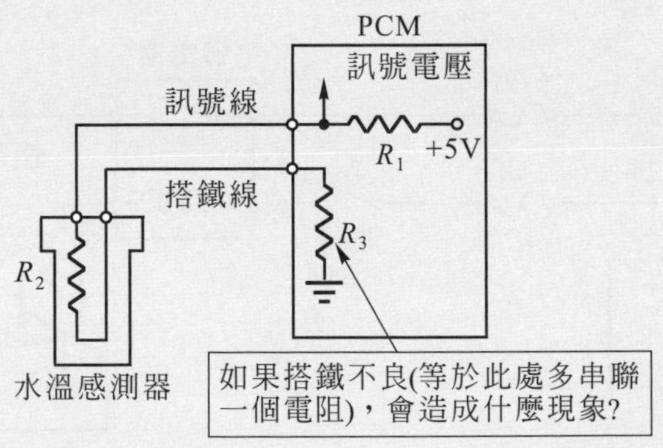

◉ 冷卻風扇馬達控制電路：

目前大部分車輛均使用水溫感測器提供溫度訊號(訊號電壓)給電腦，來控制冷卻風扇馬達運轉時機或控制冷卻風扇馬達不同轉速(有些車種分高、低速或採用Duty cycle%控制無段轉速)，一般常見有下列三種控制型態電路：

(1) 第一種電路爲較早期車型利用雙金屬片式熱敏溫度開關，當引擎水溫低於設定溫度時開關接點斷開，風扇馬達不轉。當引擎水溫度達設定溫度時開關接點即接通，使風扇馬達運轉。(另外有一種熱效亞鐵溫度感測器如 2-1 章節所述，則與此雙金屬片式熱敏溫度開關控制剛好相反，當引擎水溫低於設定溫度時，感測器接點爲閉合，使用之繼電器爲常閉型)

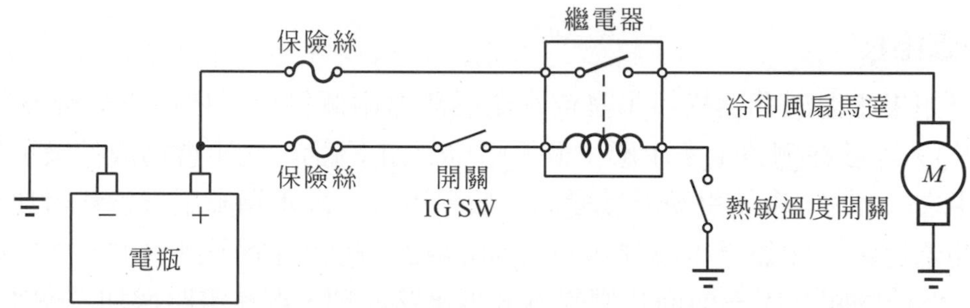


第一種電路為較早期車型利用熱敏溫度開關來控制風扇馬達

(2) 第二種電路爲由引擎電腦依各種感測器訊號來控制風扇馬達何時運轉(ON/OFF)，風扇馬達轉速固定，如下圖。有些車種會多加一只繼電器，可控制風扇馬達高、低二種轉速。

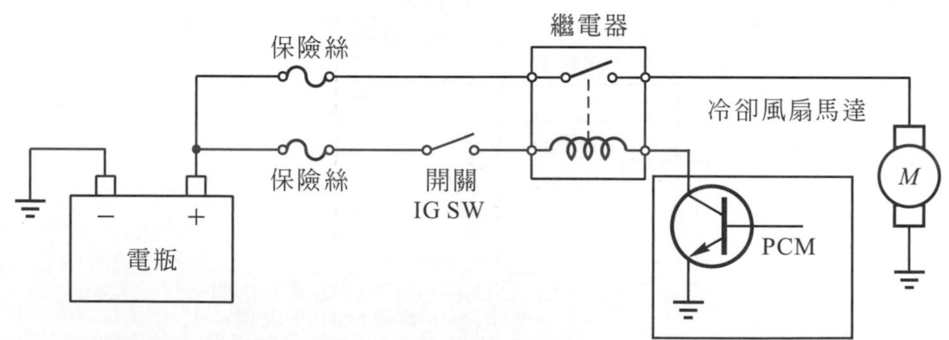


第二種電路為由引擎電腦依各種感測器訊號來控制風扇馬達

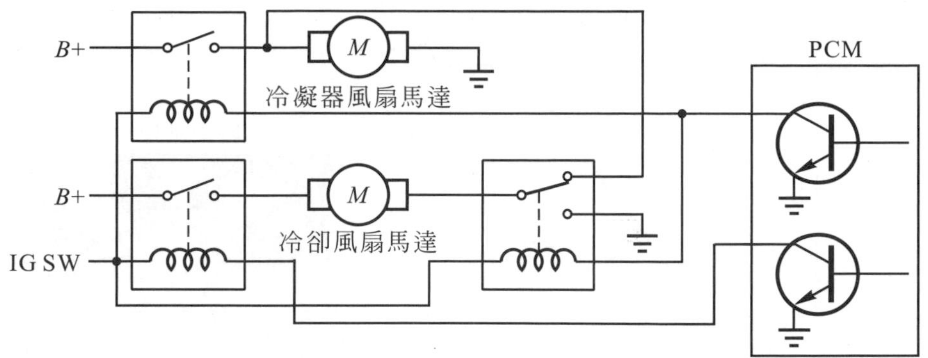


上圖為三菱車系 Grunder 冷卻風扇控制電路，當引擎冷卻水溫度高於 100℃ 時風扇高速運轉，低於 83℃ 時風扇停止運轉。

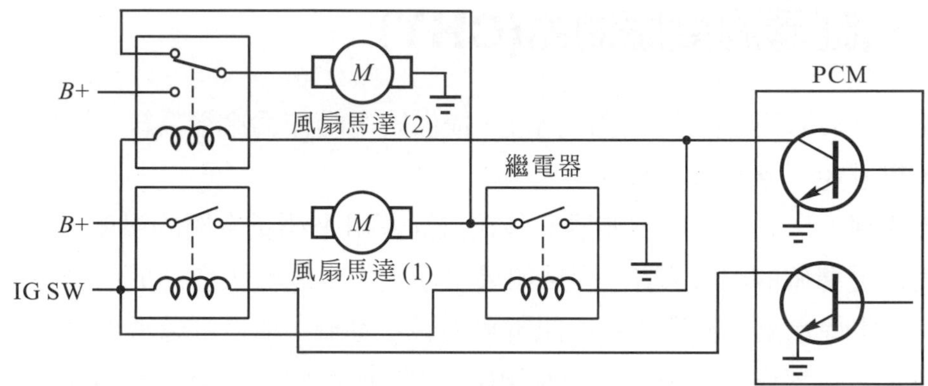


福特車系 Escape 2.3 冷卻風扇控制電路(分高、低速)

(3) 第三種冷卻風扇控制電路是由引擎電腦依各種感測器訊號來決定送出脈波訊號給風扇控制模組，使風扇控制模組以 Duty cycle%來控制風扇馬達之轉速，因此風扇馬達屬於無段轉速運轉，如下圖。當 Duty cycle%愈高(電壓會愈低，因控制搭鐵端)，風扇馬達轉速會愈高。

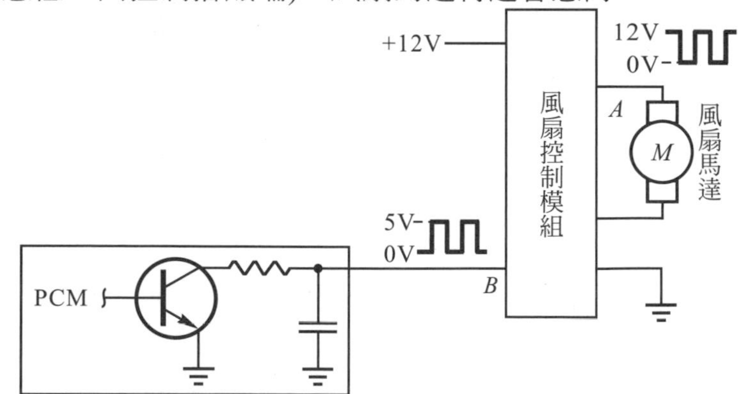


第三種電路是由引擎電腦依各種感測器訊號以 Duty cycle%控制風扇馬達之轉速

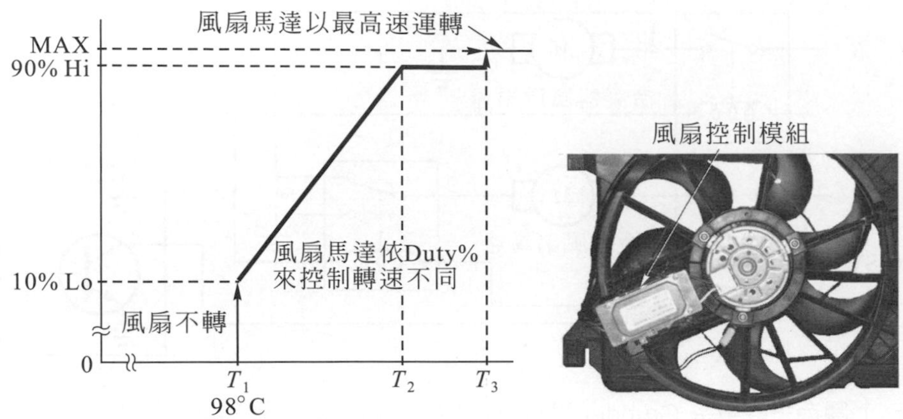


## 2-3 汽缸蓋溫度感測器(CHT)

◉ **功能**：用來偵測汽缸蓋金屬的溫度，提供給電腦作為冷卻系統故障防護參考訊號，以避免引擎機件燒損。

◉ **作用原理**：汽缸蓋溫度感測器安裝在汽缸蓋用來測量金屬的溫度，比水溫感測器提供更準確的溫度資訊，因為如果冷卻水太少或流失會造成引擎機件過熱的狀況，此時水溫感測器提供之訊號可能較不準確，而汽缸蓋溫度感測器可以提供完整的引擎溫度資訊及過熱狀況給電腦，使電腦進入緊急運作模式以避免機件因過熱損壞。汽缸蓋溫度感測器是利用一種電熱調溫裝置來感應金屬溫度，當溫度增加時電熱調溫器的電阻減少，當溫度減少時電阻值增加。同樣利用分壓電路原理，電阻的改變就影響訊號電壓的大小，溫度愈高，訊號電壓愈小。

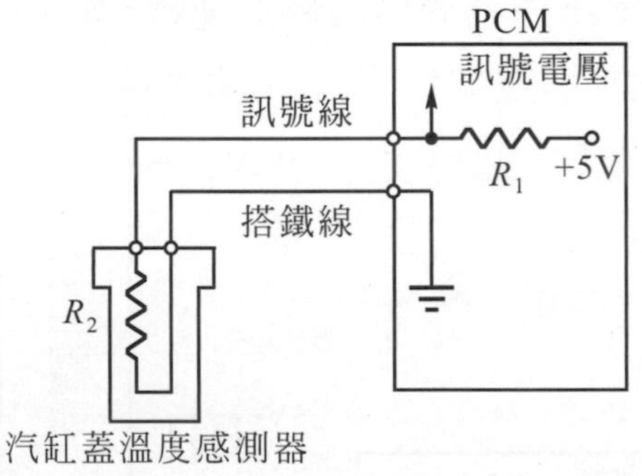


◉ **檢測方法**：(與水溫感測器相同)

# 2-4　進氣溫度感測器(IAT)

◉ **功能：**提供進氣溫度給引擎電腦作為噴油量、點火時間及空氣流量的修正訊號。

◉ **作用原理：**與水溫感測器相同原理，均屬於負溫度係數之熱敏電阻(溫度愈高，電阻愈小)。利用分壓電路原理，當進氣溫度愈高時，訊號電壓 DCV 則愈低，DCV 值約為 0.5～4.5V 變化(但不會超過 5V)。

通常進氣溫度感測器均與空氣流量計製成一體，如下圖。少數車種會單獨裝在進氣管上，有些會與 MAP 裝在一起。

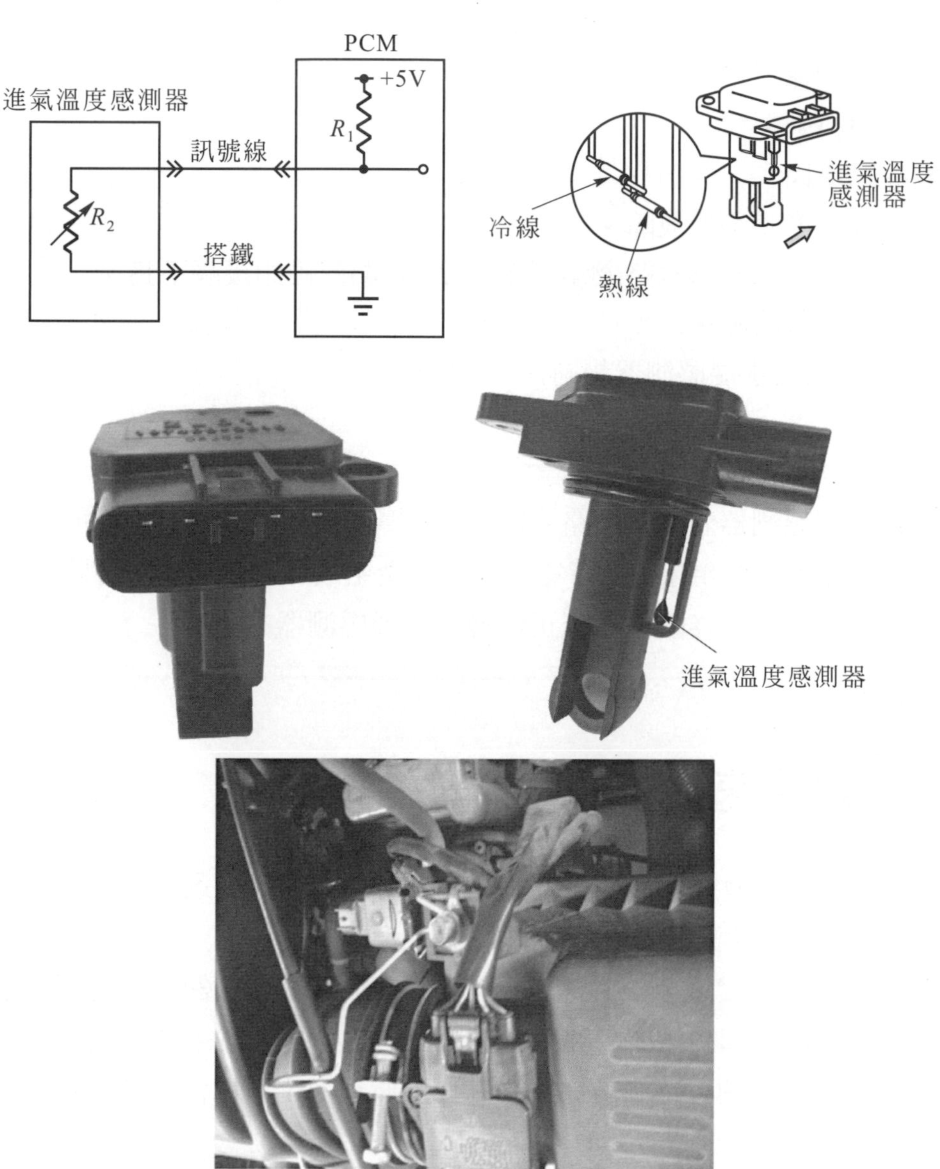


ALTIS 進氣溫度感測器與空氣流量計製成一體共 5 條線

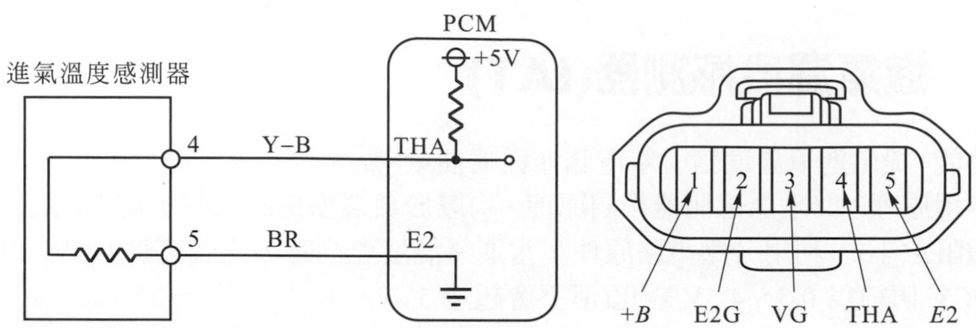


◉ **故障現象：**

- 冷車引擎不易發動(因電腦會設定爲基準溫度，可能使噴油過稀)。
- 引擎加速不良。
- 怠速抖動。

◉ **可能故障原因：**

- 進氣溫度感測器故障。
- 進氣溫度感測器線路(斷路或短路到搭鐵)或接頭接觸不良。
- 引擎電腦故障。

◉ **檢測方法：**(與水溫感測器相同)

**貼心提醒**

進氣溫度感測器若發生斷路或短路，會導致冷車不易發動、可能使噴油過稀，造成加速不良等現象，此時電腦除了會產生故障碼外，同時會將進氣溫度設定爲一基準溫度，作噴油量修正依據。水溫感測器亦同。

## 2-5 自動變速箱油溫感測器(TFT)

◉ **功能：**提供自動變速箱油溫訊號給電腦來控制行駛模式選擇、扭力變換器離合器(TCC)或超速傳動(O/D)作用時機。

◉ **作用原理：**自動變速箱(AT)的油溫是 AT 一個很重要的訊號，如果油溫太低，TCC、O/D 會受抑制。如果油溫太高，TCC 也會被無法接合，以保護 AT。下圖爲自動變速箱油溫感測器電路，其作用原理與上述水溫感測器相同。

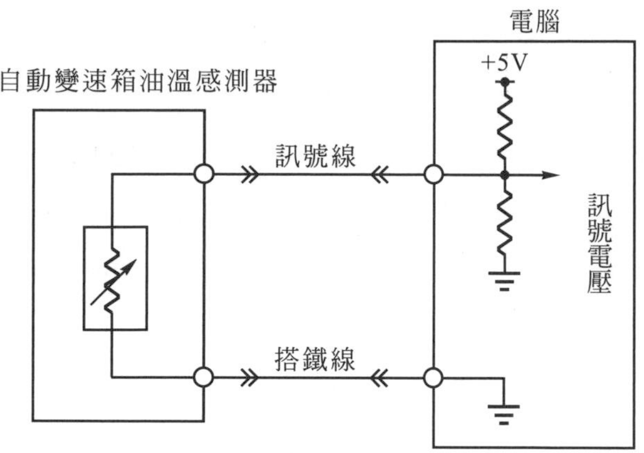


## ◉ 故障現象：

- TCC、O/D 不作用。
- 無法換至最高檔位(例如此車四檔位之四檔)。
- 升降檔震動較大。
- AT 會過熱。

## ◉ 可能故障原因：

- 自動變速箱油溫感測器故障。
- 自動變速箱油溫感測器線路(斷路或短路到搭鐵)或接頭接觸不良。
- 電腦故障。

## ◉ 檢測方法：(與水溫感測器相同)

| ATF 溫度(℃) | 電阻(kΩ) |
|---|---|
| −20 | 236−324 |
| 0 | 84.3−110 |
| 20 | 33.5−42.0 |
| 40 | 14.7−17.9 |
| 60 | 7.08−8.17 |
| 80 | 3.61−4.15 |
| 100 | 1.96−2.24 |
| 120 | 1.13−1.28 |
| 130 | 0.87−0.98 |

自動變速箱油溫與電阻之關係參考表

**貼心提醒**

自動變速箱油溫是一個很重要訊號，通常自動變速箱會損壞，很多狀況是因爲油溫太高所造成，例如離合器打滑、扭力變換器打滑造成油溫太高而燒燬。另外，引擎溫度曾經過高，也會使自動變速箱油溫升高，可能就把自動變速箱操掛了。

## 2-6 車內外空氣溫度感測器

◉ **功能**：提供車內、外空氣溫度訊號給空調電腦以控制車內溫度在設定之範圍。車外空氣溫度感測器一般安裝於車輛前方(前保險桿或水箱之前)，車內空氣溫度感測器一般安裝於鼓風機吸風口，有些車輛另於後窗玻璃下方也加裝一只車內空氣溫度感測器。

◉ **作用原理**：(與水溫感測器相同)

◉ **檢測方法**：(與水溫感測器相同)

## 2-7 蒸發器出口溫度感測器

◉ **功能**：蒸發器出口溫度感測器安裝於蒸發器出口葉片上，偵測蒸發器出口表面溫度給空調電腦，將此溫度訊號與設定之溫度做比較後，修正混合風門位置及控制壓縮機電磁離合器接通或斷開。另外蒸發器出口溫度訊號也可防止蒸發器產生結冰堵塞現象，通常設計當蒸發器出口表面溫度低於 0℃時，使壓縮機不作用。

◉ **作用原理**：(與水溫感測器相同)

◉ **檢測方法**：(與水溫感測器相同，唯此感測器一般工作範圍爲−20～60℃，可浸入冰水中作測試)

## 2-8　排氣溫度感測器

◉ **功能**：汽油引擎排氣溫度感測器安裝於三元觸媒轉換器上，偵測觸媒轉換器內的排氣溫度給電腦以修正混合比濃度，避免混合比的稀濃影響排氣溫度，損壞觸媒轉換器。當此排氣溫度過高(一般約 800～900℃)時，會使儀錶板警示燈點亮以提醒駕駛員。如果是使用在共軌柴油引擎上，有三種設計：

- 排氣溫度感測器如果安裝在渦輪增壓器上，是在偵測通過渦輪增壓器之前的排氣溫度做爲訊號電壓，提供給電腦用來決定燃油噴射量、EGR 控制及增壓控制。
- 排氣溫度感測器如果安裝在觸媒轉換器前端，是在偵測通過觸媒轉換器之前的排氣溫度做爲訊號電壓，提供給電腦用來決定燃油噴射量、柴油碳微粒過濾器控制及增壓控制。
- 排氣溫度感測器如果安裝在觸媒轉換器後端，是在偵測通過觸媒轉換器之後的排氣溫度做爲訊號電壓，提供給電腦用來柴油碳微粒過濾器之控制。

◉ **作用原理**：(與水溫感測器相同)

◉ **檢測方法**：(與水溫感測器相同)

## 2-9　油箱溫度感測器

◉ **功能**：油箱溫度感測器安裝於油箱內，偵測油箱內之溫度，給電腦判定油箱蒸發油氣控制系統是否正常(油氣是否洩漏)。

◉ **作用原理**：(與水溫感測器相同)

◉ **檢測方法**：(與水溫感測器相同)

## 2-10　共軌高壓柴油引擎燃油溫度感測器

◉ **功能**：共軌高壓柴油引擎燃油溫度感測器安裝於高壓泵與噴油嘴要回油到油箱之回油管路上，PCM 依此訊號來調節修正噴油正時與噴油量。

◉ **作用原理**：(與水溫感測器相同)

◉ **檢測方法**：(與水溫感測器相同)

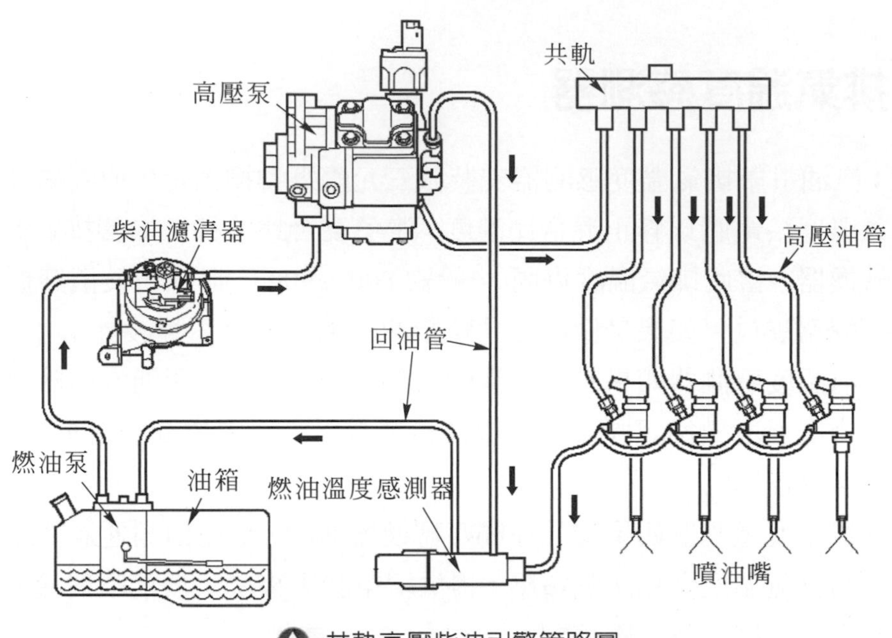


共軌高壓柴油引擎管路圖

# 2-11 增壓空氣溫度感知器

◉ **功能：**使用於渦輪增壓(Turbo)汽油、柴油引擎上，偵測通過增壓空氣冷卻器之後的增壓空氣溫度(IAT)做爲訊號電壓，提供給電腦用來修正燃油噴射量。通常安裝於增壓空氣冷卻器上。

◉ **作用原理：**(與進氣溫度感測器相同)

◉ **檢測方法：**(與進氣溫度感測器相同)

## 練習題

1. 熱敏電阻與溫度之特性關係可分為哪三種？以何者使用在車輛最多？
2. 水溫感測器有哪些功能？
3. 水溫感測器是採用哪一類型熱敏電阻？
4. 水溫感測器產生哪一種訊號？
5. 水溫感測器當水溫 60℃時，其電阻($R_2$)為 200Ω，此時測得$V_S = 1\text{V}$
   (1) 請問當$V_S = 3\text{V}$時，
   $R_2 =$ ________ Ω。
   (2) 當$R_2$斷路時，訊號電壓
   $V_S =$ ________ V。

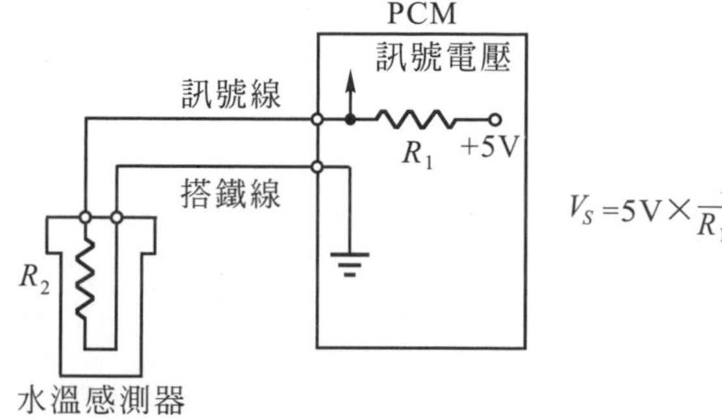


$$V_S = 5\text{V} \times \frac{R_2}{R_1 + R_2}$$

6. 如果水溫感測器電路搭鐵不良，可能使冷卻風扇馬達太早或太晚運轉？
7. 當叫出水溫感測器故障碼後，可判定是水溫感測器故障嗎？
8. 車外空氣溫度感測器裝在何處？
9. 蒸發器出口溫度感測器裝在何處？其功能？

# 3 壓力感測器

## 3-1 進氣歧管絕對壓力感測器(MAP)

◎ **功能：**偵測進氣歧管內壓力(眞空度)變化，給電腦作基本噴油量之訊號。通常用在 D 型引擎中，以此感測器及轉速訊號，來控制噴油嘴的基本噴油量。

◎ **作用原理：**壓力感測器種類有電容、壓阻、壓電式，目前 MAP 大部分採用壓阻式，利用半導體矽晶片，在矽晶片上製作 4 只阻值相等之應變電阻，將 4 只電阻連接成惠斯登電橋之電路，再經 IC 電路放大後輸出訊號電壓給電腦。利用進氣歧管內壓力(眞空)變化，使矽晶片之電阻改變，產生 DCV 訊號電壓(通常引擎未發動 IG SW ON(開紅火)時約 4V，怠速約 1～1.2V)，眞空度愈低(即絕對壓力愈大)，訊號電壓 DCV 愈大，傳送給電腦作爲進氣量(引擎負荷之變化)之訊號，DCV 值約爲 0.5～4.5V 變化(但不會超過 5V)。有三條線，一條爲 5V 電源線，一條爲搭鐵線，另外一條訊號線爲 DCV 訊號。

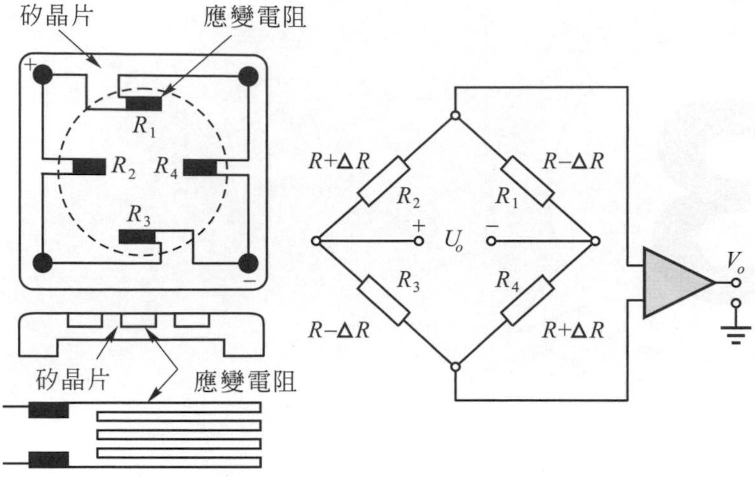
矽晶片
應變電阻
$R_1$
$R_2$
$R_4$
$R_3$
矽晶片
應變電阻
$R+\Delta R$
$R-\Delta R$
$R_2$
$R_1$
$U_o$
$R_3$
$R_4$
$R-\Delta R$
$R+\Delta R$
$V_o$

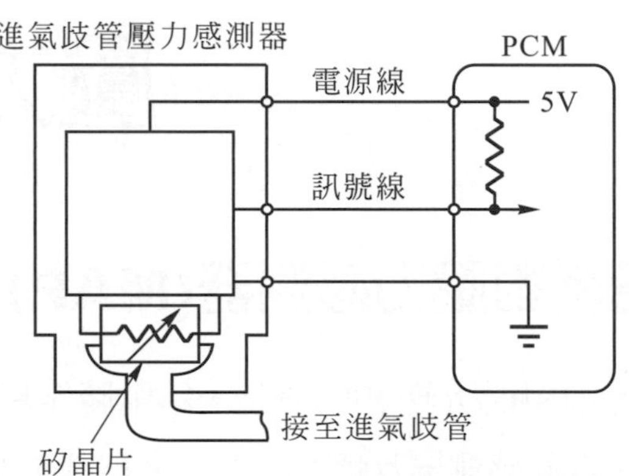
進氣歧管壓力感測器
PCM
電源線
5V
訊號線
接至進氣歧管
矽晶片

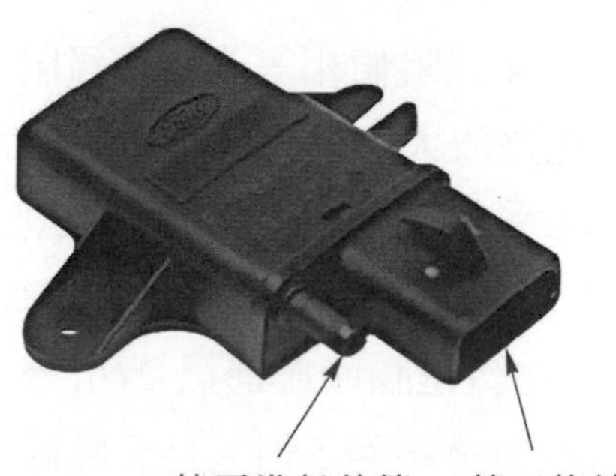
接至進氣歧管
接三條線

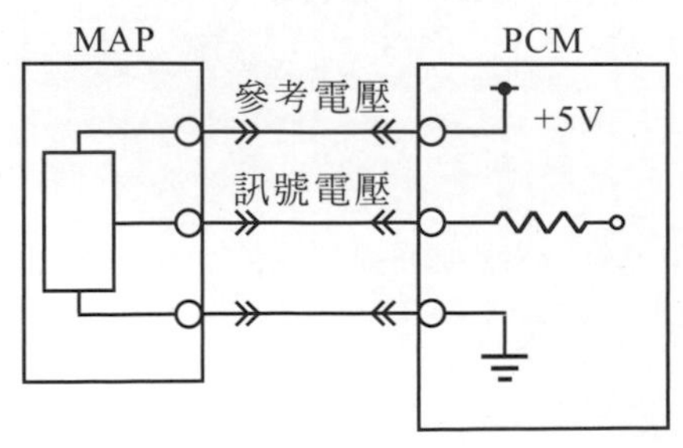
MAP
PCM
參考電壓
+5V
訊號電壓

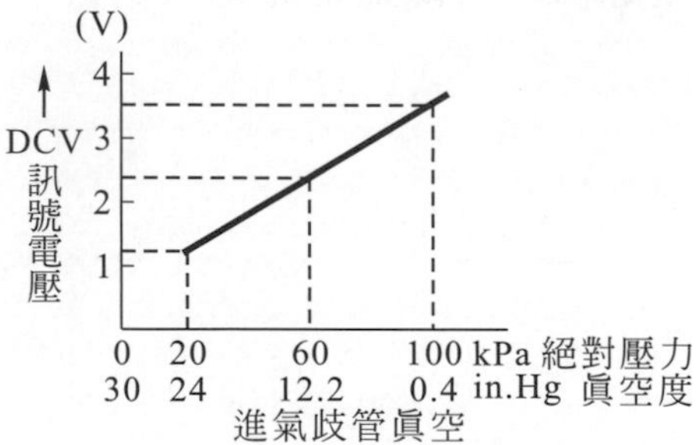
(V)
DCV
訊號電壓
4
3
2
1
0
20
60
100
kPa 絕對壓力
30
24
12.2
0.4
in.Hg 眞空度
進氣歧管眞空

| Vacuum at sea leavel (in.Hg.) | Manifold Absolute Pressure (kPa) | Sensor Voltage |
|---|---|---|
| 0 | 101.3 | 4.5 |
| 3 | 91.2 | 4.0 |
| 6 | 81.0 | 3.5 |
| 9 | 70.8 | 3.0 |
| 12 | 60.7 | 2.5 |
| 15 | 50.5 | 2.0 |
| 18 | 40.4 | 1.5 |
| 21 | 30.2 | 1.0 |
| 24 | 20.1 | 0.5 |

MAP Sensor

Man.Abs.Press.(kPa)

Vacuum(In.Hg.)

MAP Sensor Voltage

進氣歧管絕對壓力、真空度與 MAP 訊號電壓之關係參考表

## ◉ 故障現象：

- 引擎不易發動。
- 怠速不穩。
- 急加速無力、減速時易熄火。
- 引擎會冒黑煙、較耗汽油(若此車同時裝有 MAP 及 MAF 時)。

## ◉ 可能故障原因：

- MAP 感測器故障。
- MAP 感測器線路(斷路或短路到搭鐵)或接頭接觸不良。
- 引擎電腦故障。

## ◉ 檢測方法：

**方法 1：** 利用三用電錶 DCV 檔位--將電錶測試線黑棒接搭鐵，紅棒接訊號線，引擎未發動 IG SW ON(開紅火)時約 4V，怠速熱車時約 1～1.2V，當急加速時，DCV 電壓會變高。你也可以使用眞空槍模擬眞空作測試。如果量出訊號電壓為 0V，則再測量參考電壓，當 IG SW ON 正常時應為 5V。

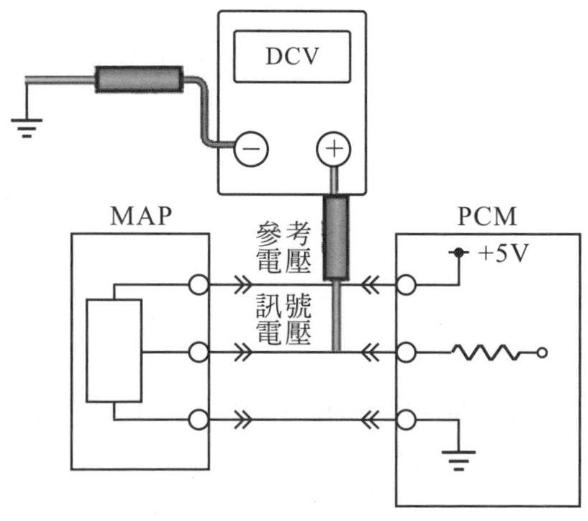

真空槍上之真空錶，當真空愈大時水銀柱(in)愈高，最高為 30 英吋水銀柱高

**方法 2：** 利用診斷機之分析數據(Data list 或 Datalogger)去觀察此感測器作用情況。

**方法 3：** 利用示波器--可觀察怠速時電壓波形(DCV)，隨轉速負荷變化，電壓會變化。

## 貼心提醒

在多年前全世界即開始使用國際計量單位，簡稱 SI 單位，例如壓力單位採用 bar、kPa、MPa，以前公制採用 $kg/cm^2$，英制採用 psi($lb/in^2$)。螺絲鎖緊扭力 SI 單位採用 N-m(牛頓-米)，以前公制採用 kg-m (公斤-米)，英制採用 ft-lb (呎-磅)。其換算如下：

1 $kg/cm^2$ =0.98 bar =14.2 psi (通常可將 $kg/cm^2$ 與 bar 視爲相等)

1 bar =100 kPa = 0.1 MPa

1 kg-m = 9.81 N-m = 7.2 ft-lb

另外，壓力表示有絕對壓力、計示壓力及眞空度等三種。

1. 絕對壓力(absolute pressure)：即流體的眞正壓力。
2. 計示壓力(gauge pressure)：或稱爲錶壓，是表示高出大氣壓多少壓力。
3. 眞空度(vacuum degree)：表示比大氣壓低多少壓力。

   計示壓力=絕對壓力－大氣壓力

   眞空度=大氣壓力－絕對壓力

   1 大氣壓力(atm)=101.3kPa=30 inHg =760 mmHg(絕對壓力)

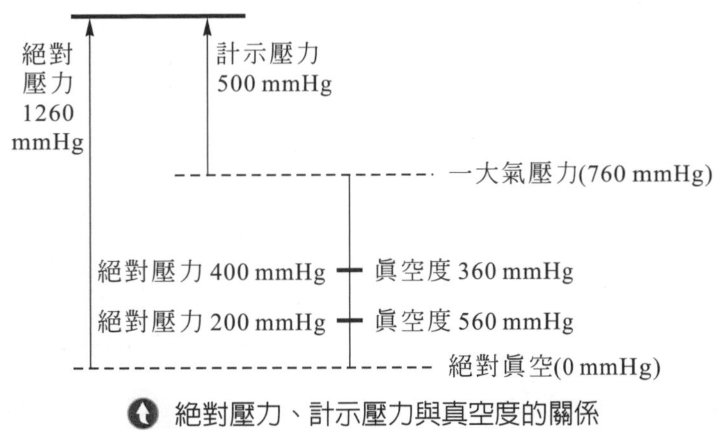


絕對壓力、計示壓力與真空度的關係

**貼心提醒**

當此感測器接至進氣歧管間之眞空橡皮管破損洩漏時，會產生怠速不穩、抖動、耗汽油或熄火現象。

**貼心提醒**

目前 MAP 也會用在有些 LH 型車系列(例如 MAF 熱線式空氣流量計)引擎中，主要是燃油油壓調節器改到油箱中(因此已沒有以前之油壓調節器有一條眞空管接至進氣歧管中)，爲了修正燃油油管內壓力與進氣歧管之間壓力差變化，會產生有誤差值的噴油量，故加裝 MAP 訊號給電腦來修正 LH 型引擎之噴油量(空燃比)。另一方面當 MAF 故障時，MAP 可以取代。但有些廠牌不是以 MAP 來修正噴油量(噴射時間)，而是以 TPS 訊號來修正(例如 TOYOTA)。

**貼心提醒**

近年各車廠已發展無回油設計如下圖，將油壓調節器裝在油箱內，因此即沒有回油管及眞空管，主要目的爲油箱油溫較低(無回油因素)，減少油氣之蒸發污染，另一方面也可改善油路產生氣阻現象。但無眞空管來修正調節油壓，改由 MAP 或 TPS 感測器告知電腦去修正噴油量(因此你會看到有些車種將 MAF 及 MAP 共存在同一台引擎控制系統中)。

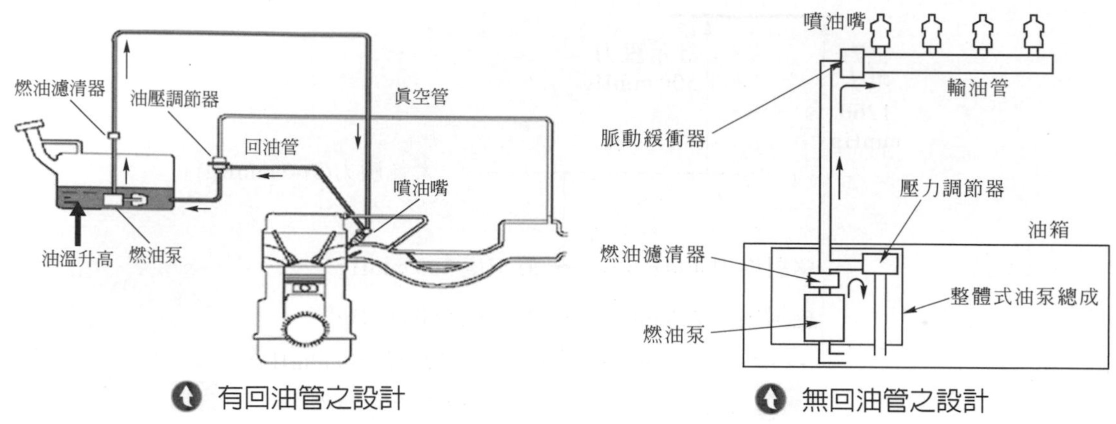


有回油管之設計　　無回油管之設計

## 貼心提醒

另外只有極少數車種採用電容式進氣歧管壓力感測器，會產生頻率變化，其輸出頻率(約 80～160Hz)與進氣歧管壓力成正比，可利用 Hz 錶測量頻率是否在上述範圍內。

## 貼心提醒

有些車種會將 MAP 與進氣溫度感測器製在一起，共四條線，其中搭鐵線共用，如下圖。

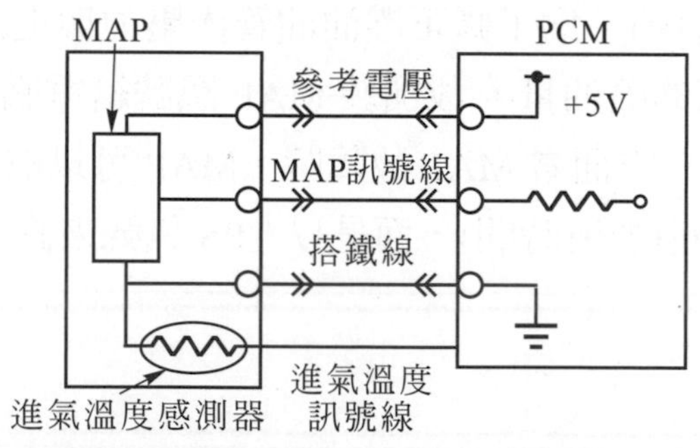

# 3-2　大氣壓力感測器(BARO)

- **功能：**偵測不同緯度高低(高山或平地)時之大氣壓力變化，給電腦作爲修正點火及噴油量的參考訊號，避免高山時引擎無力。
- **作用原理：**其作用原理類似半導體矽晶片之 MAP，有三條線，一條參考電壓爲 5V，一條爲搭鐵，另一條爲訊號電壓 DCV，當大氣壓力變化時，訊號電壓通常在 0.5～4.5V 變化。

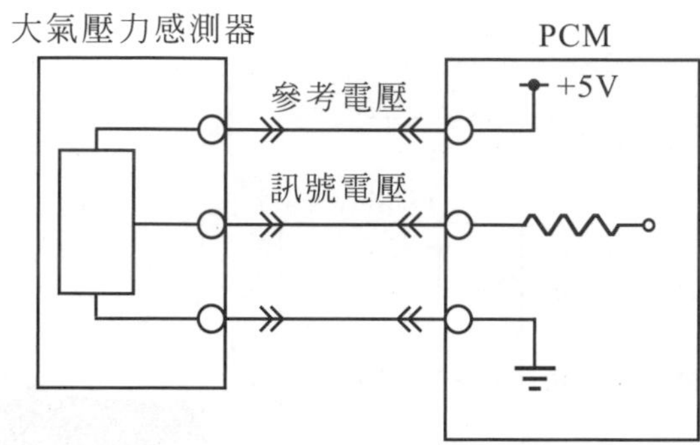


- **檢測方法：**與 MAP 感測器相同，但因此種感測器是感測比大氣壓力大之壓力，故可用壓縮空氣加壓測試，DCV 會增加至 4.5V。

# 3-3　共軌高壓柴油引擎燃油油壓感測器

- **功能：**偵測共軌高壓柴油引擎高壓油管內之油壓，給電腦修正噴油量之參考訊號，並且作爲燃油壓力控制閥來調整燃油壓力。
- **作用原理：**其作用原理與 MAP、BARO 類似，有三條線，一條爲 5V，一條爲搭鐵，另一條爲訊號電壓 DCV 由 0.5～4.5V 變化，利用電壓 DCV 變化即可計算出共軌內之油壓大小。舉例：利用下列公式，油壓 P=(輸出訊號電壓－0.5)×450，即可由訊號電壓算出油壓大小，訊號電壓愈高，油壓愈高。如果測出訊號電壓爲 4.5V，則依上述公式算得共軌油壓約爲 1800bar。一般怠速時訊號電壓約爲 1～1.2V，換算共軌油壓約爲 230～320bar。

  如果要拆高壓油管時，最好將油壓降至 1V(約 200bar)以下，爲安全起見，最好再放一大塊破布遮住。

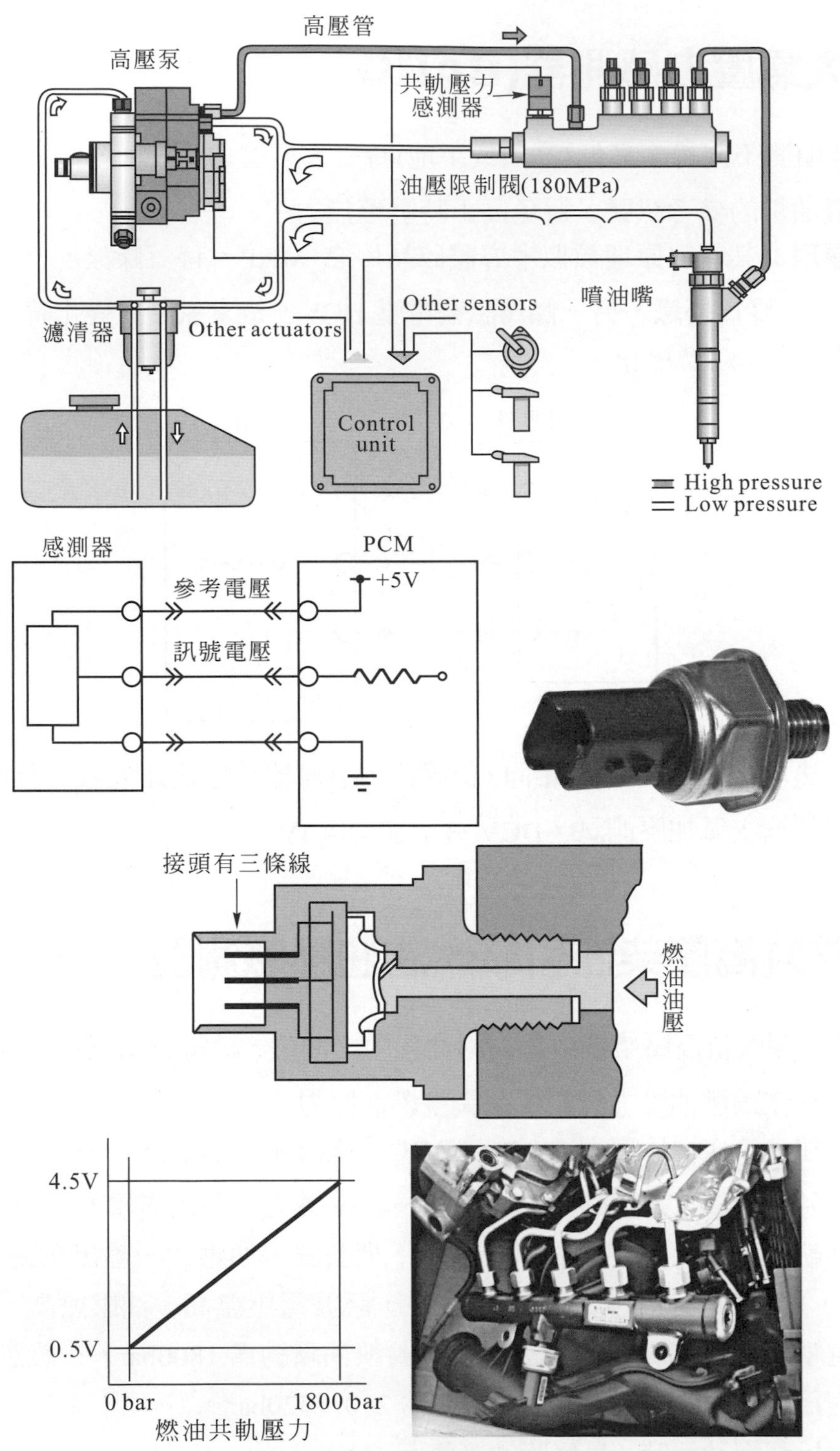


◎ **檢測方法：**與 MAP 感測器相同，但因此種感測器是感測比大氣壓力大之壓力，故可用壓縮空氣加壓測試，DCV 會增加至 4.5V。

**貼心提醒**

共軌柴油引擎要發動條件，其中之一是共軌油管內之油壓一般至少要 150～250bar 以上才能發動，而高壓油管又規定儘量不要輕易去拆它(油管拆開後最好換新，否則易漏油)。如果沒有診斷機，可由訊號電壓大小推算共軌油管內之壓力是否足夠能發動。如果有診斷機，則診斷機會依訊號電壓大小推算共軌油管內之壓力，直接在診斷機上告訴你目前之油壓大小。

**貼心提醒**

目前很風行的 GDI 缸內噴射汽油引擎(其燃油壓力設計較高)，也會在共軌油管內裝有燃油壓力感測器(傳統 MPI 歧管噴射汽油引擎就不需要燃油壓力感測器，如下圖)，用來偵測共軌中的燃油壓力做為訊號電壓(如下圖)，提供給電腦用來決定燃油噴射量，其感測器作用原理及檢測方法均與 MAP、BARO 類似。

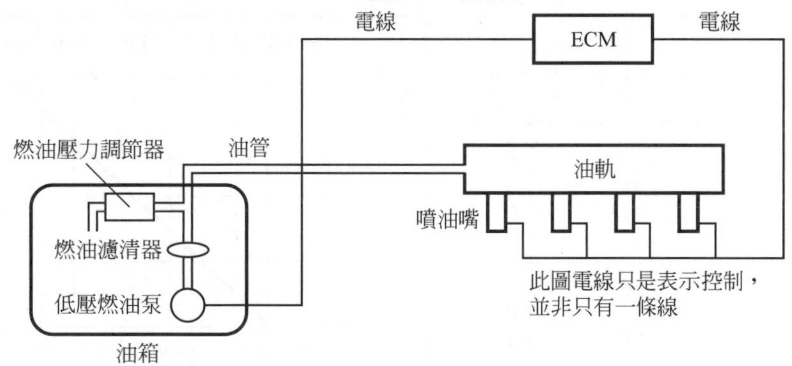


MPI 歧管噴射汽油燃油系統(無回油系統)

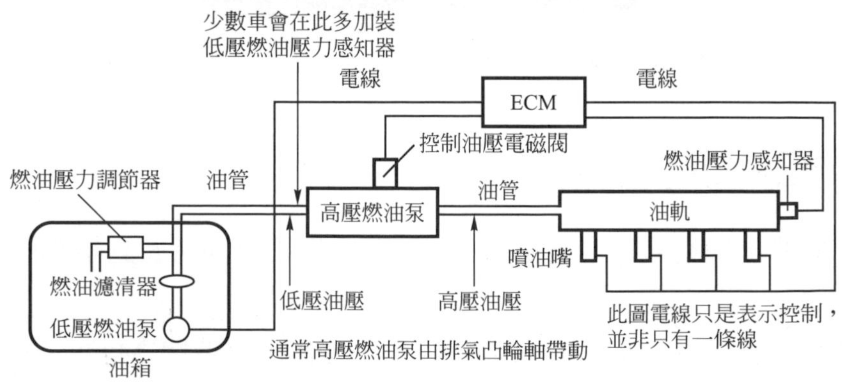


GDI 缸內噴射燃油系統

## 3-4 油箱壓力感測器

◉ **功能**：偵測油箱內之壓力，給電腦判定油箱蒸發油氣控制系統是否正常。

◉ **作用原理**：其作用原理與 MAP、BARO 類似，利用偵測油箱內之壓力與大氣之間的壓力差，產生訊號電壓 DCV 告訴電腦去判定，油箱蒸發油氣控制系統之控制功能是否正常。接線如下圖，有三條線，一條爲 5V，一條搭鐵，另一條爲訊號電壓 DCV。DCV 值約爲 0.5～4.5V 變化(但不會超過 5V)。

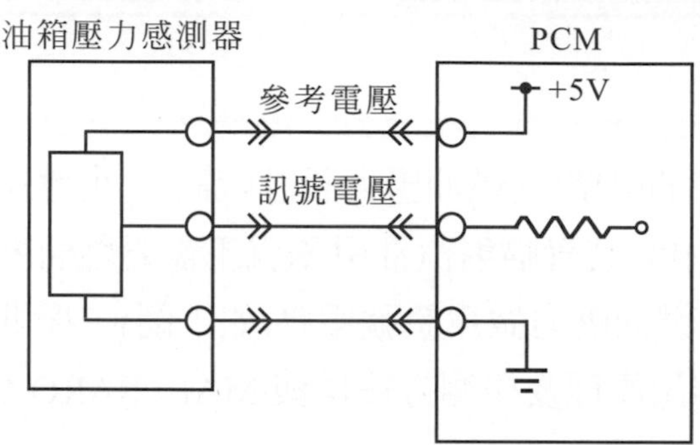


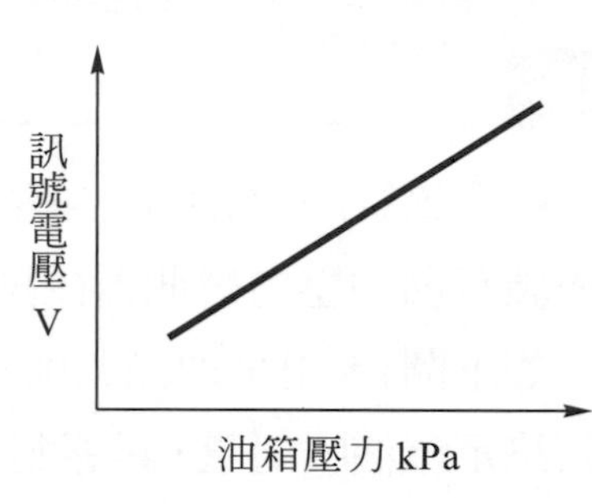


| Fuel Tank(EVAP) (In.$H_2O$) | Pressure (psi) | Sensor Voltage |
|---|---|---|
| −14.0 | −0.5 | 0.5 |
| −10.5 | −0.375 | 1.0 |
| −7.0 | −0.25 | 1.5 |
| −3.5 | −0.125 | 2.0 |
| 0.0 | 0.0 | 2.5 |
| 3.5 | 0.125 | 3.0 |
| 7.0 | 0.25 | 3.5 |
| 10.5 | 0.375 | 4.0 |
| 14.0 | 0.50 | 4.5 |

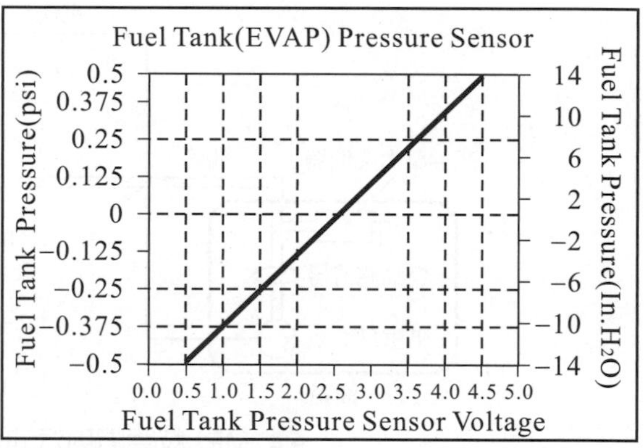


⬆ 油箱壓力與訊號電壓之關係參考表

◉ **檢測方法**：(與 MAP 感測器相同)

## 3-5 渦輪增壓感測器

◉ **功能**：偵測渦輪增壓機之增壓壓力，給電腦修正噴油量及對增壓壓力進行調節控制。

◉ **作用原理**：此感測器安裝在進氣歧管上，其作用原理與 MAP、BARO 類似，利用偵測進氣歧管的壓力，當增壓壓力異常升高至一定數值時，產生訊號電壓告訴電腦去切斷燃油。在怠速、水溫過高或水溫感測器電路異常時，增壓控制電磁閥斷開，增加排氣的旁通量，使增壓壓力下降。反之，當增壓控制電磁閥閉合，減少排氣的旁通量，使增壓壓力升高。

◉ **檢測方法：**(與 MAP 感測器相同)

# 3-6　冷媒壓力感測器

◉ **功能：**偵測冷媒管路中之冷媒壓力做爲訊號電壓，當冷媒壓力過高或過低時，提供給電腦用來控制空調壓縮機不作動，以保護空調壓縮機。有些車種還會控制水箱冷卻風扇轉速及怠速提速控制。

◉ **作用原理：**此感測器裝於冷媒管路高壓側(有些車裝在儲液乾燥瓶上)，其作用原理與 MAP、BARO 類似，有三條線，一條參考電壓爲 5V，一條爲搭鐵，另一條爲訊號電壓 DCV。以 TOYOTA YARIS 車爲例，當冷媒壓力非常低的 0.19MPa (2.0kg/cm$^2$，28psi)以下或非常高的 3.14MPa (32.0kg/cm$^2$，455psi)以上，就會產生故障碼，電腦會去切斷壓縮機離合器，防止冷媒壓力太高或太低造成壓縮機損壞。在冷媒壓力 0.19～3.14MPa(2.0～32.0kg/cm$^2$)，其訊號電壓會在 0.76～4.74V 變化。冷媒壓力愈大，訊號電壓愈高(但不會超過 5V)。

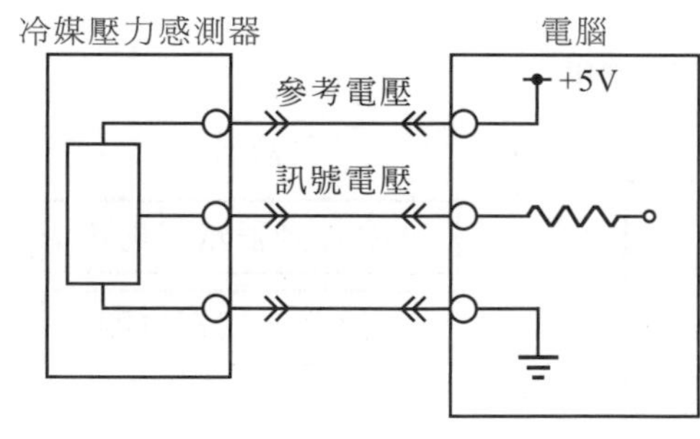


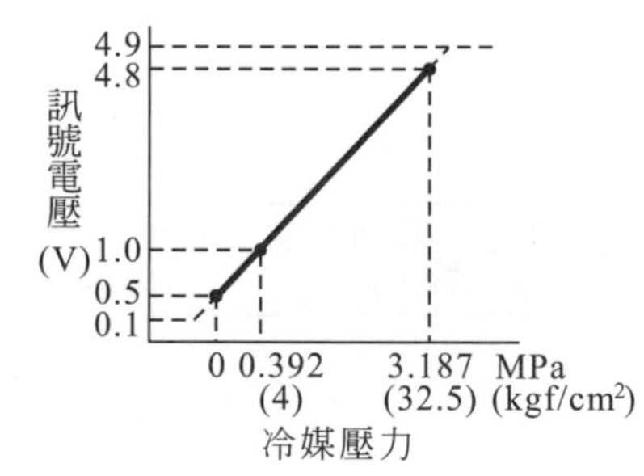


| A/C High Side Pressure(psi) | Sensor Voltage |
|---|---|
| 25 | 0.25 |
| 50 | 0.50 |
| 100 | 1.0 |
| 150 | 1.5 |
| 200 | 2.0 |
| 250 | 2.5 |
| 300 | 3.0 |
| 350 | 3.5 |
| 400 | 4.0 |
| 450 | 4.5 |

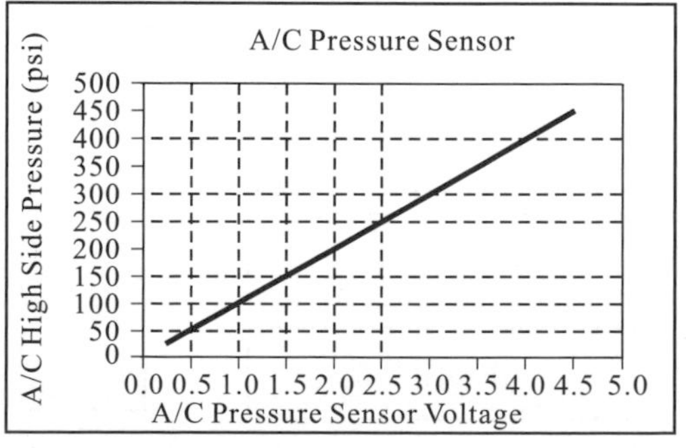


冷媒壓力與訊號電壓之關係參考表

◉ **檢測方法**：(與 MAP 感測器相同)

## 3-7 煞車油壓感測器

◉ **功能**：偵測煞車管路之油壓，給電腦控制 ESP 車輛穩定系統…等用途。

◉ **作用原理**：此感測器安裝在煞車總泵或 ABS 作動器上，採用電容或壓電元件，其作用原理與 MAP、BARO 類似，利用偵測煞車管路之油壓，提供訊號電壓給 ESP 電腦作為判斷此時是否踩煞車或踩下煞車之力道(與管路油壓大小有關)，來控制 ABS 作動器內之幫浦馬達給予加壓之大小並作修正。當煞車管路之油壓愈大，此感測器之訊號電壓也愈高，DCV 由 0.2～4.8V 變化。

◉ **檢測方法**：(與 MAP 感測器相同)

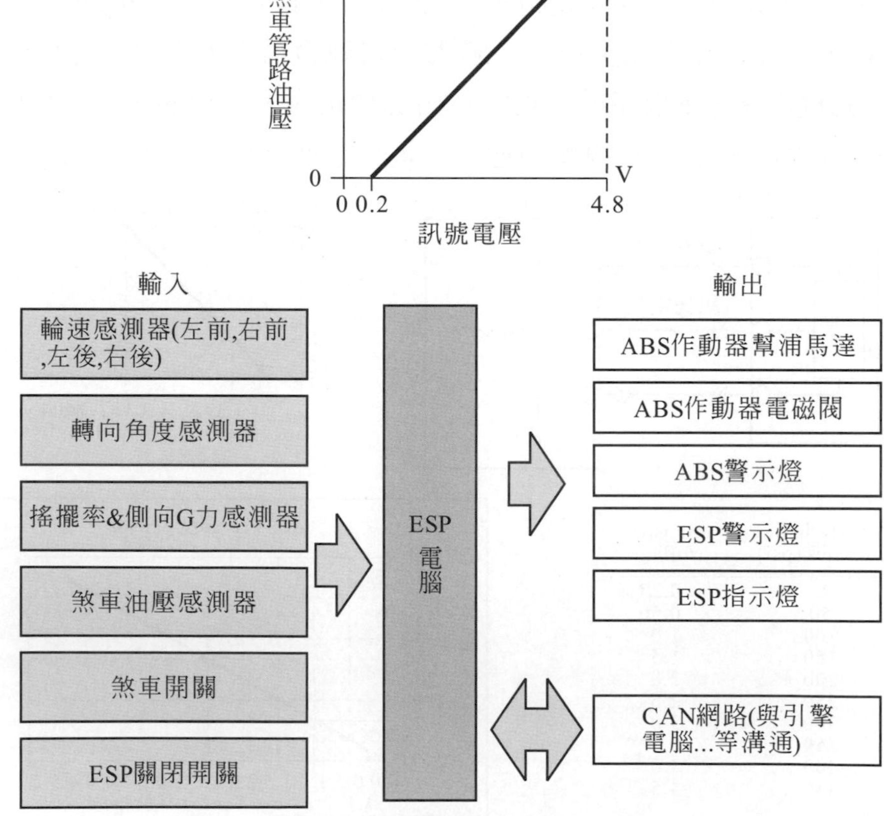

# 3-8 煞車增壓器真空感測器

◉ **功能：**偵測煞車增壓器的眞空，以確保引擎由 Stop-Start 怠速熄火系統控制熄火時的煞車性能。(Stop-Start 怠速熄火系統各品牌車種所使用名稱可能有些不同，其功能爲當車輛靜止或等紅綠燈時，如果達到一些可以熄火的條件時，引擎就會自動熄火，以達到節省燃料、減少廢氣排放及怠速噪音之目的，而當車輛準備繼續行駛時系統即會重新啓動引擎。)

◉ **作用原理：**此感測器安裝在煞車增壓器上，採用壓電元件，其作用原理與 MAP、BARO 類似，利用偵測煞車增壓器的眞空做爲訊號電壓，提供給 Stop-Start 怠速熄火系統電腦作爲判斷此時煞車煞車增壓器的眞空是否足夠，如果眞空不足則 Stop-Start 怠速熄火系統將不會使引擎熄火。當煞車增壓器的眞空愈大，此感測器之訊號電壓也愈高，DCV 由 0.2～4.8V 變化。

◉ **檢測方法：**(與 MAP 感測器相同)

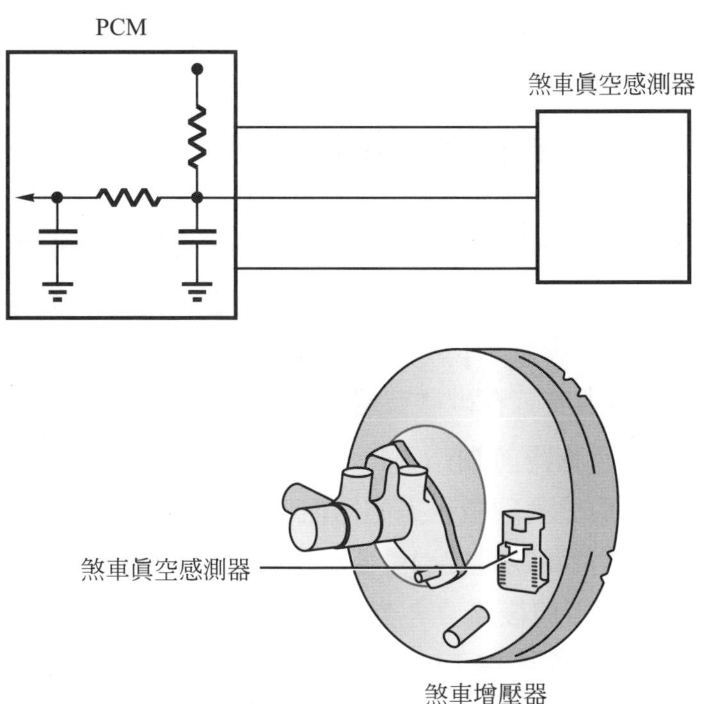

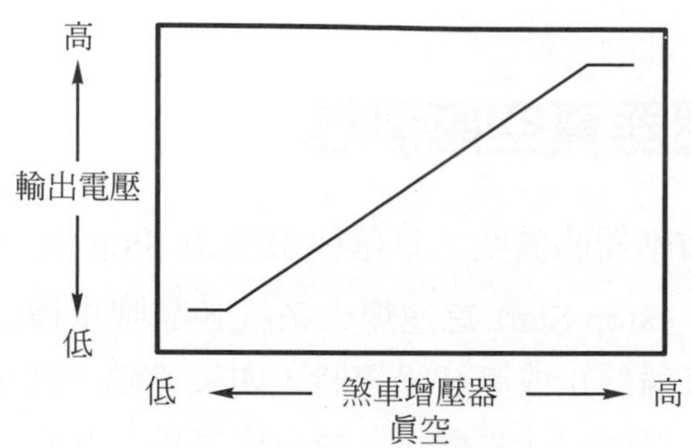


## 3-9 排氣壓力感測器

- **功能**：排氣壓力感測器安裝於汽缸排出之排氣管上。使用於渦輪增壓(Turbo)汽油、柴油引擎上，偵測從汽缸排出的排氣壓力做爲訊號電壓，提供給電腦用於 EGR 控制及增壓控制。
- **作用原理**：(與 MAP 感測器相同)
- **檢測方法**：(與 MAP 感測器相同)

## 3-10 排氣壓力差異感測器

- **功能**：排氣壓力差異感測器(簡稱差壓感測器)，使用於共軌柴油引擎，偵測通過碳微粒過濾器(DPF)前後端的排氣壓力差異之訊號，以了解碳微粒過濾器黑煙堵塞情況，使電腦啓動「再生」程序，去清除碳微粒過濾器碳粒之功能。
- **作用原理**：此感測器安裝在碳微粒過濾器附近，感測器接二條管子，其中一條管子接於碳微粒過濾器前端(入口)，另一條管子接於碳微粒過濾器後端(出口)，如下圖，利用偵測碳微粒過濾器前後端的排氣壓力差做爲訊號電壓，提供給電腦用來作爲判斷碳微粒過濾器黑煙堵塞情況。TUCSON 共軌柴油引擎，在各種碳微粒過濾器前後端之差異壓力下，其訊號電壓(輸出電壓)設計如下表。當怠速時新的 DPF 約爲 1.0～1.2V。碳微粒過濾器前後端之差異壓力愈大，此感測器之訊號電壓也愈高，表示碳微粒過濾器黑煙堵塞愈嚴重。此感測器作用原理與 MAP、BARO 類似。

◉ **檢測方法：**(與 MAP 感測器相同)

| 差異壓力【ΔP】(kPa) | 輸出電壓(V) |
|---|---|
| 0 | 1.00 |
| 10 | 1.35 |
| 20 | 1.70 |
| 30 | 2.05 |
| 40 | 2.40 |
| 50 | 2.75 |
| 60 | 3.10 |
| 70 | 3.45 |
| 80 | 3.80 |
| 90 | 4.15 |
| 100 | 4.50 |

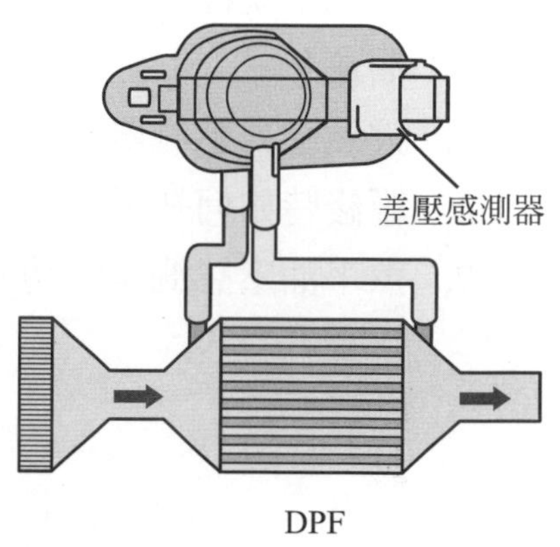


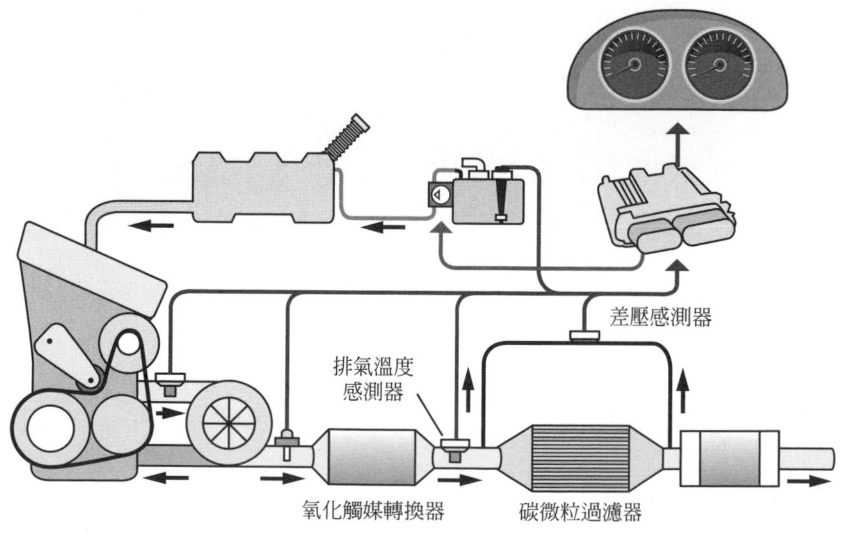

## 練習題

1. 進氣歧管絕對壓力感測器(MAP)產生哪一種訊號？
2. 國際計量單位(SI)，壓力 5bar = ________ kPa = ________ $kg/cm^2$
3. 燃油系統採無回油設計之汽油管路有何優點？
4. 燃油系統採無回油設計之油壓調整器，沒有眞空管接至進氣歧管，如何修正噴油量？
5. 大氣壓力感測器的功能？產生哪一種訊號？
6. 維修時如何知道共軌高壓柴油引擎燃油管內油壓是否足夠，以發動引擎？
7. 煞車油壓感測器的功能？產生哪一種訊號？

# 4 流量感測器

## 4-1 進氣空氣量感測方式

◎ **功能**：偵測進氣量大小，給引擎電腦作點火時間及噴油量之參考訊號。

◎ **種類**：一般引擎所採用的進氣空氣量計量方式有下列三種：

(1) 採用空氣流量計方式：一般常見有翼板式、熱線(熱膜)式、卡門渦流式。

(2) 採用轉速密度方式：利用引擎轉速及進氣歧管真空(絕對壓力)感測方式，稱爲歧管絕對壓力感測器(MAP)。

(3) 採用節氣門控制方式：利用引擎轉速及節氣門位置感測器(TPS)來測量進氣量方式，通常使用在賽車上。

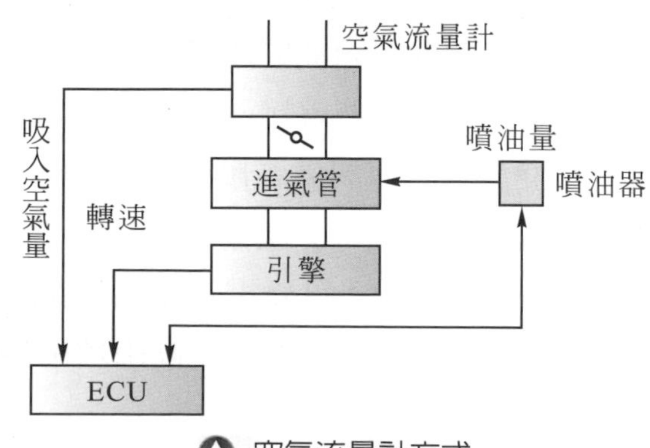


空氣流量計方式

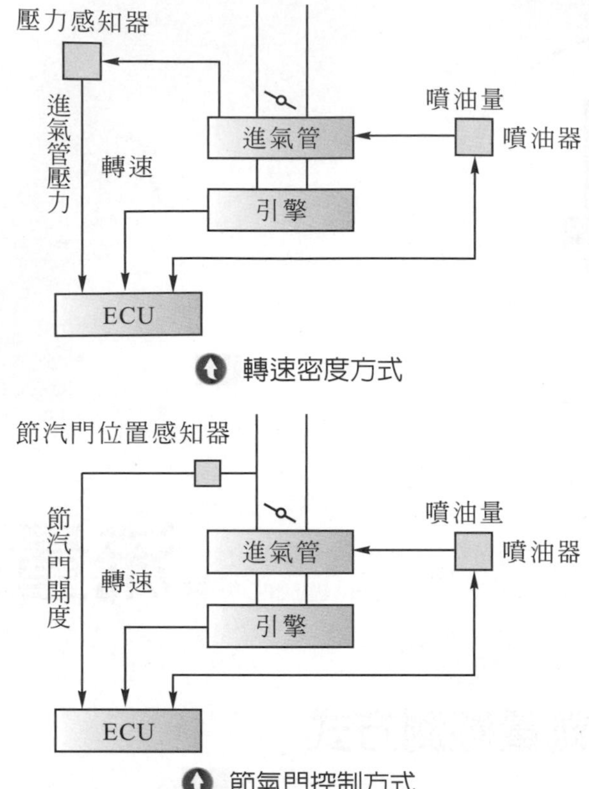


轉速密度方式

節氣門控制方式

# 4-2　翼板式空氣流量感測器(VAF)

◎ **作用原理：**利用可變電阻原理，引擎運轉時空氣流經空氣道推動翼板，翼板帶動可變電阻，電腦提供 5V 參考電壓，當進氣量愈多(轉速愈高)時，翼板打開愈大，可變電阻電阻愈大，因此訊號電壓 DCV 愈高(利用分壓電路原理)，怠速時約 0.5～1V，高速約 4.5V。

當引擎熄火時，汽油泵開關是斷開的(如圖中虛線位置爲 OFF)；待引擎起動使翼板達某一角度時，汽油泵開關就接通。此型感測器有二種設計，一種爲電壓上升型，當翼板打開愈大時，訊號電壓會愈高(但不會超過 5V)；另外一種爲電壓下降型，當翼板打開愈大時，訊號電壓會愈低。

此型感測器有一些缺點，例如：可變電阻使用日久會接觸不良、翼板擺動卡滯、體積太大占空間、高速控制精度較差、高山地區控制不佳，造成引擎無力，目前已少見。

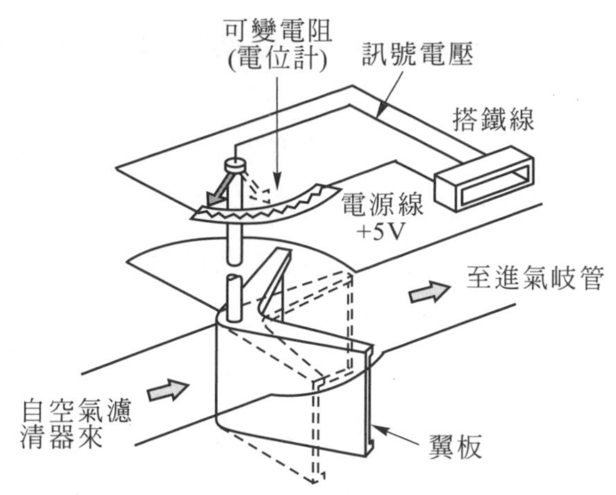


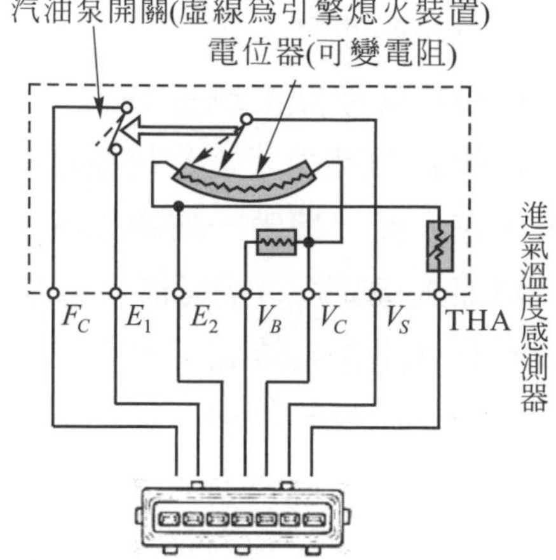


◎ **檢測方法**：(可變電阻檢測與線性式 TPS 感測器類似)

**方法 1**： 利用三用電錶 DCV 檔位--將電錶測試線黑棒接搭鐵，紅棒接訊號線，怠速時約 0.5～1V，高速時約 4.5V。或引擎熄火 IG SW ON 時，用手去推動翼板作模擬作動，DCV 應在 0.5～4.5V。

**方法 2**： 利用三用電錶歐姆檔位--拆開此感測器接頭，將歐姆錶一條測試線接搭鐵，另一條測試線接訊號線，當用手去推動翼板打開愈大時，電阻應愈大。另外當用手去推動翼板時，要檢查翼板的擺動是否平順(卡滯)。同時檢查汽油泵開關，當引擎熄火時，應為斷開不通；當用手去推動翼板至某一開度時，應為接通(0Ω)。

**方法 3**： 利用診斷機之分析數據(Data list 或 Datalogger)去觀察此感測器作用情況。

**方法 4**： 利用示波器--可觀察怠速時電壓波形(DCV)，隨轉速提升，電壓應愈提高。

## 4-3 熱線式(熱膜式)空氣流量感測器(MAF)

◎ **作用原理**：目前很多車種使用此型如下圖，參考電壓為+12V，當空氣流經熱線時，會使熱線變冷(風速愈大帶走熱量愈多)，此時熱線電阻會改變，在比較熱線電壓(進氣流量)與冷線(或叫溫度補償電阻)電壓後，其實它也是利用兩組分壓電路原理(惠司登電橋)，經比較器後，得出訊號電壓 DCV。引擎未發動 IG SW ON(開紅火)時約 0.5～0.7V，熱車怠速時 DCV 約為 1.0～1.3V(視車種)，轉速增加，訊號電壓會愈高。

另有少數車種採用頻率訊號方式，怠速時頻率 Hz 較小，高速時 Hz 較高，此型車可使用頻率錶去測量 Hz。

熱膜式與熱線式之作用原理相同，熱膜式只是使用熱膜電阻(一種發熱鉑金屬薄膜，在表面上覆蓋一層絕緣保護膜)取代熱線，強調材質壽命較佳。

熱線式(熱膜式)空氣流量感測器優點爲：能直接測量進氣空氣質量，因此精度較高。而且能在短時間反應空氣的流量，因此反應較靈敏、進氣阻力小、不受海拔高度影響、測量範圍廣、無轉動組件不會磨損，因此在車輛上被廣泛的使用。

大部分車種均將進氣溫度感測器裝在一起，因此你會看到 5 條線，其中 2 條爲進氣溫度感測器，其原理及檢測請看進氣溫度感測器章節。有些車種會做成 4 條線，是將搭鐵線共用。

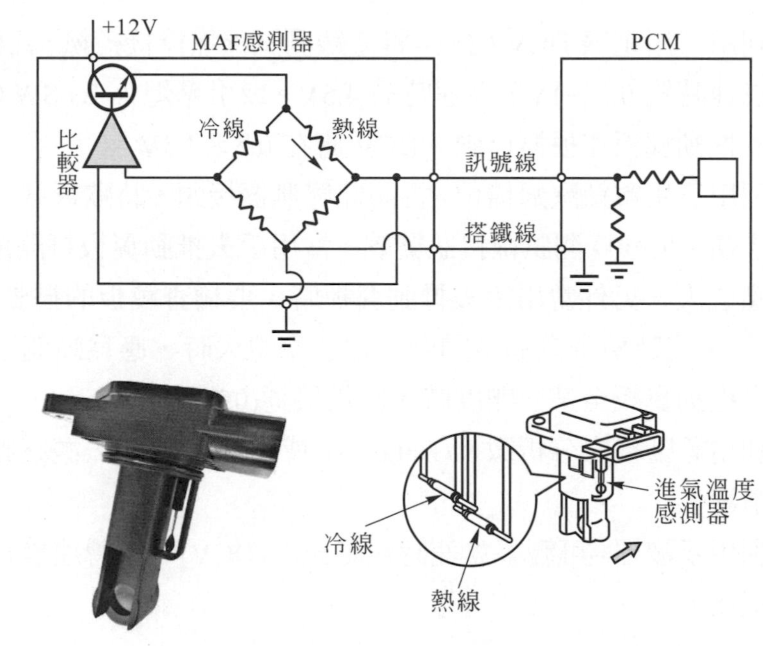


| Mass Airflow (gm/sec) | Sensor Voltage |
|---|---|
| 0 | 0.2 |
| 2 | 0.7 |
| 4 | 1.0 |
| 8 | 1.5 |
| 15 | 2.0 |
| 30 | 2.5 |
| 50 | 3.0 |
| 80 | 3.5 |
| 110 | 4.0 |
| 150 | 4.5 |
| 175 | 4.8 |

MAF感測器

Mass Airflow (gm/sec): 0 20 40 60 80 100 120 140 160 180 200

MAF感測器電壓 (V): 0.0 0.5 1.0 1.5 2.0 2.5 3.0 3.5 4.0 4.5 5.0

空氣流量與 MAF 訊號電壓之關係參考表

ALTIS 車有 5 條線，其中 2 條(4/5)爲進氣溫度感測器，另外 3 條(1/2/3)才是空氣流量感測器，如下圖。

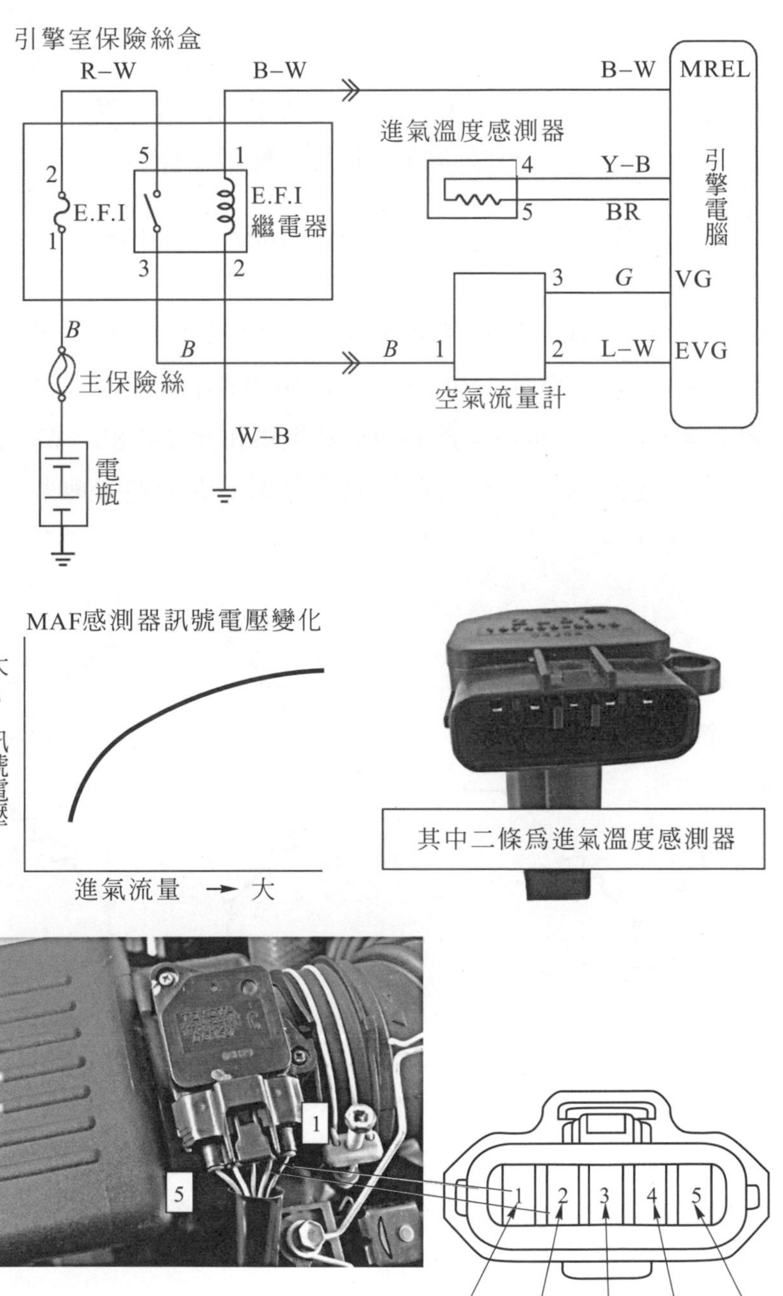

## 貼心提醒

惠司登電橋由下圖 $R_H$(白金熱線)、$R_K$(溫度補償電阻)、$R_A$ 及 $R_B$ (固定值之精密電阻)四個電阻連接，你可以將它視為相當於二組分壓電路如圖 $A$ 及圖 $B$ 所組成，要使惠司登電橋平衡，$A$ 點電壓要等於 $B$ 點電壓。例如 $R_A$=80Ω，$R_B$=100Ω，$R_K$=100Ω，$R_H$=80Ω(熱時)，則依分壓電路原理：

$$B\text{ 點電壓}(V_B)=12\times\frac{R_B}{R_B+R_K}=12\times100/(100+100)=6\text{V}$$

$A$ 點電壓 $(V_A)=12\times80/(80+80)=6\text{V}$ (當 $R_H$ 熱時，$AB$ 點電壓相等)，當 $R_H$ 冷時，電阻變小，電阻變成 40Ω，則 $A$ 點電壓($V_A$)=8V；$A$ 點電壓($V_A$)= 12×80/(40+80)=8V(當 $R_H$ 冷時)；此時 $AB$ 點電壓相差 2V(8V−6V=2V)。

熱線式空氣流量感測器即利用空氣流量愈大，帶走熱量愈多，電壓降的大小即可測得進氣量。

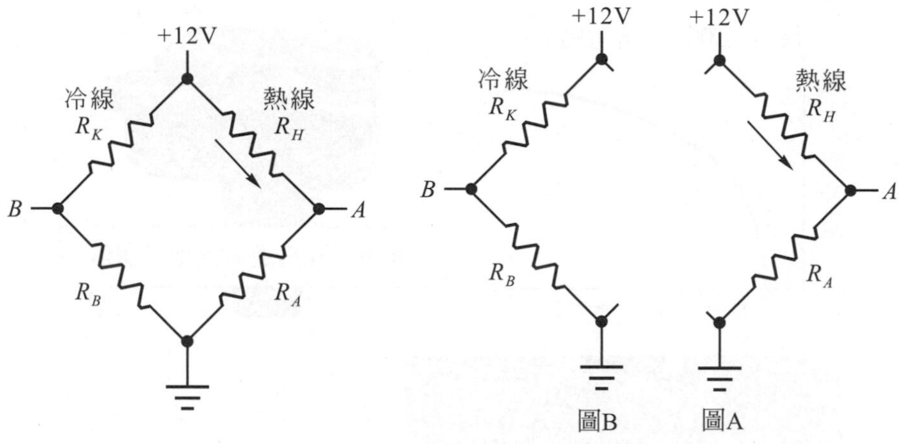


◎ **故障現象：**

- 引擎不易發動，勉強發動後又熄火。
- 怠速抖動(轉速忽快忽慢)、加速遲鈍或敲缸現象。
- 引擎無力、耗汽油(當熱線髒時)。
- 冒黑煙。

◎ **可能故障原因：**

- 空氣流量感測器故障、熱線髒或有異物堵塞(例如鳥毛)。
- 空氣流量感測器線路(斷路或短路到搭鐵)或接頭接觸不良。

- 引擎電腦故障。
- 進氣系統或進氣歧管漏氣(例如軟管破損)。

◉ **檢測方法：**

**方法 1：** 利用 LED 檢測燈--引擎熄火下，拆下感測器，但電線不拆，將 LED 燈一條測試線接在訊號線，一條接搭鐵。可用模擬進氣量方式，利用嘴吹、吹風機(冷風)或壓縮空氣(壓力不要太高，以免把熱線吹斷)對熱線吹氣，空氣量愈大時，LED 燈亮度會愈亮。另外，引擎發動中，也可將 LED 任一條測試線接訊號線，另一條測試線接搭鐵，當引擎轉速愈快時，LED 燈亮度會愈亮。此方法僅參考，建議採用方法 2。

**方法 2：** 利用 DCV 三用電錶 DCV 檔位--將電錶測試線黑棒接搭鐵，紅棒接訊號線，引擎未發動 IG SW ON(開紅火)時約 0.5～0.7V，一般怠速熱車約 1.0～1.3V(視車種，例如 Yaris 怠速無負荷時 1～3g/sec 約 1V；Mazda 3 怠速爲 1.3V；Ford i-MAX 怠速爲 1.2V；Tiida 怠速爲 1.0～1.3V)，隨轉速增加，電壓值也會愈高。無法發動時，亦可用模擬進氣量方式，利用嘴吹、吹風機(冷風)或壓縮空氣(壓力不要太高，以免把熱線吹斷)對熱線吹氣，空氣量愈大時，DCV 電壓值會愈高。

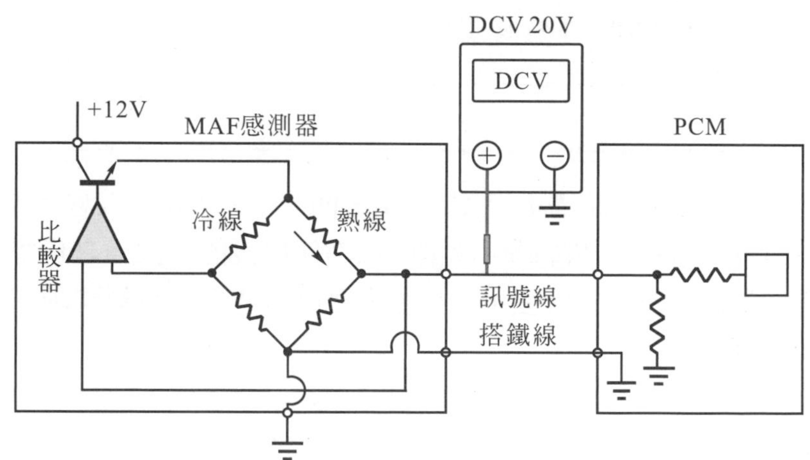


**方法 3：** 利用診斷機之分析數據(Data list 或 Datalogger)去觀察此感測器作用情況。

**方法 4：** 利用示波器--可觀察怠速時電壓波形(DCV)，隨轉速提升，電壓愈提高。如果是熱線髒污時，在急加速時可看見其訊號電壓波形上升較緩慢，在急減速時可看見其訊號電壓波形下降較緩慢。

**貼心提醒**

如果測量 MAF 訊號線不正常或沒有電壓，再去測量電源線是否+12V 或搭鐵線是否良好。

MAF 訊號在診斷機 PID「資料監控數據」表示方式有二種：一爲訊號電壓(以 DCV 表示)，另外有些車種也會以 g/s 表示。

**貼心提醒**

熱線式空氣流量感測器一般設計爲 3 條線，一條爲電源線+12V，一條搭鐵，一條爲訊號電壓。由於此感測器在使用一段時間後，熱線表面易受空氣灰塵沾污，會影響其測量精度，因此有些車輛另設計有一條自清電路，當引擎熄火後 5 秒內，電腦會控制自清電路接通，將熱線加熱至約 1000℃，並持續通電 1 秒，將黏附在熱線上之灰塵燒掉。

了解上述自清電路的作用原理後，你將如何檢測自清電路是否正常？

方法 1：用目視法--當引擎熄火 IG SW OFF 5 秒後，觀察空氣流量感測器內金屬熱線是否自動加熱燒紅 1 秒。

方法 2：用 DCV 錶--當引擎熄火 IG SW OFF 後，測量自清電路是否由 0V 經 5 秒後變成有電壓，1 秒後又回到 0V。

**貼心提醒**

此型感測器使用日久會髒污，造成重踩油門時、加速爬坡會頓鈍無力，以致於大部分時機不會產生故障碼。清潔時切勿使用侵蝕性太強之化學品(例如很多修理廠常使用之化清劑)，宜使用較低壓力之壓縮空氣予以輕吹(應避免氣壓太強會將熱線吹斷)。

**查修密技**

只要你懂一些作用原理，大部份之電路你可以不必看電路圖，就可以知道哪一條是訊號線，知道訊號線你就會檢測。例如：熱線式空氣流量感測器有 5 條線，如果你測出某一條線是 12V，即可知是空氣流量計之電源線。如果你測出某一條線是 5V，即可知是進氣溫度感測器之電源線，其旁邊之線即是進氣溫度感測器之搭鐵線。

## 查修密技

有些狀況下，例如上述空氣流量感測器髒污、或前面單元所提到水溫、空溫感測器電阻不正常(但未斷路)、或混合比稍稀或稍濃些，此時並不會產生故障碼。碰到此種讀不到故障碼狀況時，可採用下列步驟：

1. 將感測器接頭拆下，使系統進入故障防護功能。
2. IG SW 要 ON --OFF 一次後，再次起動引擎。
3. 觀察故障現象是否有改善？如果有改善，表示該感測器不正常。

此測試方法非常好用，可適用在各種感測器，例如含氧感測器、空燃比感測器、空氣流量感測器、水溫感測器、進氣溫度感測器…等。

## 貼心提醒

最新設計之熱膜式空氣流量感測器(MAF)如下圖，進氣量訊號(含進氣溫度)是採用 SENT 通訊，傳遞給引擎電腦 PCM 作爲控制噴油量之參考訊號。但 MAF 訊號在診斷機 PID「資料監控數據」表示方式也是二種：一爲訊號電壓(以 DCV 表示)，另外有些車種也會以 g/s 表示。

SENT (Single Edge Nibble Transmission 單邊半位元組傳輸，SAE J2716)是一種將感測器連接到 PCM 的點對點串列匯流排。SENT 是連續單向傳輸的(資料只能從感測器到 PCM，傳輸是連續的)，CAN 和 LIN 都是雙向傳輸。SENT 通訊協定使用在較新車種之 MAF 及電子節溫器上。SENT、CAN、LIN、FlexRay、車載乙太網路(Ethernet)、光纖網路…等都是應用在汽車網路上做爲資料傳遞之方式，有興趣讀者請自行上網查閱或參考作者本人之其他著作-- 汽車網路與 CAN 檢測實務)。

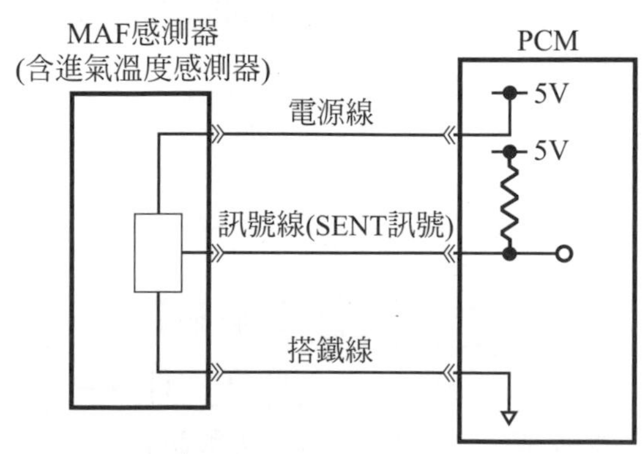

# 4-4 卡門渦流式空氣流量感測器

◎ **種類**：一般常見有超音波式、光學式、壓力式三種，其中以超音波式較常見。

◎ **作用原理**：卡門渦流式空氣流量感測器主要是在進氣道中放置一渦流發生器(三角形或流線形柱狀體)，當空氣流經渦流柱狀體即會產生一系列不對稱但十分規則的空氣渦流(即卡門渦流)。此渦流數與空氣流速成正比，因此，測量單位時間內之空氣渦流數(即渦流頻率)，就可計算出空氣之流速及流量。如下圖公式可知渦流頻率與空氣流速成正比，由測出之渦流頻率即能求出空氣流量，$f$ 為渦流頻率，$V$ 為空氣流速，$d$ 為渦流發生器柱狀體的直徑，0.2 為常數。

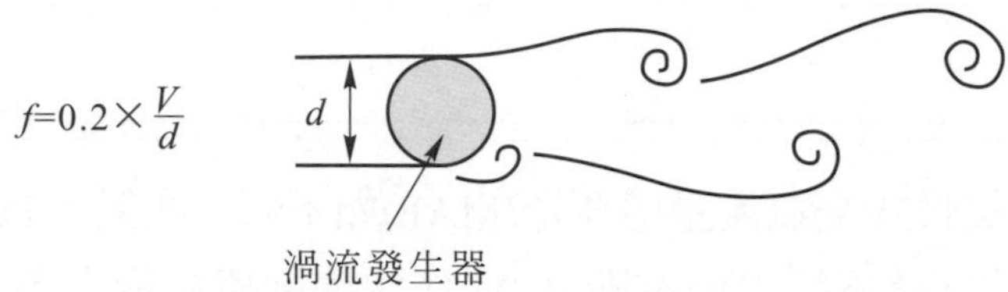


1. 超音波式卡門渦流空氣流量感測器

超音波式感測器是在產生渦流處之一端裝置超音波發射器，發出一定頻率(40kHz)的超音波至另一端之接收器，因受到渦流(空氣流速變化)的影響，超音波接收器就可測得渦流數，再經電子電路處理將渦流數轉換為方波訊號，傳送至電腦作為空氣流量的訊號。當引擎轉速愈快時(進氣量愈大)，方波數即愈多，亦即方波頻率愈高。頻率指單位時間內方波的數量，單位為(次／秒)。

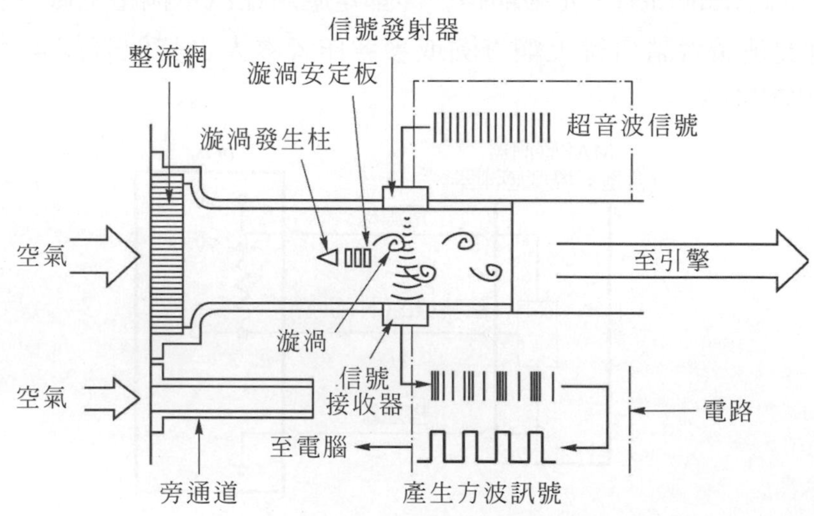

進氣道中之柱狀體，使空氣流經柱狀體即會產生渦流

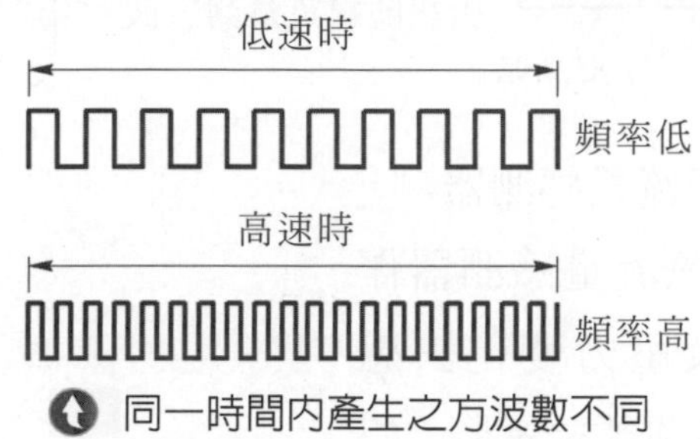


同一時間內產生之方波數不同

2. 光學式卡門渦流空氣流量感測器

光學式卡門渦流空氣流量感測器作用原理亦是以渦流數去感測，均是產生相同之方波訊號給電腦。如下圖，當空氣流經整流網(使吸入氣流較穩定)後，再經渦流發生器就產生渦流，進氣量愈大，產生之渦流數就愈多，壓力變化的頻率就愈高。變化的壓力被導壓孔引導至導壓腔使彈簧片產生振動，因而帶動反射鏡一起振動，振動頻率與單位時間內產生之渦流數量成正比。由於反射鏡的振動，會使發光二極體(LED)發出的光經反射鏡使光電晶體導通變成不通，此種光電晶體導通及不通的頻率與渦流頻率成正比。利用光電晶體導通及不通的訊號(方波)，即可告訴電腦計算進氣量的大小。

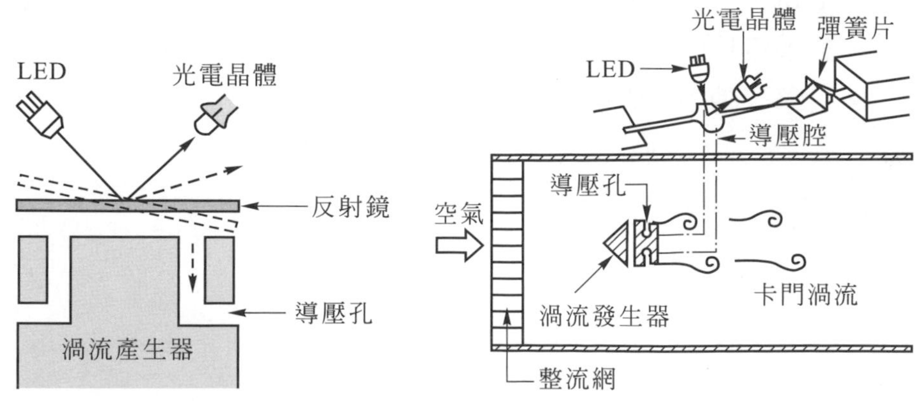

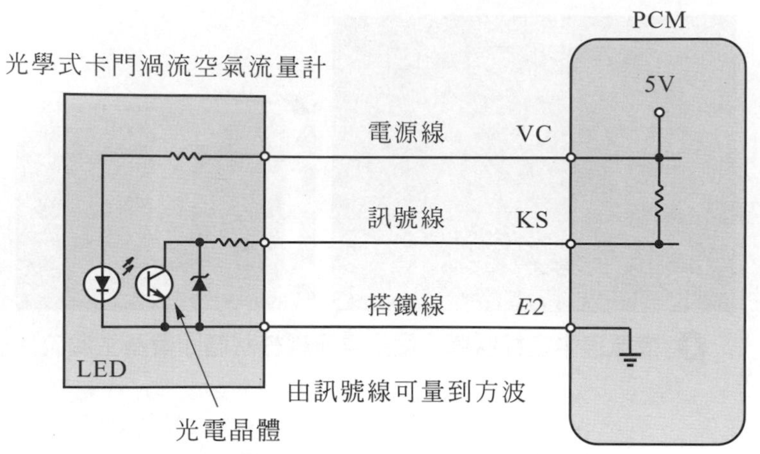


3. 壓力式卡門渦流空氣流量感測器

壓力式卡門渦流空氣流量感測器作用原理亦是以渦流數及壓力變化去感測，均是產生相同之方波訊號給電腦。如右圖，在渦流發生器設有導入孔接至半導體式壓力感測器，當空氣流經渦流發生器時會產生壓力變化，此壓力變化的頻率與渦流數成正比，半導體式壓力感測器即可偵測出壓力變化的頻率，將訊號以方波型式告訴電腦，去計算進氣量的大小。

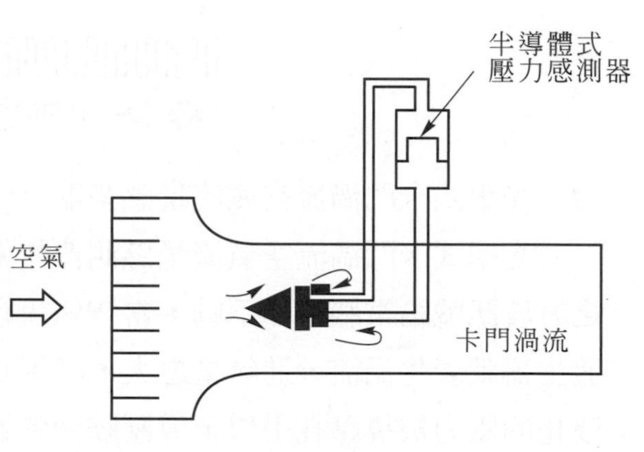


◎ **卡門渦流式空氣流量感測器檢測方法：**(上述三種均爲產生方波訊號，均可採下列方法)

**方法 1：** 利用 LED 檢測燈--將 LED 任一條測試線接訊號線，另一條測試線接搭鐵，可用模擬進氣量方式，利用吹風機(冷風)、壓縮空氣或用嘴巴對渦流柱狀體吹氣，空氣量愈大時，LED 閃爍速度會愈快。另外，引擎發動中，當引擎轉速愈快時，LED 閃爍速度也會愈快。

當引擎發動轉速愈快時，或用嘴巴對渦流柱狀體吹氣，LED 閃爍速度應會愈快

方法 2： 利用 DCV 錶--將電錶測試線黑棒接搭鐵，紅棒接訊號線，當引擎發動中或打馬達時，正常時 DCV 錶指示約爲 2～2.5V(視車種)。

方法 3： 利用 Hz 錶去測量--當引擎發動中或打馬達時，你可以測出頻率 Hz (次／秒，每秒產生多少方波數量)。

左圖為頻率 Hz 錶，測出為 37.43Hz

方法 4： 利用診斷機之分析數據(Data list 或 Datalogger)去觀察此感測器作用情況。

圖為診斷機之分析數據(Data list)，測出為 38Hz

**方法 5：** 利用示波器--將示波器之訊號線接在此感測器之訊號線上，示波器之搭鐵線接在良好搭鐵處，正常時即可觀察到方波之波形如下圖。

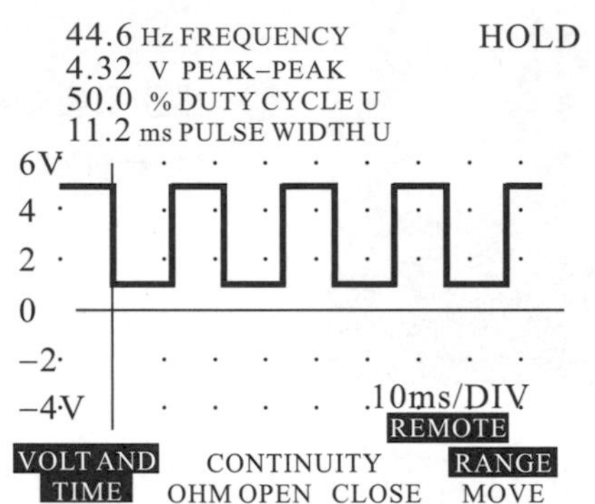


上圖為三菱車怠速時之波形為方波，頻率為 44.6Hz，加速時頻率會增加。

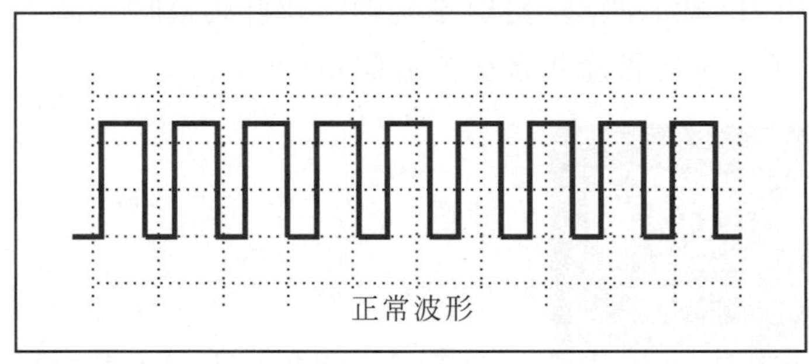
正常波形

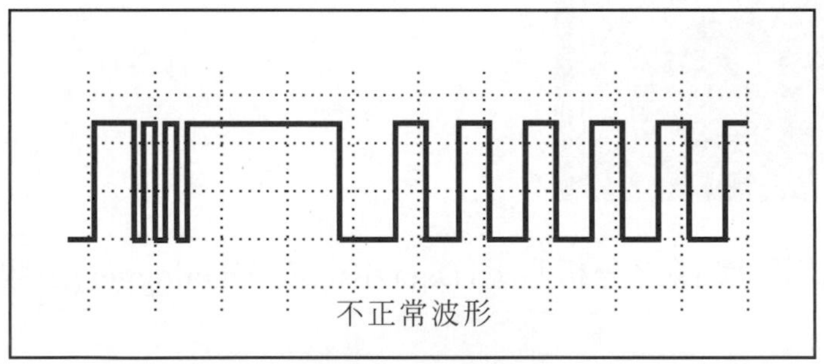
不正常波形

## 4-5 矽晶片式空氣流量感測器

爲更精確計算進氣量，VW 汽車、豐田汽車自 2016 年起 CAMRY，2019 年起 ALTIS 及 AURIS 改爲矽晶片式空氣流量感測器(或稱矽晶片式空氣質量計)，利用進氣通過溫度感知器(加熱器前)、加熱器，然後通過旁通導管中矽晶片感知器上的溫度感知器(加熱器後)。由於進氣接觸到加熱器時溫度會升高，因此通過溫度感知器

(加熱器後)的進氣溫度會高於溫度感知器(加熱器前)的進氣溫度。溫度感知器的進氣溫度差異取決於通過矽晶片感知器的進氣速度。溫度感知器迴路會偵測溫度差異，控制迴路會將其轉換成脈衝訊號(方波)並輸出至 ECM。ECM 會根據從空氣質量計接收到的脈衝訊號計算進氣量，並用於判定理想空燃比所需的噴油時間。

矽晶片式空氣質量計訊號輸出波形為 0/5V 方波，如下圖，其方波檢測方法可參考 4-4 卡門渦流式空氣流量感測器。

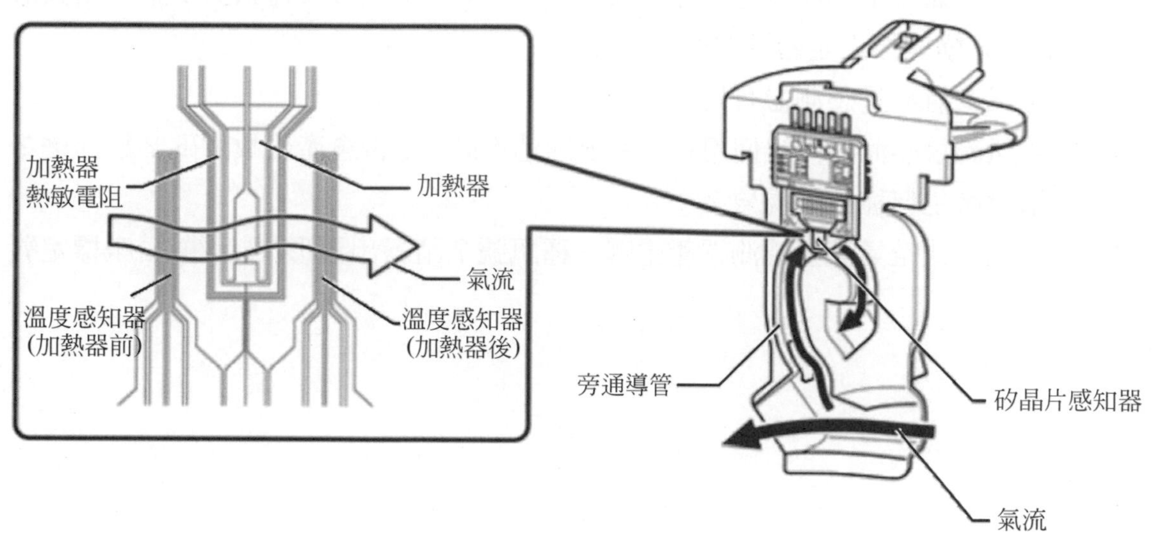


矽晶片式空氣質量計

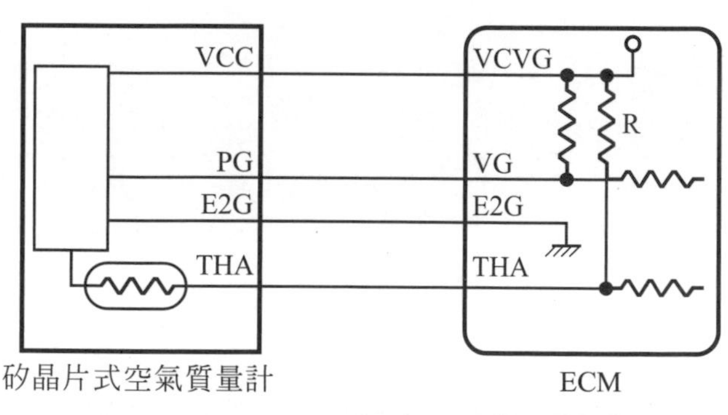


矽晶片式空氣質量計　　ECM

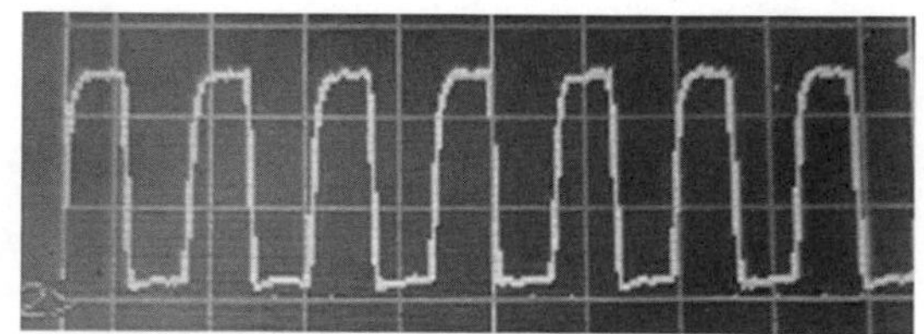

矽晶片式空氣質量計信號輸出波形--0/5V方波

## 練習題

1. 進氣空氣量感測方式有哪幾種？
2. 翼板式空氣流量感測器產生哪一種訊號？請繪出波形(標示縱/橫座標之定義及單位)。
3. 翼板式空氣流量感測器有何缺點？
4. 熱線式空氣流量感測器電源線是採用______V，產生哪一種訊號？請繪出波形(標示縱/橫座標之定義及單位)。
5. 熱線式空氣流量感測器有何優點？
6. 當空氣流量感測器熱線使用日久受灰塵沾污時，是否會產生故障碼？爲什麼？引擎會產生何種故障現象？
7. 卡門渦流式空氣流量感測器產生哪一種訊號？請繪出波形(標示縱/橫座標定義及單位)。

# 5 位移感測器

## 5-1 節氣門位置感測器(TPS)

◉ **功能**：偵測油門加速操作狀況，給引擎電腦作怠速控制、點火時間及噴油量之參考訊號，另外也給 A/C 切斷控制、自動變速箱作換檔時機及 TCC 鎖定時機之參考訊號。

◉ **種類**：一般常見有三種，開關接點式、線性式三線及四線式。

◉ **作用原理**：開關接點式爲較早期車型使用，利用二或三個接點來偵測引擎怠速、加減速狀態，構造簡單成本低，但檢測性差。

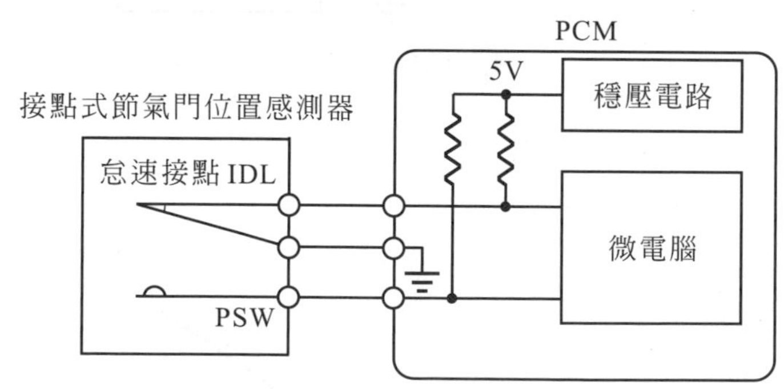

三線式為線性式可變電阻如下圖，由電腦提供+5V 參考電壓，當 TPS 於怠速位置時，訊號線至搭鐵之電阻較小，因此訊號電壓(DCV)較小，當節氣門開愈大時，電阻愈大，訊號電壓愈高(利用分壓電路原理)。訊號電壓一般由 0.5～4.5V(但不會超過 5V)。

四線式只是多一條線為怠速接點 IDL，告訴電腦此時引擎在怠速狀態，作為控制怠速及減速停止供油…等訊號。

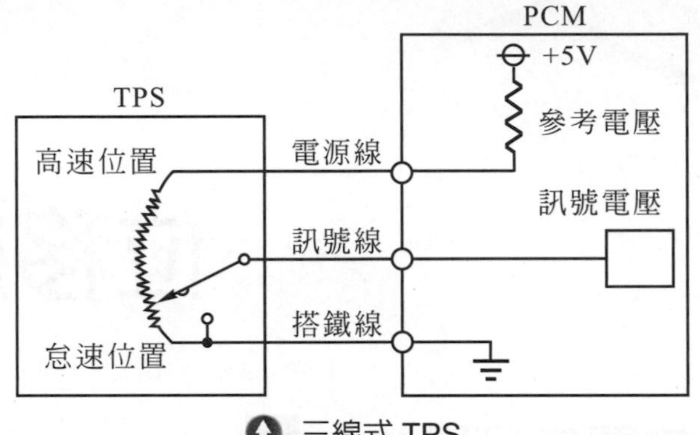


三線式 TPS

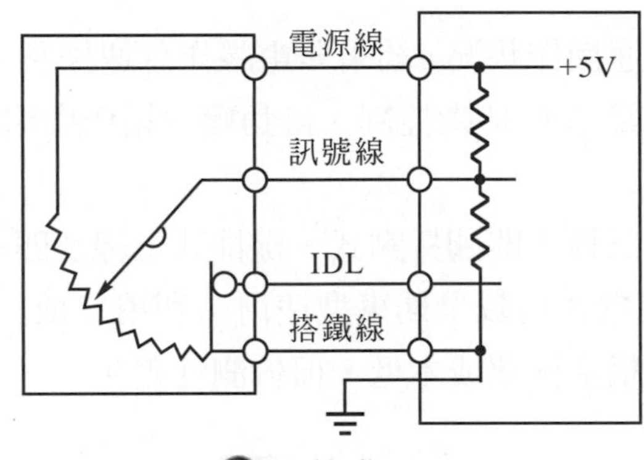


四線式 TPS

| Throttle Position (percent open) | Sensor Voltage |
|---|---|
| 0(closed) | 0.5 |
| 20 | 1.3 |
| 40 | 2.1 |
| 60 | 2.9 |
| 80 | 3.7 |
| 100 | 4.5 |

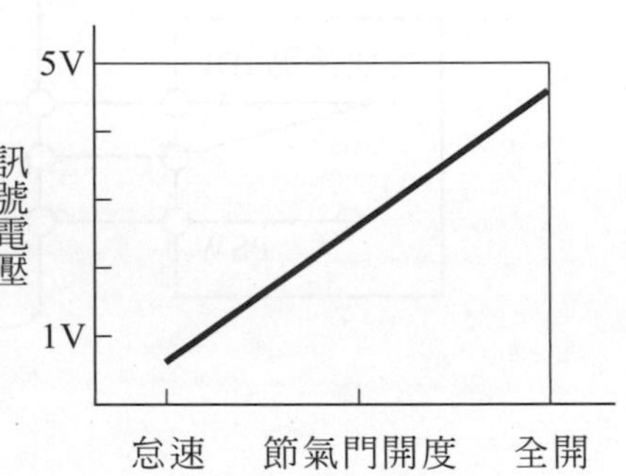

## ◉ 故障現象：

- 加速抖動(電阻輕微斷路或接觸不良)
- 引擎不易發動。
- 怠速不穩、耗汽油。
- 減速時易熄火。
- 影響自動變速箱的換檔時機(換檔抖動)及 TCC 鎖定時機。
- 入檔減震失效(無 IDL 訊號)。

## ◉ 可能故障原因：

- TPS 感測器故障。
- TPS 感測器線路(斷路或短路到搭鐵)或接頭接觸不良。
- 引擎電腦故障。
- TPS 感測器位置調整不當。

## ◉ 檢測方法：

**方法 1：** 利用三用電錶 DCV 檔位--如下圖接線，將電錶測試線黑棒接搭鐵，紅棒接訊號線，當節氣門打開愈大時，訊號電壓應愈大。但最高不超過 5V，一般約 0.5～4.5V。

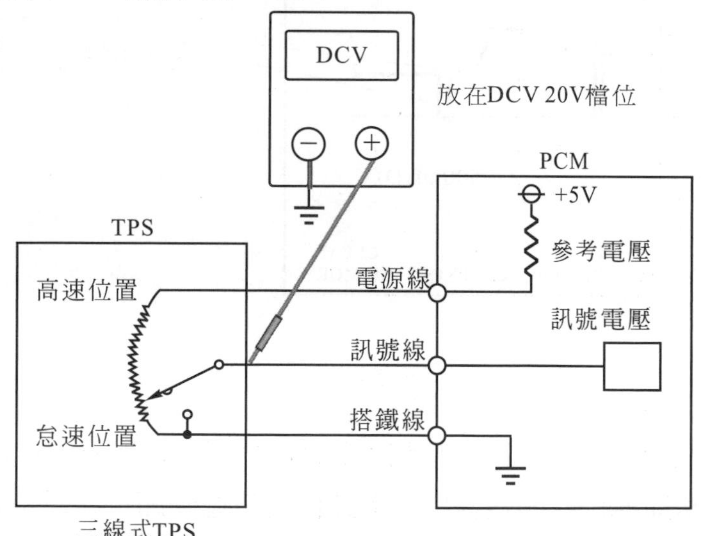

三線式TPS

**方法 2：** 利用三用電錶歐姆檔位--拆開此感測器接頭，將歐姆錶一條測試線接搭鐵，另一條測試線接訊號線，如下圖接線，當節氣門打開愈大時，電阻應愈大。(參考值：怠速時約 0.2～0.8kΩ，全開時約 2.8～8kΩ，視車種。)

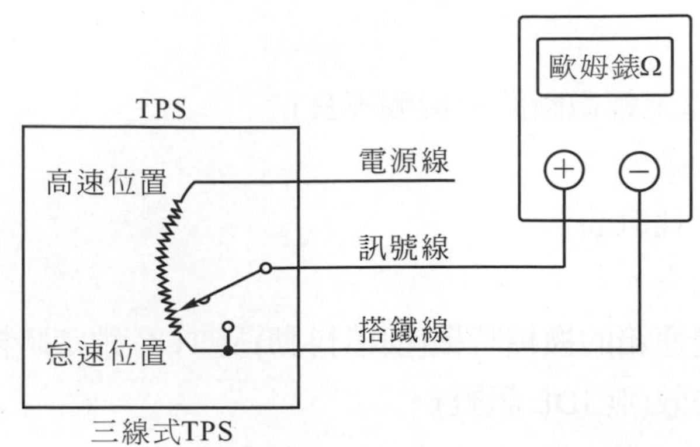


**方法 4：** 利用診斷機之分析數據(Data list 或 Datalogger)去觀察此感測器作用情況。

**方法 5：** 你可以利用示波器觀察 DCV 波形變化，尤其遇到 TPS 使用日久會造成接觸不良(間歇性故障)時特別有用，如果波形突然跳動，表示 TPS 可能接觸不良。

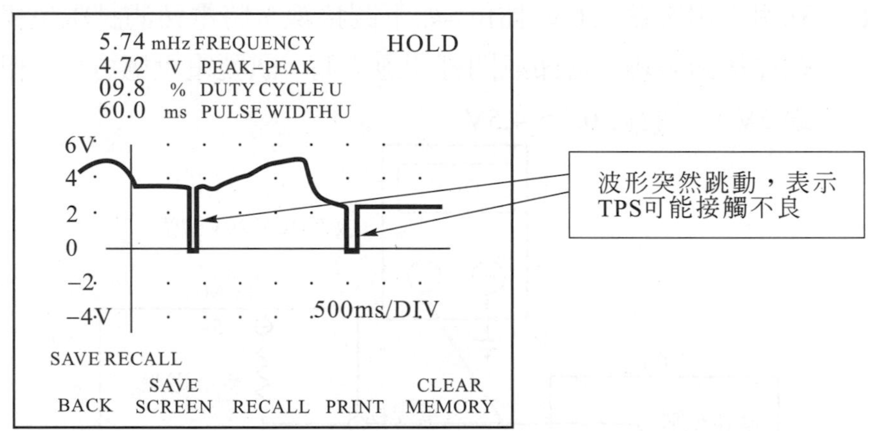


## 查修密技

如果你沒有示波器，此種接觸不良(間歇性故障)現象，你也可以利用指針式電錶，當節氣門打開過程中，指針會突然擺動即可能為接點接觸不良。呵！原來指針式電錶還有特別好用的地方哦！還有其他地方也可用到，請耐心看後面章節吧！

## 查修密技

TPS 感測器是最典型利用分壓電路原理(產生 DCV 訊號)設計之電路，如果你了解該原理，即使你手上沒有該車種電路圖，都可以用簡單方法量出哪一條線是電源線、訊號線或搭鐵線，例如：拆開感測器接頭，IG SW ON(開紅火)使用電壓錶量出有+5V 那條就是電源線，如下左圖。使用歐姆錶量出是 0Ω 那條就是搭鐵線，如下右圖。

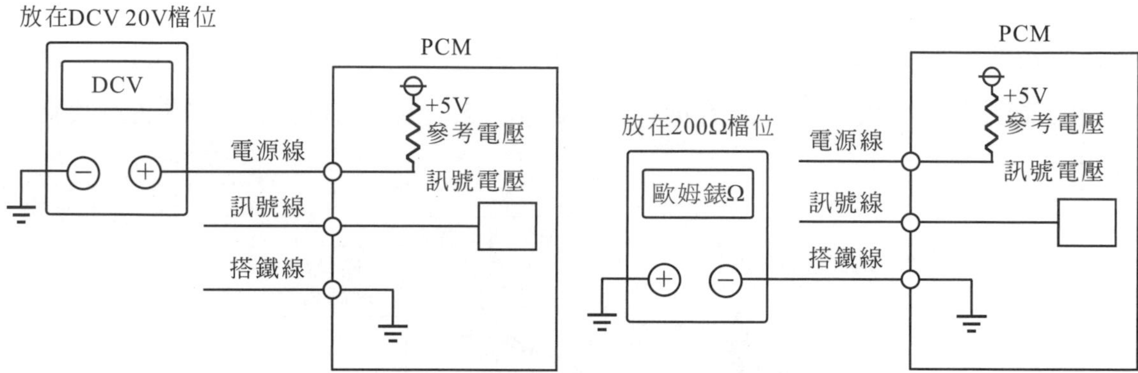


使用電壓錶量出有 5V 那條就是電源線

使用歐姆錶量出是 0Ω 那條就是搭鐵線

## 貼心提醒

TPS 怠速位置可由二支調整螺絲作調整，如下圖，通常一般日系車可調整 TPS 怠速位置之訊號電壓為 0.5～1V。

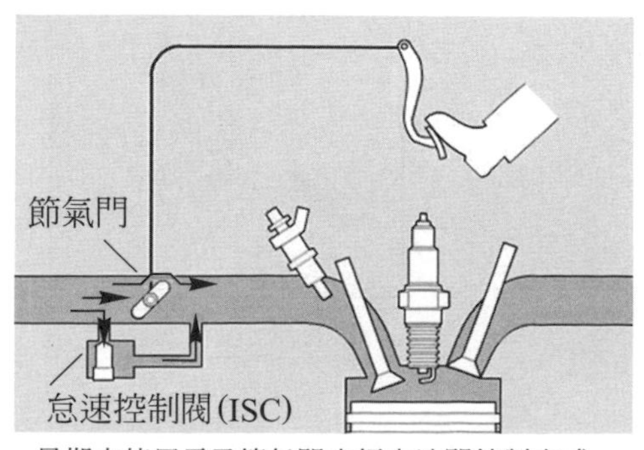


早期未使用電子節氣門車輛之油門控制方式

# 5-2 電子節氣門

## 5-2-1 電子節氣門構造及作用原理

電子節氣門(或稱電子油門)主要包括油門踏板位置感測器(APP)、節氣門位置感測器(TPS)、節氣門控制馬達三者組成，當駕駛人踩下油門踏板後，油門踏板位置感測器會送出訊號電壓 DCV 給電腦，電腦接到加速狀況之訊號，即刻依油門踩下多少，去控制節氣門控制馬達來決定轉動節氣門的開度大小。節氣門旋轉之開度會使節氣門位置感測器產生 DCV 訊號電壓，去告訴電腦此時節氣門之開度。電腦接到節氣門之開度大小及空氣流量計…等訊號，去計算控制噴油嘴之噴油量及點火時間。

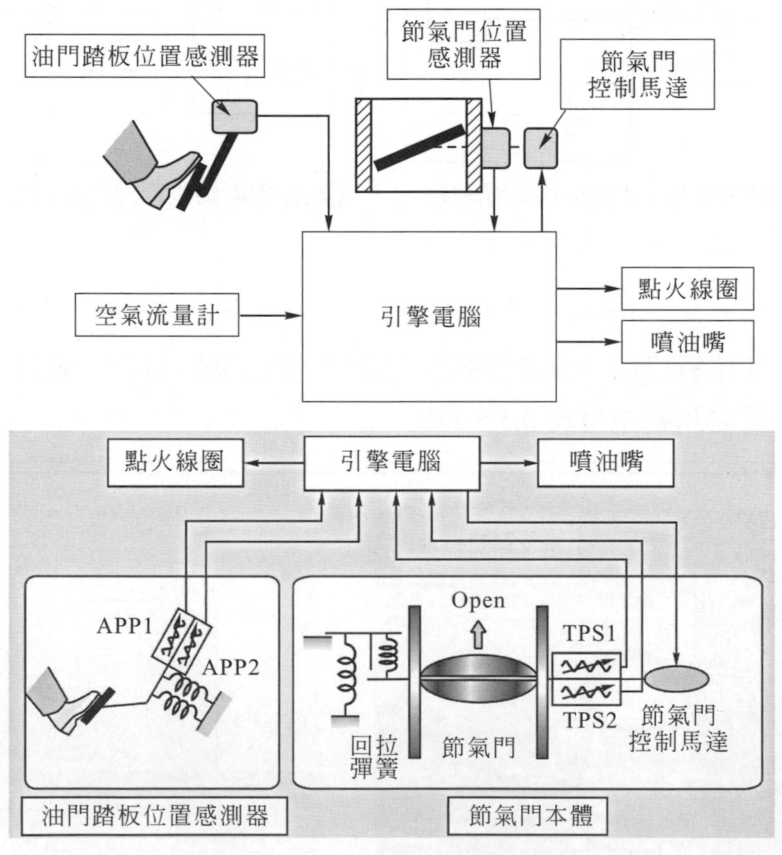

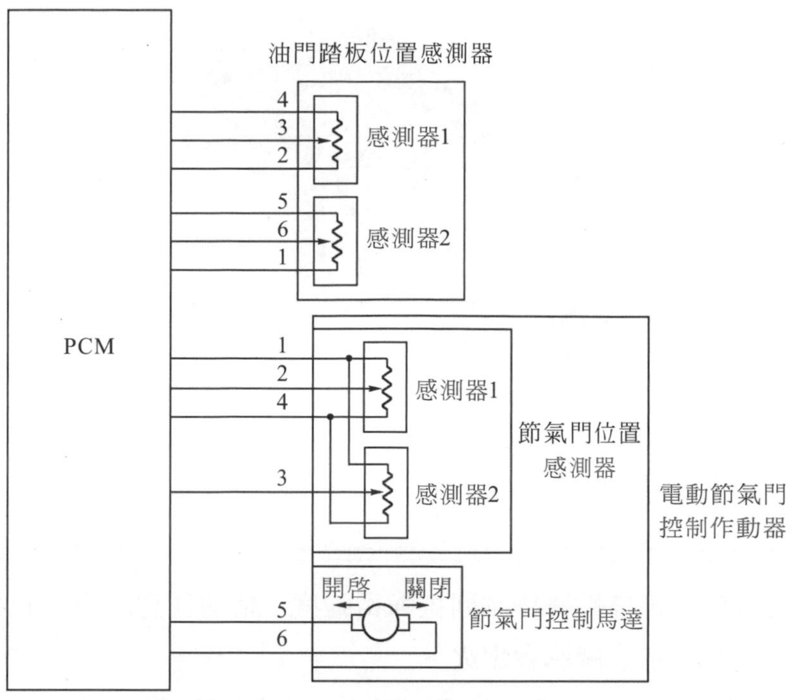


## 貼心提醒

電子節氣門本身即有怠速控制，因此不須再裝置怠速控制閥(ISC)。引擎電腦根據下列訊號去控制節氣門控制馬達，使節氣門開在最適當開度，以控制各種情況下之轉速及穩定怠速。

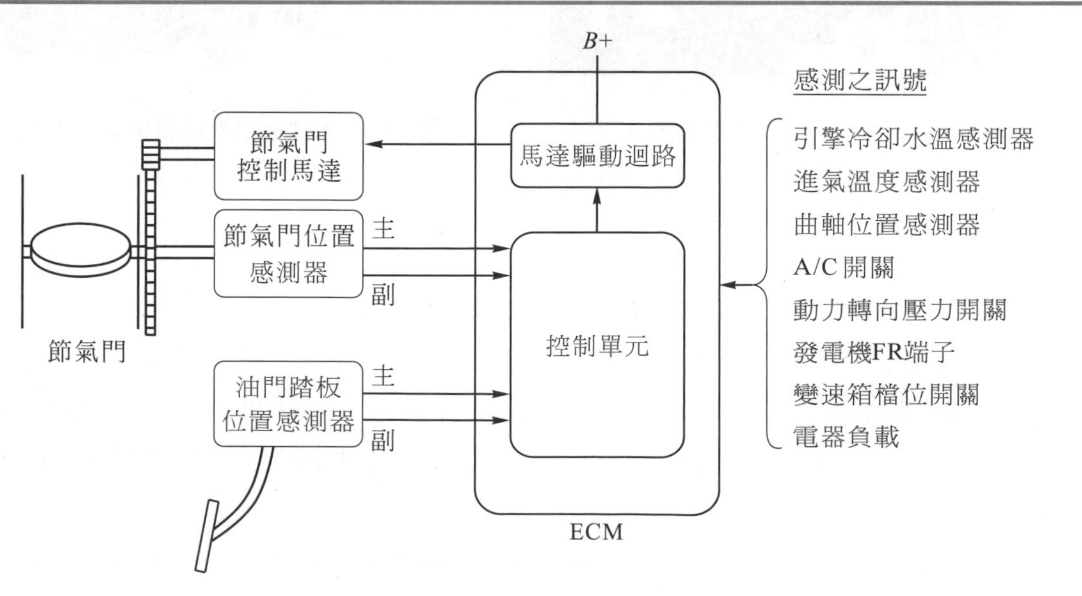

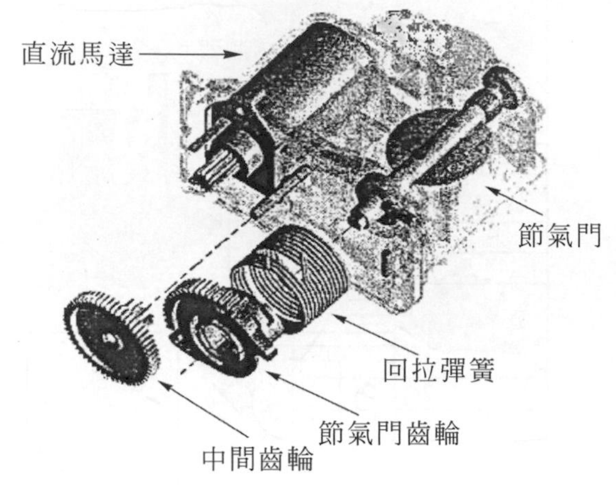


## 貼心提醒

節氣門體有一止檔螺絲控制回拉彈簧強度，請勿任意調整該止檔螺絲，否則會造成怠速不正常或減速會熄火。

此止檔螺絲請勿任意調整，否則會造成怠速不正常或減速會熄火

此止檔螺絲請勿任意調整，否則會造成怠速不正常或減速會熄火

## 貼心提醒

一般電子節氣門在關閉節氣門時，會讓節汽門在一個固定開度位置，如此可以在系統故障時有基本引擎轉速控制。未作動時，節氣門不會完全關閉，靠回復彈簧保持在 9°(含 2°則爲 11°)的開度。節氣門全關時另有 2°的夾角(防止卡住)。

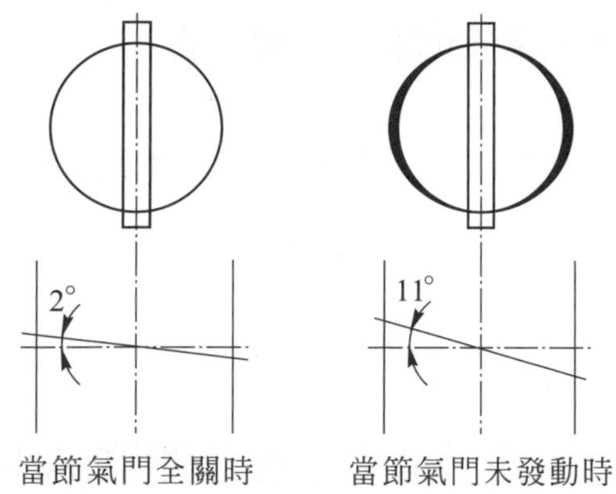


## 5-2-2　電子節氣門的功能

有下列功能：(發明電子節氣門的好處)

- 無加速鋼索將噪音(NVH)傳至防火牆--車內較安靜。
- 防止急踩油門造成乘客不舒適感。
- 操控性佳、穩定性好--由 PCM 依負荷、轉速變化，採漸進式控制引擎轉速和扭力，避免急加速時引擎振動，使加速柔順、省油、排氣污染低。
- 高山地區補償--PCM 參考壓力感測器來增加節氣門開度。
- 怠速控制。
- 入檔減震控制。
- 定速控制(有些車種)。
- 車輛巡跡防滑 TCS(TRC)控制(有些車種)。
- 車輛穩定 ESP(VSC/VDC/DSC/ASC)控制(有些車種)。
- AT 之行駛模態控制(有些車種)。

## 5-2-3　電子節氣門故障現象及可能故障原因

◉ **故障現象：**

- 引擎不易發動。
- 引擎加速反應遲鈍、無法加速、放油門熄火。
- 怠速不穩或間歇性熄火(開冷氣易熄火)。
- 變速箱鎖檔(四檔 AT 無法跳檔至第四檔)。

◉ **可能故障原因：**

- 油門踏板位置感測器、節氣門位置感測器、節氣門控制馬達故障。

- 線路(斷路或短路到搭鐵)或接頭接觸不良。
- 引擎電腦故障。
- 繼電器不良。(因散熱不良，例如日產 X-Trail 行駛熱車熄火後不易發動)
- 節汽門位置感測器未進行怠速學習。
- 止檔螺絲固定位置被亂動。
- 節汽門髒(積碳)、密合不良或卡住。

## 5-2-4 電子節氣門--油門踏板位置感測器(APP)

◉ **功能：**偵測油門踏板行程(加速狀況)，給引擎電腦作爲控制節氣門馬達之訊號。

◉ **種類：**一般常見有兩種，滑動電阻式(線性式電位計)、霍爾式。目前大部分已採霍爾式。

◉ **作用原理：**一般均裝有兩組感測器 APP1 及 APP2(雙訊號)，主要作用是爲確保可靠度，電腦也較可以偵測此感測器是否正常。內部構造有兩種，有些車使用滑動電阻式(線性式電位計)，有些車使用霍爾式，如下圖。但此感測器一般有 6 條線，內有兩組感測器 APP1、APP2 各 3 條線，一條爲+5V 參考電壓(電源)，一條爲搭鐵，一條爲訊號電壓 DCV(約 0.5～4.5V)，訊號電壓有 3 種形式設計，如下圖 ABC。

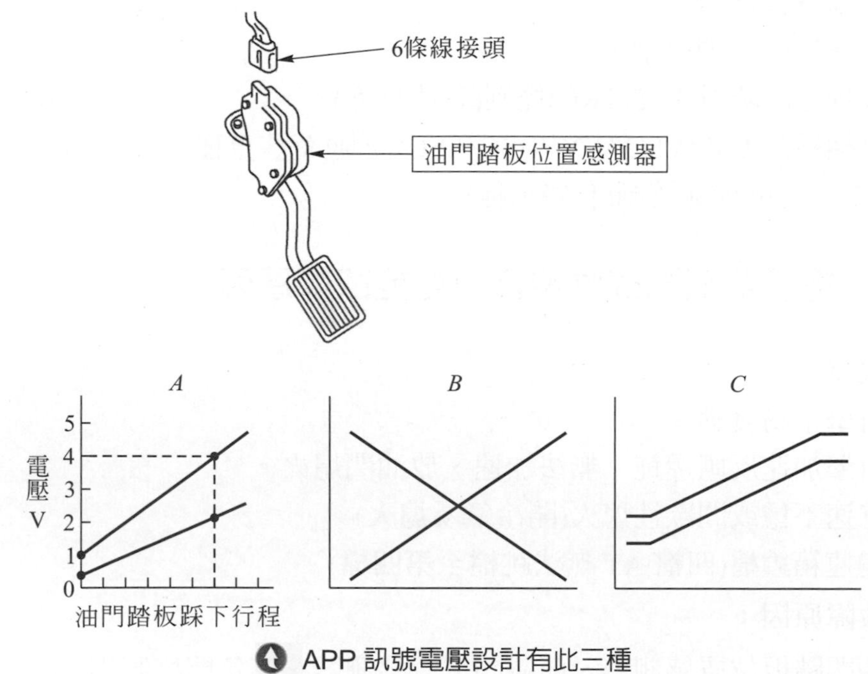


APP 訊號電壓設計有此三種

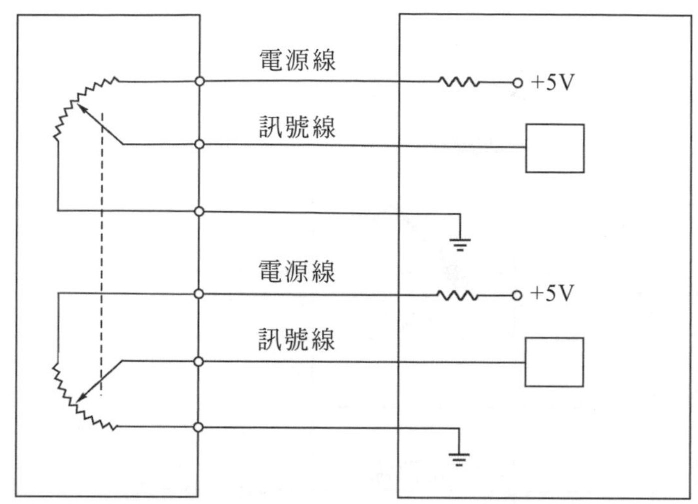


滑動電阻式油門踏板位置感測器

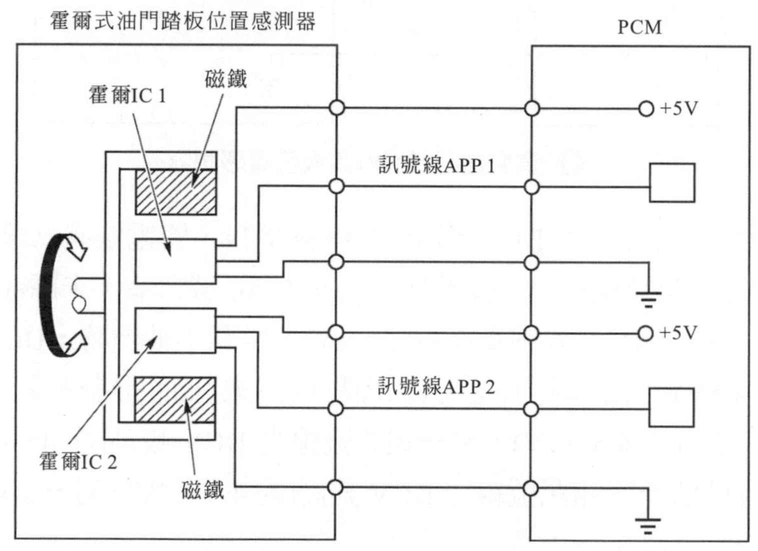


霍爾式油門踏板位置感測器

◉ **檢測方法：**(與 TPS 感測器檢測方法類似，只是多一組)

**方法 1：** 利用 LED 檢測燈--將 LED 檢測燈任一條測試線接訊號線，另外一條測試線接良好搭鐵處。訊號電壓若是上述 AC 設計者，未踩油門時，兩組訊號線之 LED 亮度均較微弱，當踩下油門時，LED 亮度愈亮。訊號電壓若是上述 *B* 設計者，未踩油門時，一組訊號線之 LED 亮度較微弱(或不亮)，另一組訊號線之 LED 亮度較亮；當踩下油門時，一組訊號線之 LED 亮度會變亮，另一組訊號線之 LED 亮度變較弱(或不亮)。(滑動電阻式及霍爾式均可適用)

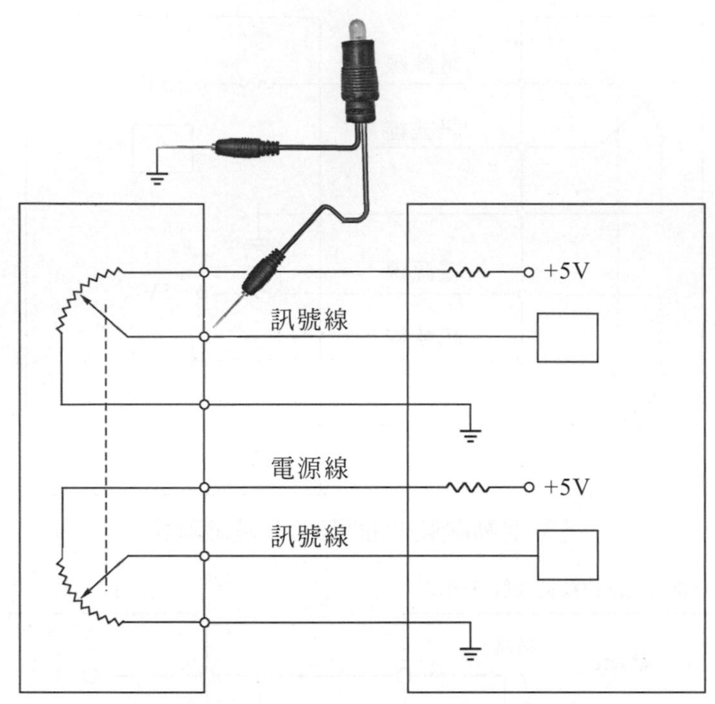


滑動電阻式油門踏板位置感測器

**方法 2：** 利用三用電錶 DCV 檔位--如下圖接線，將電錶測試線黑棒接搭鐵，紅棒接訊號線。訊號電壓若是上述 AC 設計者，未踩油門時，兩組訊號線之 DCV 均較低(約 0.5～1V)，當踩下油門時，DCV 升高(約 4～4.5V)。訊號電壓若是上述 *B* 設計者，未踩油門時，一組訊號線之 DCV 較低(約 0.5～1V)，另一組訊號線之 DCV 較高(約 4～4.5V)；當踩下油門時，一組訊號線之 DCV 升高(約 4～4.5V)，另一組訊號線之 DCV 變低(約 0.5～1V)。

註　滑動電阻式及霍爾式均可適用，唯各廠牌車種之數據略有些差異，上述數據僅供參考，例如 TOYOTA YARIS APP1 加速踏板釋放時 0.5～1.1V，加速踏板完全踩下時 2.6～4.5V；APP2 加速踏板釋放時 1.2～2.0V，加速踏板完全踩下 3.4～5.0V。

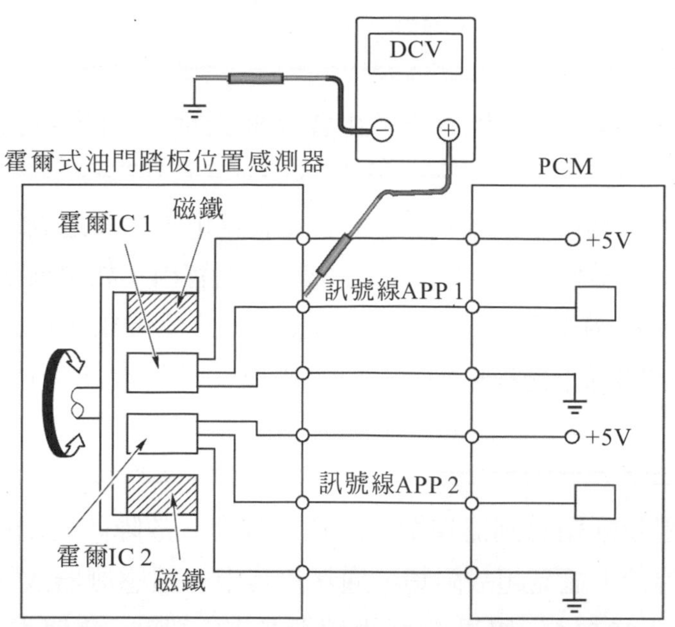


**方法 3：** 利用三用電錶歐姆檔位--拆開此感測器接頭，將歐姆錶一條測試線接搭鐵，另一條測試線接訊號線，如下圖接線，當油門踩下愈大時，電阻應愈大。此方法只適用在滑動電阻式感測器，霍爾式無法用電阻測量。

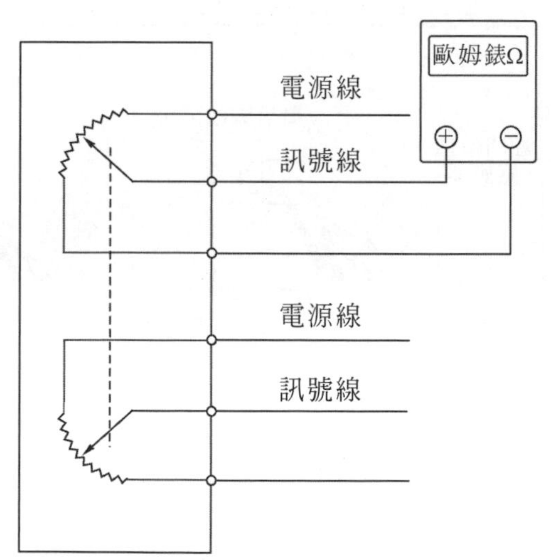


滑動電阻式油門踏板位置感測器

**方法 4：** 利用診斷機之分析數據(Data list 或 Datalogger)去觀察此感測器作用情況。

**貼心提醒**

有些車種在診斷機內油門踩下多少會以 % 表示，油門踩愈大則 % 愈大。

**方法 5：** 你可以利用示波器觀察 DCV 波形變化，尤其遇到滑動電阻式使用日久造成接觸不良(間歇性故障)時特別有用，如果波形突然跳動，表示可能接觸不良(如果你沒有示波器，此種現象也可以用指針式電錶，當油門踩下過程中指針會突然擺動，即可能爲接點接觸不良)。

**貼心提醒**

當其中一組或兩組感測器損壞故障時，會進入故障防護功能(安全模式)，維持引擎較低轉速，並亮起故障燈。通常當其中一組感測器故障時，會使引擎轉速控制在 3000RPM。如果有兩組感測器故障時，會使引擎轉速控制在1500RPM 或怠速下。

視車種稍不同，例如下圖 TOYOTA 車故障時引擎轉速之控制，當其中一組感測器故障時，會使節氣門操作範圍在怠速和 25%之間。如果有兩組感測器故障時，會使引擎轉速控制只在怠速位置。

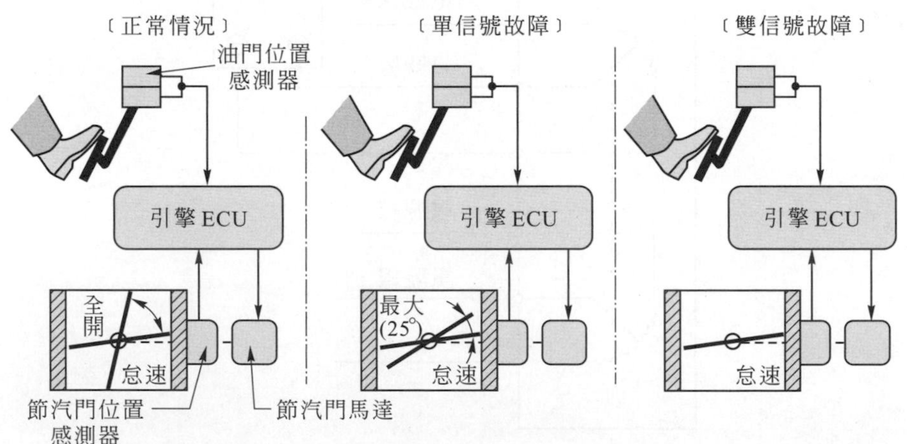

**貼心提醒**

此感測器無論是滑動電阻式或霍爾式，兩者之訊號電壓均為 DCV 直流電壓，請勿認為霍爾式感測器是產生方波訊號，只有在電子節氣門之油門踏板位置及節氣門位置感測器是產生 DCV 訊號。此處之霍爾 IC 輸出電壓訊號是依據磁通量密度(磁場強度)的變化而改變，如下圖。霍爾式優點為無接點，使用壽命較長。

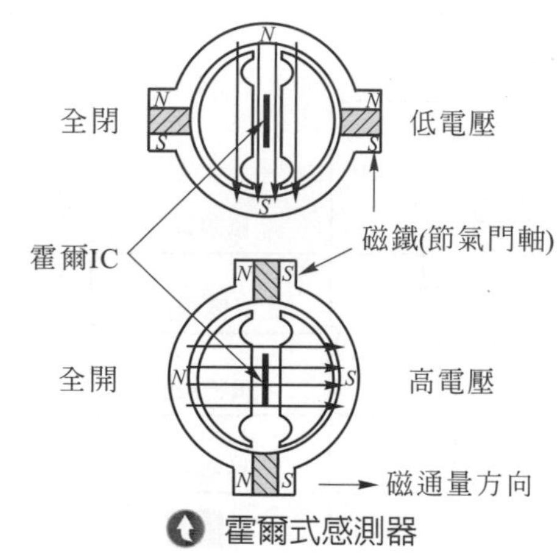


霍爾式感測器

## 5-2-5　電子節氣門--節氣門位置感測器(TPS)

◉ **功能：**偵測節氣門開啓的角度，給電腦作為修正噴油量及點火時間的參考訊號。

◉ **種類：**一般常見有兩種，滑動電阻式(線性式電位計)、霍爾式。目前大部分已採霍爾式。

◉ **作用原理：**一般均裝有兩組感測器 TPS1 及 TPS2(雙訊號)，主要作用是為確保可靠度，電腦也較可以偵測此感測器是否正常。內部構造同 APP 也有兩種，有些車使用滑動電阻式(線性式電位計)，有些車使用霍爾式，如下圖。但不論是使用何種形式，共有四條線，其中一條為由電腦送給此感測器+5V(兩組共用電源)，一條為搭鐵(兩組共用搭鐵)，另兩條分別為兩組感測器之訊號電壓 DCV(約 0.5～4.5V)，訊號電壓一般有三種型式設計如下列 ABC，與 APP 感測器相同。

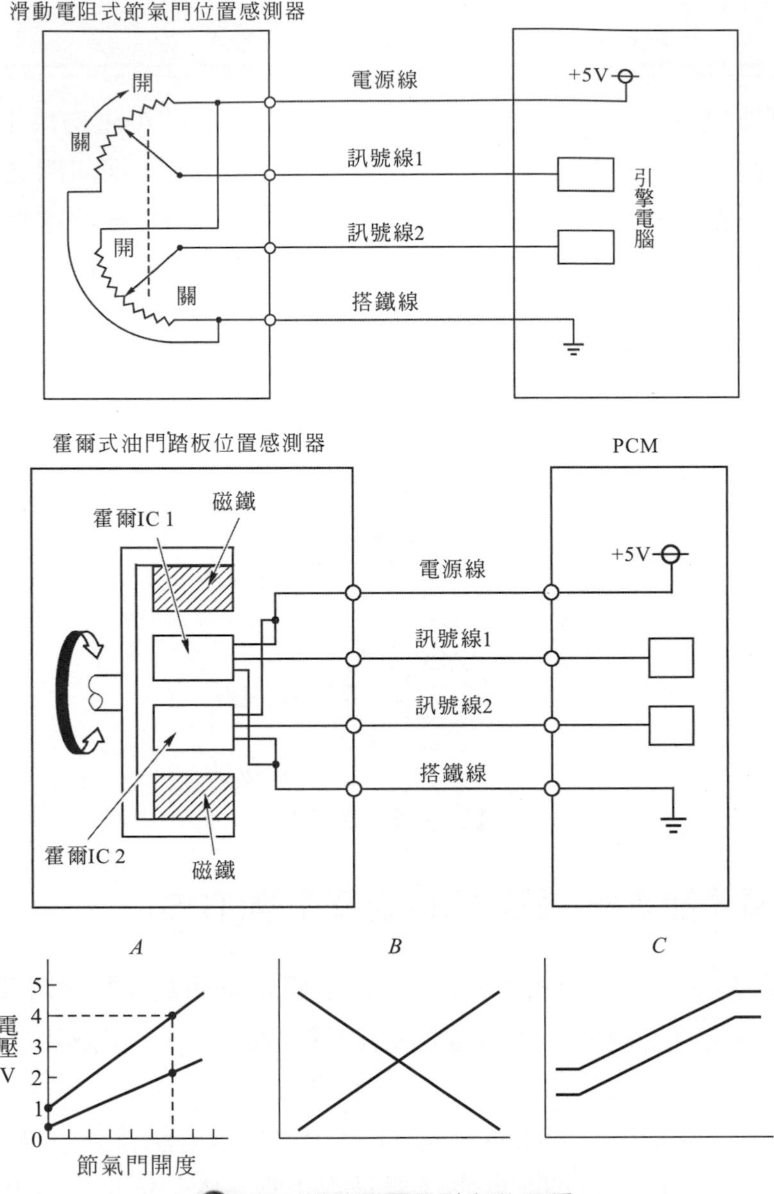


TPS 訊號電壓設計有此三種

◉ **檢測方法**：與油門踏板位置感測器(APP)相同

## 貼心提醒

此感測器檢測方法與油門踏板位置感測器相同，只是一般設計為四條線(兩組感測器之電源、搭鐵共用)，由兩條訊號電壓 DCV 即可測出是否正常。

有些車種在診斷機內會以%表示節氣門開度多少，節氣門開度愈大則%愈大。

## 5-2-6　電子節氣門作動器(馬達)

◉ **功能：** 由電腦控制馬達來轉動節氣門開啓大小，以控制進氣量。

◉ **作用原理：** 電子節氣門作動器指馬達及節氣門，當踩下油門踏板位置感測器，引擎電腦即知駕駛人欲加速大小，電腦即作用馬達電流方向去旋轉節氣門開度或關閉。此馬達有兩條線，由電腦送給 12V 電源。有些車種會將節氣門位置感測器四條線與控制馬達之兩條線裝在同一接頭，共六條線。有些車種則分開爲二接頭(四條線及二條線)。

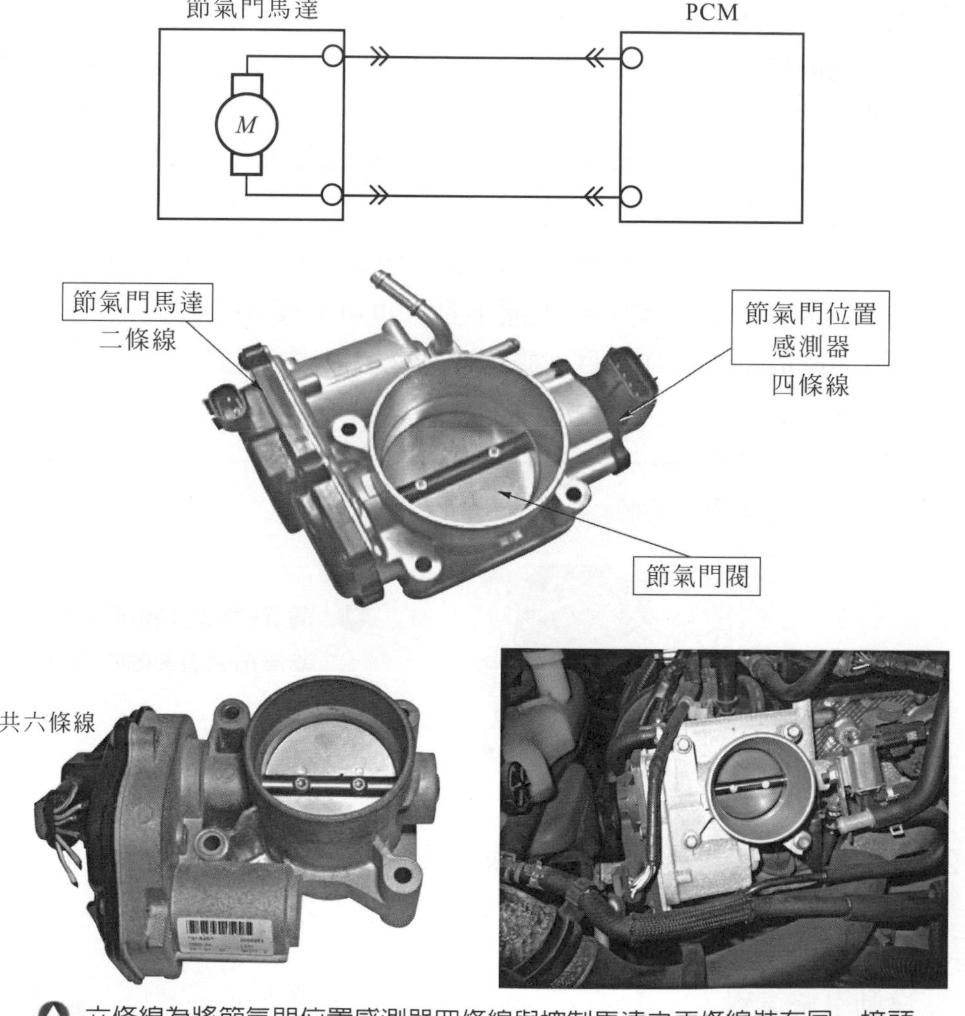


六條線為將節氣門位置感測器四條線與控制馬達之兩條線裝在同一接頭

◉ **檢測方法：**

方法 1： IG SW ON(開紅火)踩下油門踏板，此時應可聽見節氣門馬達之作動聲。

方法 2： 欲檢測馬達是否正常，可利用歐姆錶測量馬達電阻，一般約爲 10～30Ω(有些車種例如 Colt plus, Yaris 會低至 0.3Ω～100Ω，Tiida 1～15Ω)。如果測出電阻無限大或很大，表示馬達壞了。

方法 3： 直接送電源 12V 給馬達，正常時馬達應會轉動。

**貼心提醒**

當節氣門積碳髒污，要清洗時切勿採用化清劑或侵蝕性太強之化學品噴灑，有可能將馬達或感測器噴壞了。儘量以乾淨布沾清潔劑輕力擦拭，太用力擦拭可能會造成怠速過高不穩。另外，節氣門更換、清洗後一定要做怠速學習程序，否則怠速會不穩定。

**貼心提醒**

節氣門積碳髒污或彈簧回拉性能不良，也可能產生故障碼。此時應清潔後，加速至 3000rpm 達工作溫度，並作怠速學習程序後，再檢查故障碼是否已消除。

清洗節氣門積碳時，儘量以乾淨布沾清潔劑輕力擦拭

## 5-2-7 各車種電子節氣門怠速學習程序

◉ 三菱車系怠速學習程序：

- 發動引擎達到工作溫度(80～95℃)，將引擎熄火。
- 先將 IG SW ON(開紅火)1 秒內，再將 IG OFF，等待 10 秒以上後發動引擎，維持怠速運轉 10 分鐘以上。

- 檢查怠速，確認怠速是否正常(700±100rpm)。

## ◉ 豐田車系怠速學習程序：

- 關閉所有電器負載 IG SW OFF，抽出鑰匙。
- 將引擎室保險絲盒內 EFI NO.1 及電子節氣門 ETCS 之保險絲(共 2 個)拆下 1 分鐘後裝回。
- 發動引擎，確認怠速是否正常。
- 如果怠速仍不正常，建議道路行駛 5km 後應會正常。

## ◉ 日產車系怠速學習程序：

- 發動引擎暖車到正常工作溫度，將所有負載全部關閉。
- IG SW OFF 並至少等待 10 秒鐘以上。
- 確認油門踏板在放開位置，將 IG SW ON 並等待 3 秒鐘。
- 5 秒內踩油門踏板到底再放開，共操作 5 次。
- 不踩油門等待 7 秒後，再將油門踏板踩到底約 20 秒，等到約 10 秒時故障警示燈會開始閃爍，直到第 20 秒故障警示燈會保持燈亮。
- 故障警示燈亮起後，將油門放開 3 秒。
- 發動引擎，使引擎怠速運轉 20 秒以上。(此時電腦在調整怠速，不要動油門)
- 使引擎空加速 2 或 3 次，確認怠速是否正常。(可參考下圖步驟)

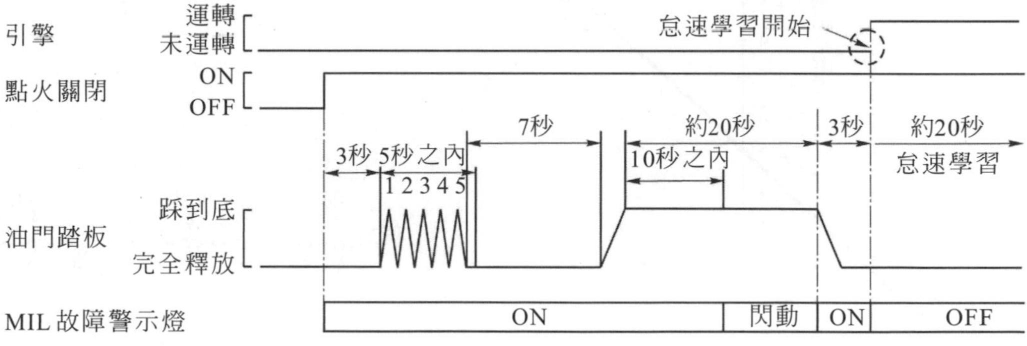


## ◉ 本田車系怠速學習程序：

- 發動前，關閉所有電器負載，檔位放 P 或 N。
- IG SW ON 等待 2 秒後發動引擎。
- 將引擎維持 3000rpm，直到冷卻風扇馬達運轉。
- 放開油門，等到冷卻風扇馬達停止運轉。
- 怠速運轉 5 分鐘後，即完成怠速學習程序。

**貼心提醒**

如果更換電瓶或斷電後，可能會造成學習值被清除，使引擎無怠速或發不動。(須踩油門才會發動)

## 5-3 搖擺率及橫向 G 力感測器

◉ **功能**：使用在車輛穩定控制系統(ESP)，偵測車輛左右搖擺率及橫向 G 力。有關車輛穩定控制系統之介紹，請參考第 6 章轉向角度感測器。

◉ **作用原理**：搖擺率(Yaw Rate)感測器又稱爲舵角或偏航率感測器，是偵測車輛左右搖擺率，當車輛向右搖擺時，電壓會在 2.5～4.5V 之間擺動。當車輛向左搖擺時，電壓會在 2.5～0.5V 之間擺動。橫向 G 力(加速度)感測器之作用原理與搖擺率感測器類似，是偵測車輛橫向加速度，電壓的變化(0.5～4.5V)與橫向(側向)加速度成正比。大部分車種通常將搖擺率及橫向 G 力感測器設計在一起，稱爲綜合感測器，裝在車輛正中心位置(排檔桿附近)。

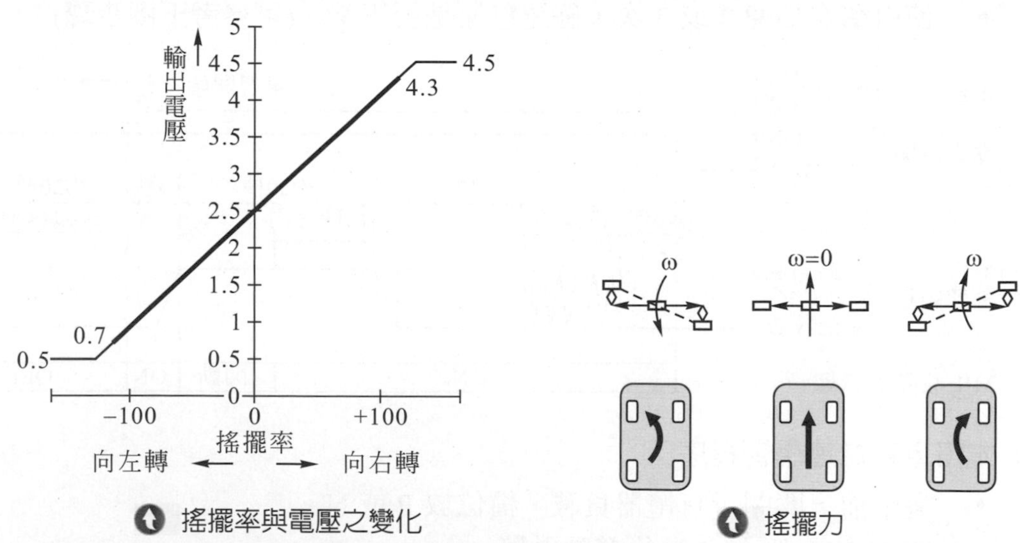


搖擺率與電壓之變化

搖擺力

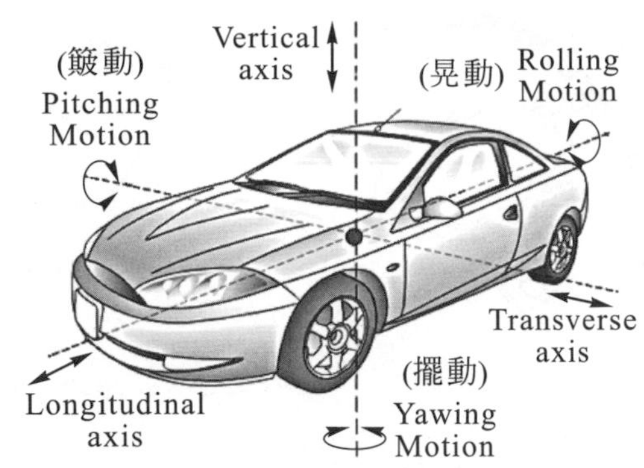


車輛的運動

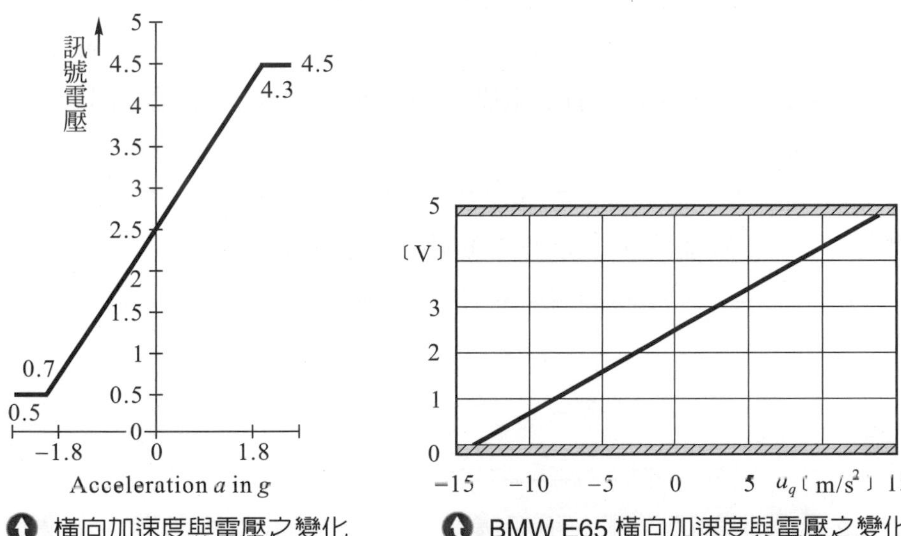


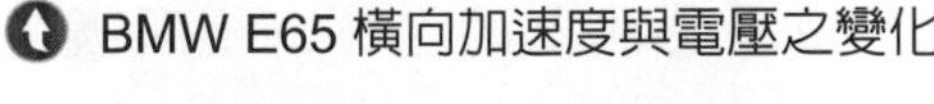

橫向加速度與電壓之變化

BMW E65 橫向加速度與電壓之變化

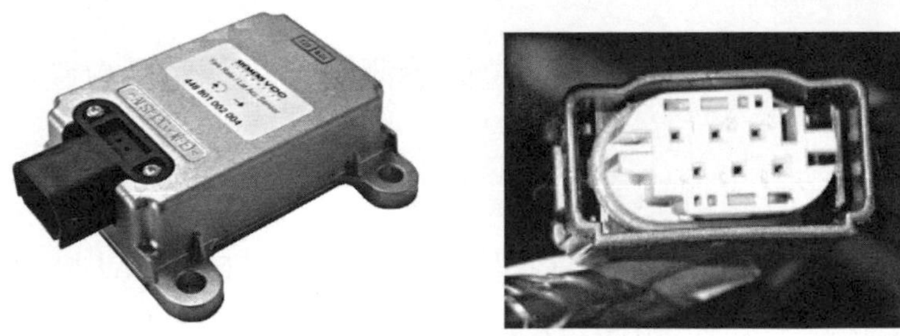

綜合感測器及接頭 6 條線

◉ **檢測方法：**

**方法 1：** 利用 DCV 錶--將綜合感測器拆下，用手拿著綜合感測器模擬往左右旋轉及與水平面向上下傾斜，利用 DCV 錶測量其輸出訊號電壓是否如上述數值(產生之訊號為 DCV)。

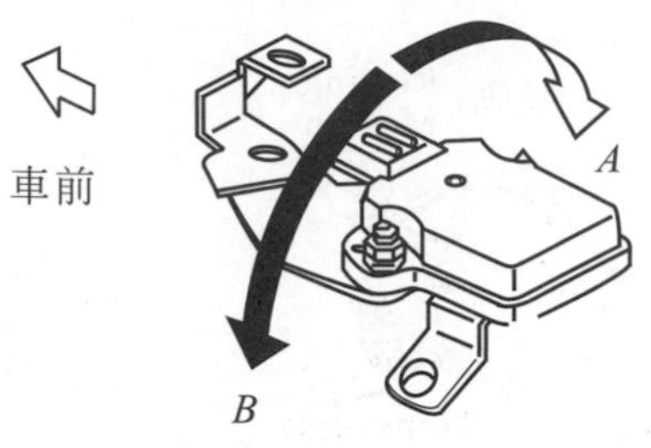

橫向G力檢查

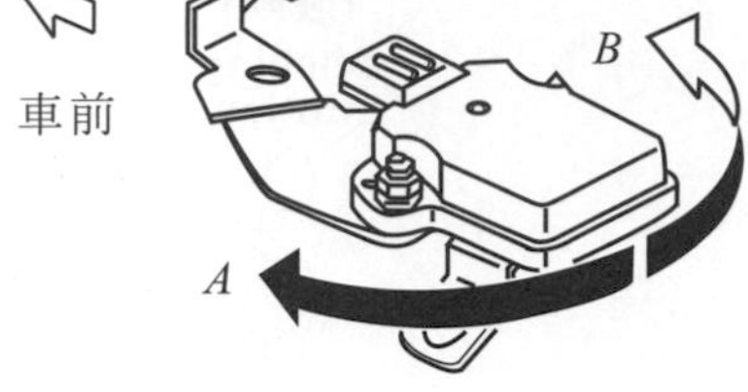

搖擺率檢查

**方法 2：** 利用診斷機之分析數據(Data list 或 Datalogger)去觀察此感測器作用情況。有些車種之綜合感測器即直接接至 CAN 網路上(綜合感測器上只有四條線，一條電源，一條搭鐵，另外二條接到 CAN_H 及 CAN_L 上)，無法測量到輸出電壓，只能利用診斷機才能測出。

**貼心提醒**

當更換綜合感測器後，一定要作初始化(使用診斷機)。

## 練習題

1. 節氣門位置感測器產生哪一種訊號？請繪出波形(請標示縱/橫座標定義及單位)。
2. 如果油門踏板踩越大時，節氣門位置感測器之訊號電壓會越高，但不會大於 5V？
3. 三線式節氣門位置感測器(TPS)之電源線是______V。
4. 三線式節氣門位置感測器(TPS)，如果搭鐵線斷路時，量出訊號電壓是______V。
5. 如果沒有電路圖，如何測出三線式節氣門位置感測器是否好壞？
6. 請簡述電子節氣門作用原理？
7. 亂動電子節氣門之節氣門體上止檔螺絲，會產生何種故障現象？爲什麼？
8. 電子節氣門比機械拉索油門之成本高許多，但爲何有些駕駛員會抱怨急踩油門時會有加速遲滯現象？
9. 電子節氣門之油門踏板位置感測器(APP)及節氣門位置感測器(TPS)有滑動電阻式、霍爾式二種設計，爲何大部分車採用霍爾式？

10. 電子節氣門之油門踏板位置感測器(APP)有六條線，爲何節氣門位置感測器(TPS)設計成四條線？
11. 電子節氣門之油門踏板位置感測器(APP)及節氣門位置感測器(TPS)有滑動電阻式、霍爾式二種設計，其電源線爲______V。
12. 電子節氣門之油門踏板位置感測器(APP)及節氣門位置感測器(TPS)有滑動電阻式、霍爾式二種設計，各產生哪一種訊號？
13. 如何測試電子節氣門馬達好壞？
14. 爲何電子節氣門要作怠速學習？

# 6 轉速轉角感測器

## 6-1 曲軸位置感測器(CKP)

◉ **功能：**提供引擎轉速訊號給電腦，作爲轉速錶、汽油泵作動、噴油量、點火時間及自動變速箱作換檔時機、TCC 鎖定時機之參考訊號。一般裝在曲軸皮帶盤或飛輪旁，有些早期車型裝在分電盤內。

◉ **種類：**一般常見有四種，電磁感應式、霍爾(Hall)式、磁阻(MRE)式、光電式，目前以電磁感應式、霍爾式使用較多。

### 6-1-1 電磁感應式曲軸位置感測器

◉ **作用原理：**電磁感應式又稱爲拾波線圈式，如下圖，接頭只有二條線，當轉子(裝在曲軸上)旋轉時，磁通量的變化會使拾波線圈產生交流電壓(ACV)。如果轉子旋轉速度愈快，則產生之 ACV 電壓大，產生之頻率(Hz)亦愈大。詳細原理闡述請參考第 1 章。

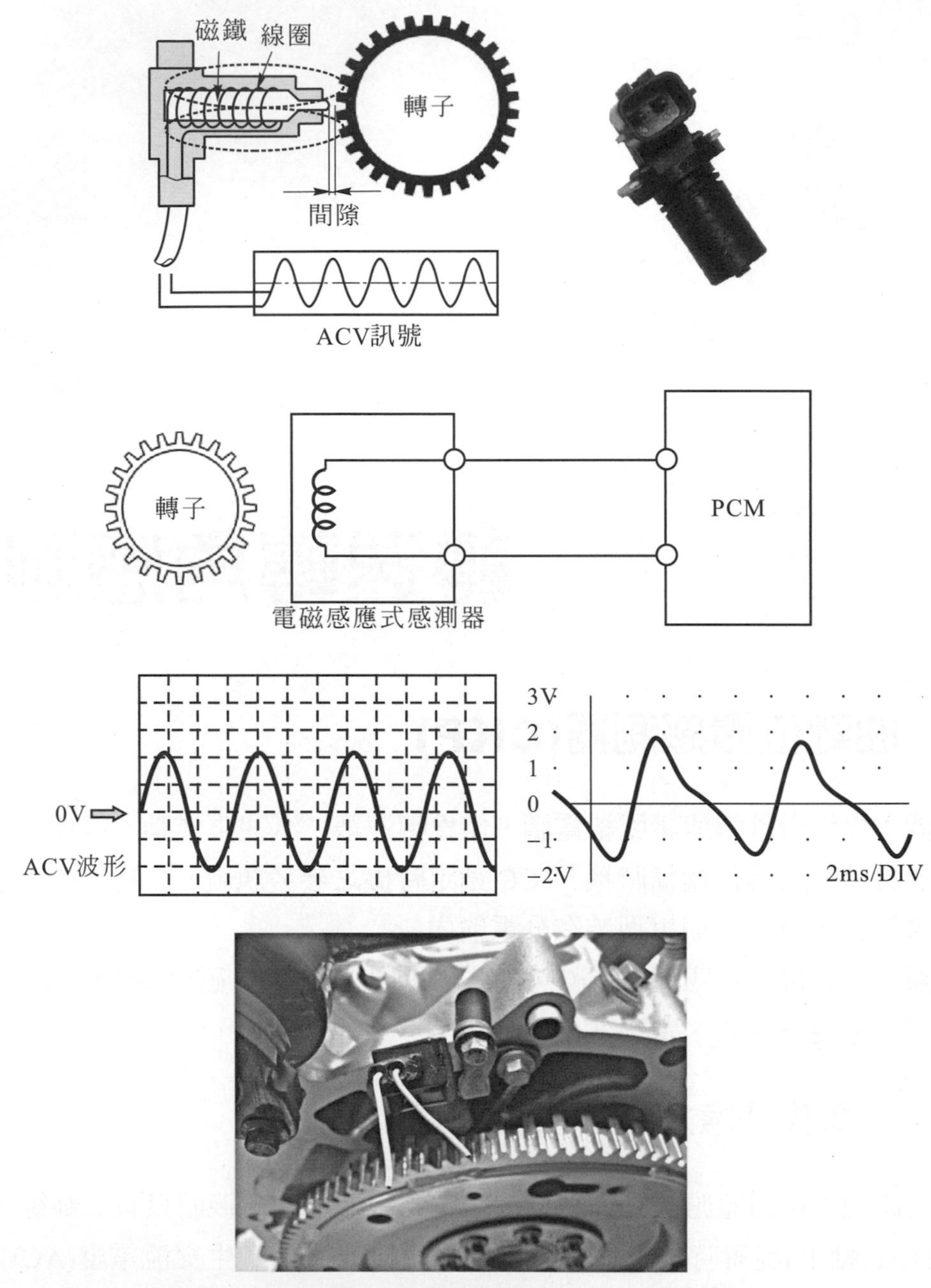


看到二條線者，就是電磁感應式曲軸位置感測器

## ◎ 故障現象：

- 引擎無法發動。(若線圈老化，冷車可發動，熱車不易發動)
- 高轉速時會有類似過轉速保護時的斷油現象。(經常發生)
- 若屬於間歇性故障，則引擎會產生加速抖動、放炮現象。

## ◉ 可能故障原因：

- 曲軸位置感測器故障或轉子髒污。
- 曲軸位置感測器二條線路(斷路或短路到搭鐵)或接頭接觸不良。
- 引擎電腦故障。
- 安裝感測器與轉子之間隙未正確。

## ◉ 檢測方法：

**方法 1：** 利用 LED 測試燈--當打馬達時，或拆下感測器用螺絲起子連續碰觸外殼磁鐵處，則 LED 燈會閃爍。起子碰觸速度愈快，則 LED 燈閃爍愈快。

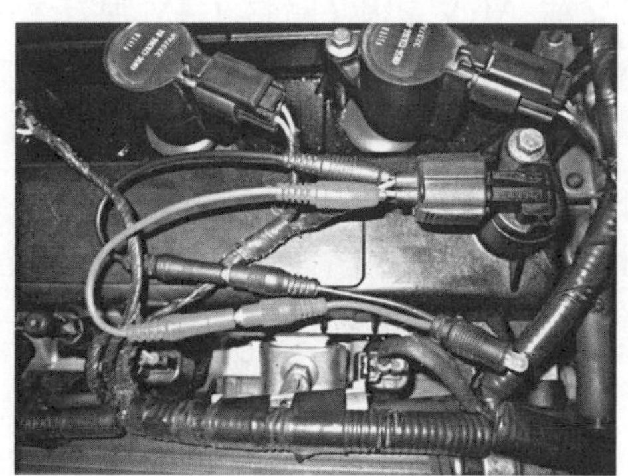

此圖為電磁感應式凸輪軸位置感測器(曲軸位置感測器亦相同)；馬達發動時 LED 燈會閃爍，有些車種可能要加速才會閃爍

### 貼心提醒

利用 LED 測試燈作檢測時，若採上述並聯式接法，有些車種會使引擎發動中熄火或無法發動，此時可打起動馬達來搖轉引擎測試，即可看其 LED 燈是否閃爍。

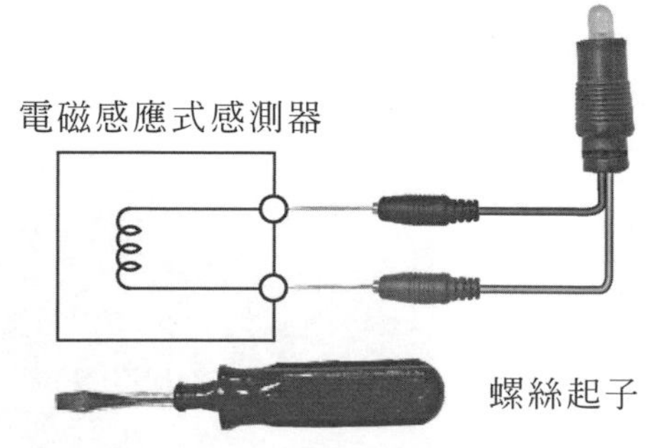


如果拆下感測器時，可使用螺絲起子連續碰觸外殼磁鐵處，則 LED 燈會閃爍(有些車種訊號較小，起子碰觸速度要快才看得到閃爍)

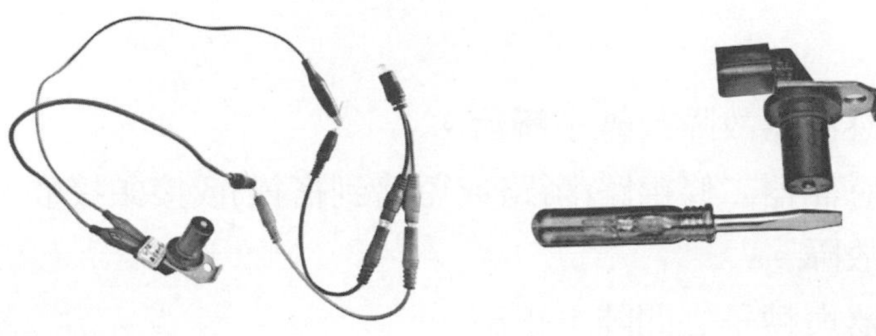

## 貼心提醒

不同廠牌之電磁感應式，LED 燈亮度會不同，有些車種亮度較微弱，需仔細看其亮度，有些車種要將轉速稍為提高一些即可看到 LED 閃爍，如下左圖為凸輪軸位置感測器在 800rpm 下之交流 ACV 訊號(只有 1.4V 無法點亮 LED，要使 LED 點亮約需 1.6V)。下右圖為 1500rpm 之訊號(可達 2.0V)，可看到 LED 閃爍。

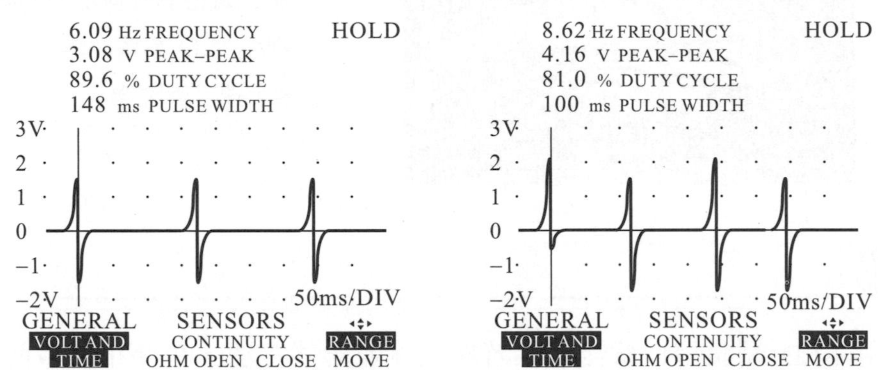


**方法 2：** 利用三用電錶之歐姆檔去測量電阻值，是否合乎廠家規範--把歐姆錶旋轉在 2kΩ 檔位，將兩根測試棒(電錶二根測試棒可以不分極性)接在電磁感應式線圈兩端，即可測得電阻(Ω)大小。如果無法測得 Ω 值，表示線圈是斷路損壞的，如下圖之接線。

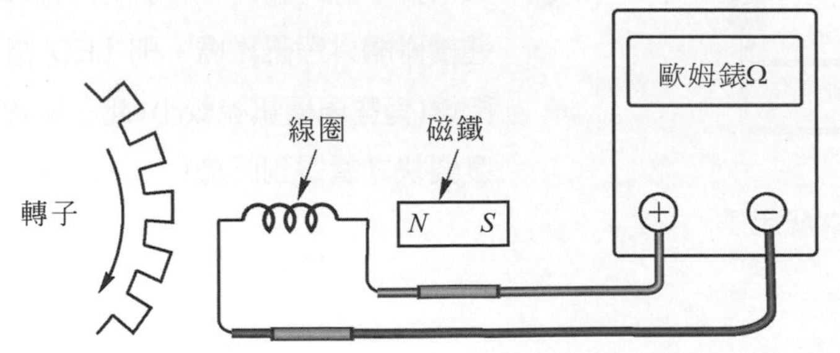

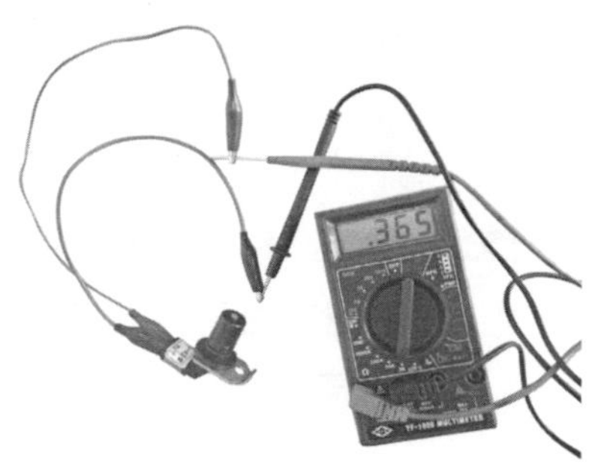


利用三用電錶之歐姆檔去測量電阻值，此感測器為 365Ω(檔位放在 2kΩ)。如果你擔心檔位放錯位置，可使用單一 Ω 檔位(自動檔位者)之多功能電錶

**貼心提醒**

此型電磁感應線圈式最大缺點爲使用久後，容易產生冷熱時電阻值會改變(因線圈短路)，造成熱車不易發動或加速無力，因此測量時請參考在冷及熱時之各原廠規範值。但有些狀況下，即使測出電阻值是在原廠規範值內，還是會出現故障現象，因此測量電阻只能當參考資訊，最好搭配其他之檢測方法較不易判斷錯誤。

**貼心提醒**

測量電磁感應式之線圈電阻，要將接頭拔開測量，測出之電阻值才是正確的。如下圖未拆開接頭就將歐姆錶並聯接上，這樣是錯誤的，量出之電阻值會偏小些(因並聯到電腦內部之電阻)，有些人常犯此錯誤。

左圖在測量電磁感應式凸輪軸位置感測器之線圈電阻 422Ω，因未將接頭拔開就測量，如此動作是錯誤的

**方法 3：** 利用三用電錶之 ACV 檔測量--如下圖接線方式(電錶二根測試棒可以不分極性)，當引擎轉動時，或拆下感測器用螺絲起子連續碰觸外殼磁鐵處，正常時 ACV 錶指示約爲 0.2～3V(視車種及速度)。

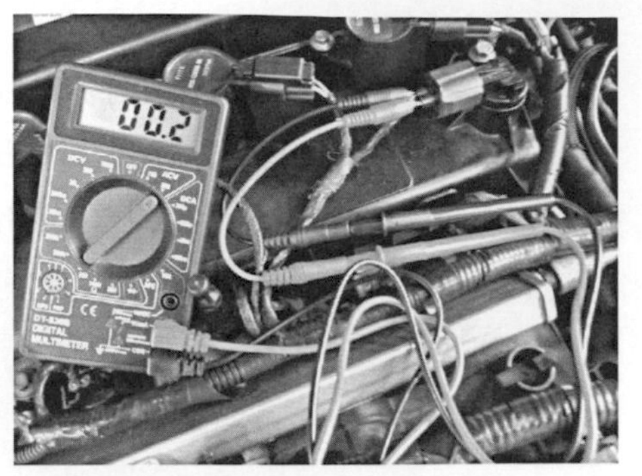

此圖為凸輪軸位置感測器(曲軸位置感測器亦相同)。馬達轉動時可測出 ACV 電壓

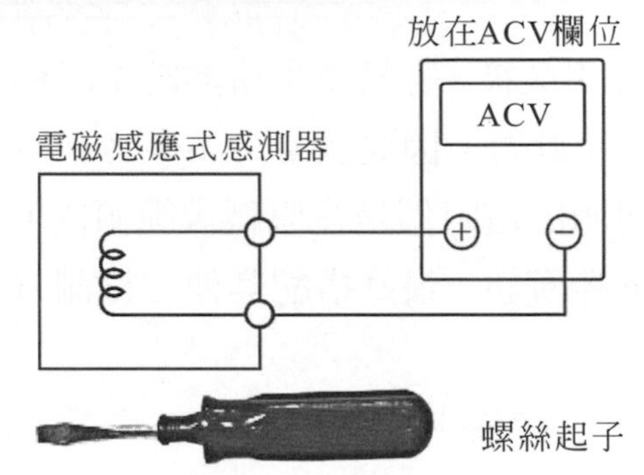


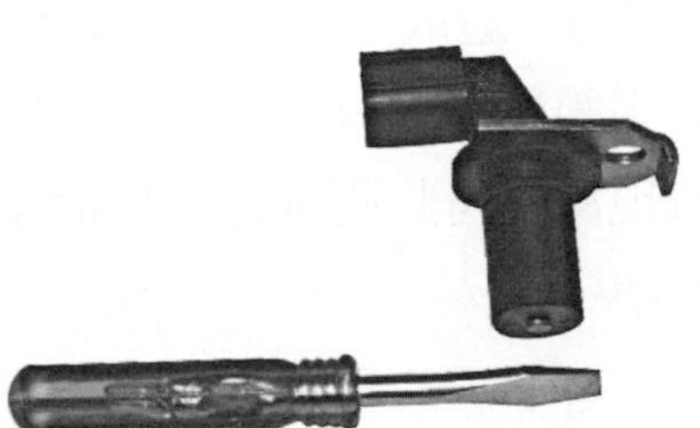

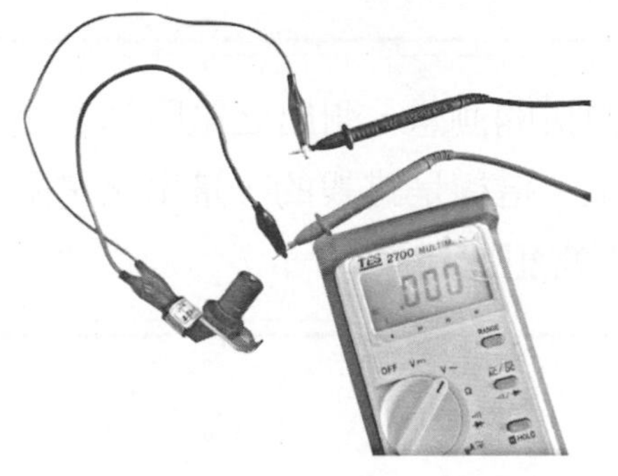

拆下感測器用螺絲起子連續碰觸外殼磁鐵處，正常時 ACV 錶指示約為 0.2～3V(視車種及速度)

## 貼心提醒

有些人可能會納悶，LED 要約 1.6V 以上才會點亮，但利用數位電錶量出才 0.2V，爲何會點亮呢？這是因爲數位電錶數值是顯示平均值，如果用示波器去看最高電壓波形，只要能達到前述之電壓大於 1.6V 以上即會點亮。

方法 4： 使用診斷機之分析數據(Data list 或 Datalogger)去觀察此感測器作用情況。

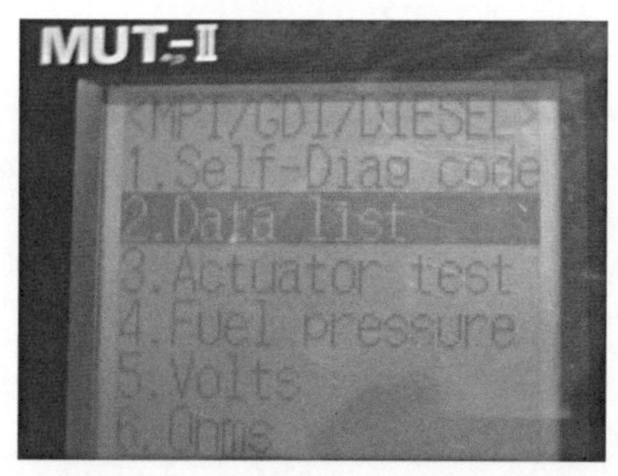


利用診斷機之分析數據(Data list)，去觀察此感測器作用數據

方法 5： 利用示波器，將示波器之訊號線接在此感測器之任一條線上，示波器之搭鐵線接在此感測器之另一條線上，正常時即可觀察到下列之波形。

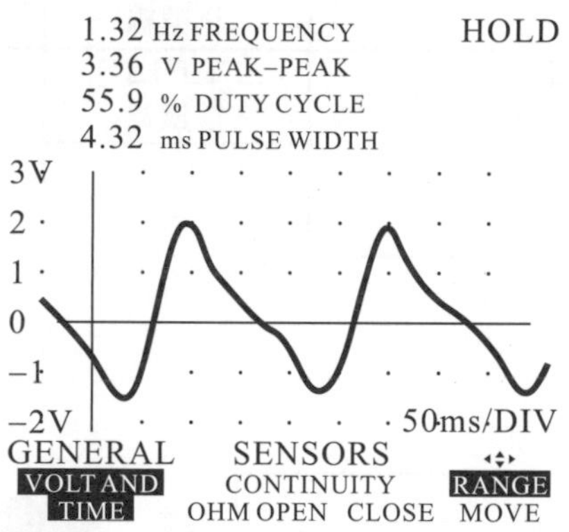


## 6-1-2　霍爾式、磁阻式曲軸位置感測器

◉ **作用原理：**如下圖，一般有 3 條線，一條爲電源線(一般常見有 12V 或 5V 兩種設計，極少數車設計 8V)，一條爲搭鐵線，一條爲訊號電壓(由電腦送出 5V 給感測器)。當轉子(裝在曲軸上)旋轉時產生磁力線，會使霍爾感測器內部之電晶體產生開關作用(使集極與射極接通或不通)，故訊號線會產生 0 與 5V 之方波訊號。當轉子轉速愈快，則產生之方波數愈多，即頻率(次／秒)愈高。磁阻 MRE 式與霍爾式原理相同。詳細原理闡述請參考第 1 章節。

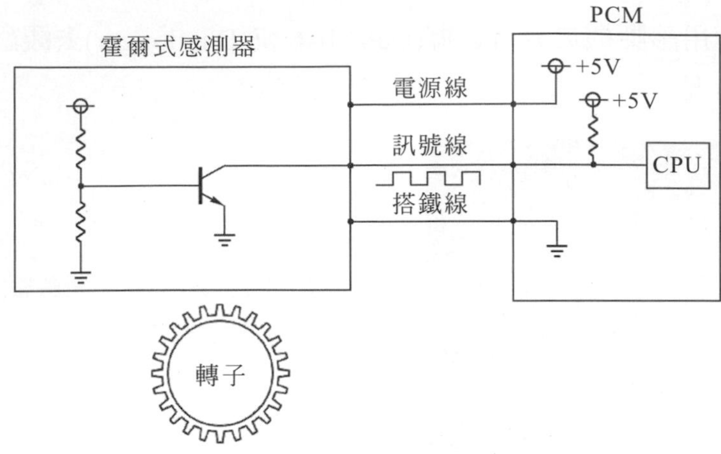


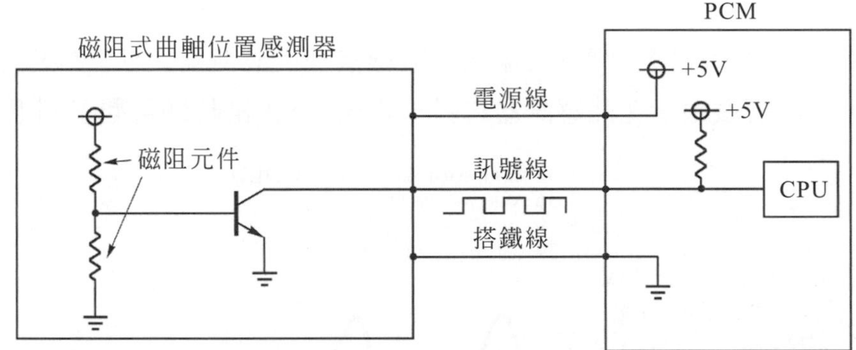


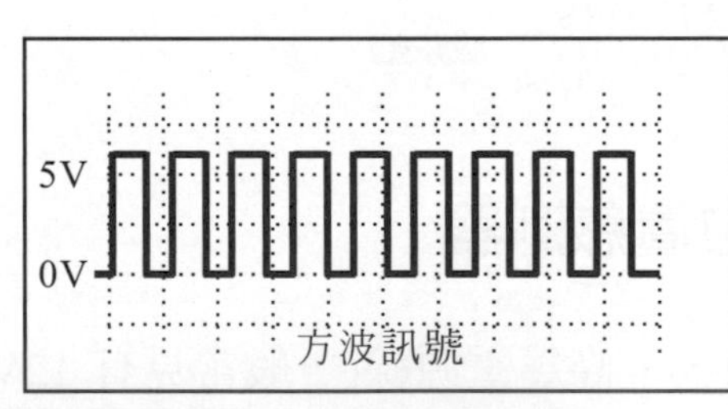

曲軸位置感測器利用曲軸上轉盤之鋸齒凸緣來感應出方波訊號

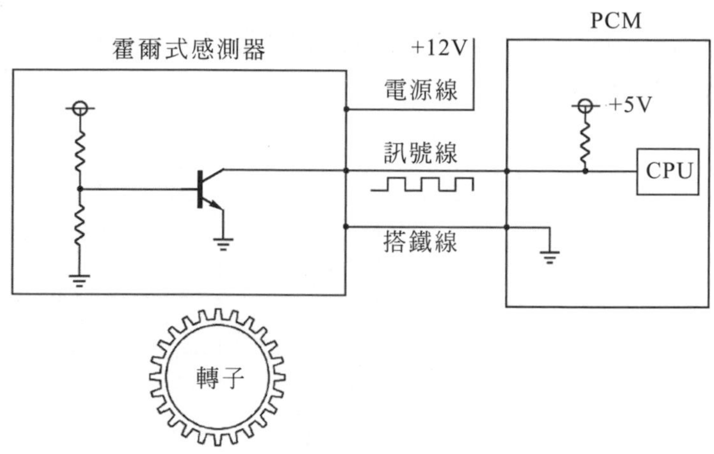


有些車種之電源線採用經 IG SW 來之+12V

## ◉ 故障現象：

- 引擎無法發動。
- 若屬於間歇性故障，則引擎會有加速抖動、放炮現象。

## ◉ 可能故障原因：

- 曲軸位置感測器故障。
- 曲軸位置感測器三條線路(斷路或短路到搭鐵)或接頭接觸不良。
- 引擎電腦故障。

## ◉ 檢測方法：

**方法 1：** 你可以如下圖，拆開感測器接頭，測量電腦之訊號線是否送出 5V，及電源線是否送出 5V 或 12V(視車種)。如果測出正常，即表示感測器故障。(但請注意感測器接頭是否接觸不良)

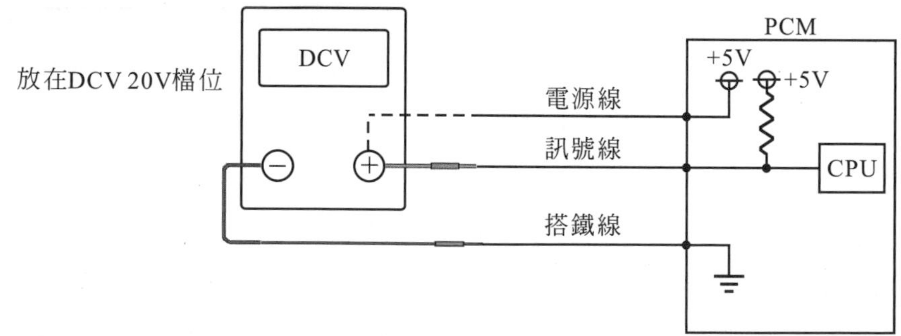

方法 2： 利用 LED 檢測燈--如下圖接線(並聯式接法)，當打馬達時，正常時 LED 應會閃爍。

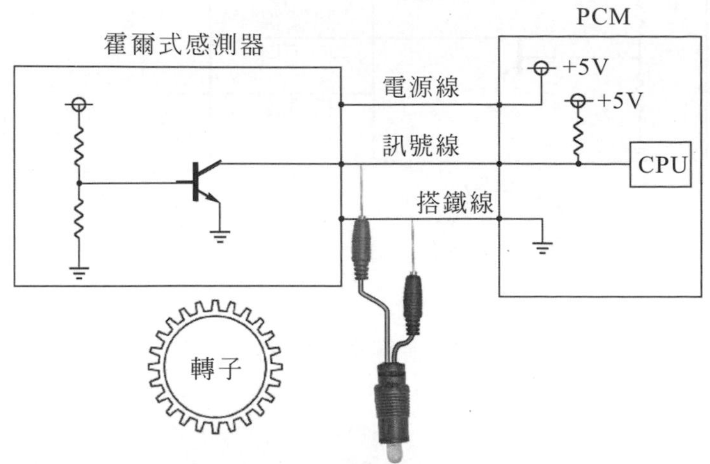

此圖為霍爾式凸輪軸位置感測器(曲軸位置感測器亦相同)。馬達轉動時 LED 會閃爍。

**貼心提醒**

利用 LED 測試燈作檢測時，若採上述並聯式接法，有些車種會使引擎發動中熄火或無法發動，此時可打起動馬達來搖轉引擎測試，即可看其 LED 燈是否閃爍。

當感測器拆下時，如何測試：你也可以採用如下圖串聯方式連接(串聯式接法)，來測試拆下之感測器是否良好(此接線爲感測器電源線是採用 12V 者)，當螺絲起子碰觸時，正常時 LED 應會閃爍，當起子碰觸速度愈快時，LED 閃爍速度也愈快。

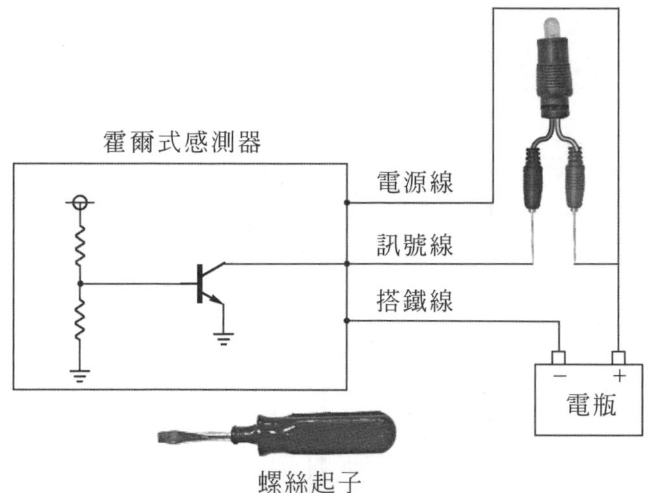


請留意勿將電源接到訊號線，否則可能把霍爾感測器內部電晶體燒燬。

## 貼心提醒

如果不在車上(沒有轉子時)，你可以使用螺絲起子碰觸(靠近／離開)感測器的動作，即可模擬轉子轉動情形。

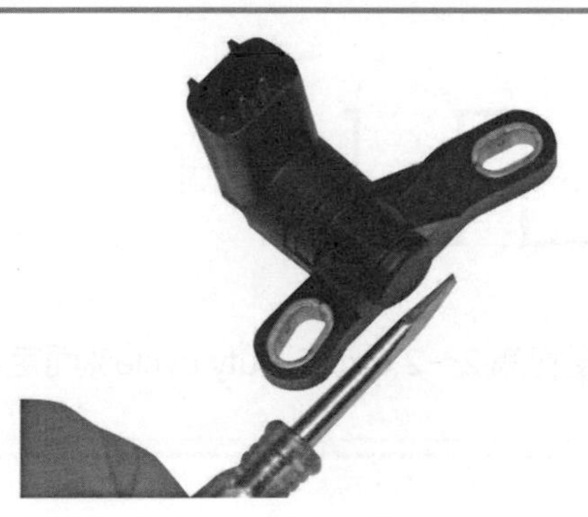

使用螺絲起子碰觸(靠近／離開)感測器的動作，即可模擬轉子轉動情形

**方法 3：** 利用 DCV 錶--將電錶測試線黑棒接搭鐵，紅棒接訊號線，如下圖接線方式，當怠速時，DCV 錶指示約為 2～2.5V。

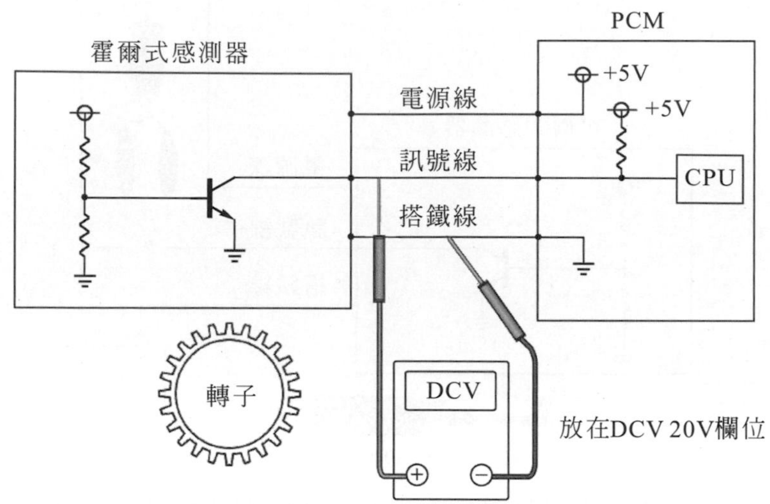


## 貼心提醒

用 DCV 錶去測量方波，所顯示爲平均電壓。該平均電壓的大小，與轉速及轉子齒距有關(也就是工作週期%)。

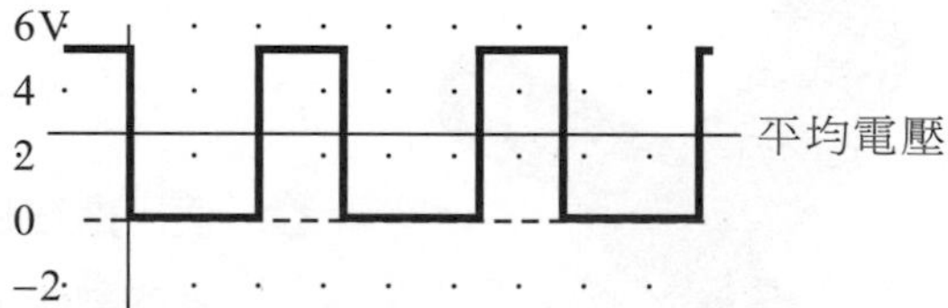


0/5V 之方波，其平均電壓約為 2～2.5V(依 Duty cycle%而定)

**方法 4：** 利用歐姆錶--拆開感測器接頭，用歐姆錶去測量感測器 3 個接點之任意 2 個，正常時應爲不通(∞)。如果量出有電阻，則可能感測器故障。但如果量出電阻無限大(∞)，並不表示感測器是正常的，必須利用其他方法去測試。

**方法 5：** 利用%、Hz 錶去測量--如方法 3 之接線，你可以測出當轉子旋轉時之工作週期(Duty cycle%)或頻率 Hz(次／秒，每秒產生多少方波數量)。

由上左圖測出工作週期為 46%，上右圖頻率為 389.6Hz。

**方法 6：** 利用多功能電錶之 RPM 檔位去測量是否有轉速。

利用 RPM 檔位去測量是否有轉速，如果錶面有顯示轉速，表示曲軸位置感測器有作用

**方法 7：** 利用診斷機之分析數據(Data list 或 Datalogger)去觀察此感測器作用情況。

**方法 8：** 利用示波器--將示波器之訊號線接在此感測器之訊號線上，示波器之搭鐵線接在良好搭鐵處，正常時即可觀察到下左圖之波形。下右圖之波形表示轉子有一齒斷掉或齒隙太髒，有金屬粉黏附現象。

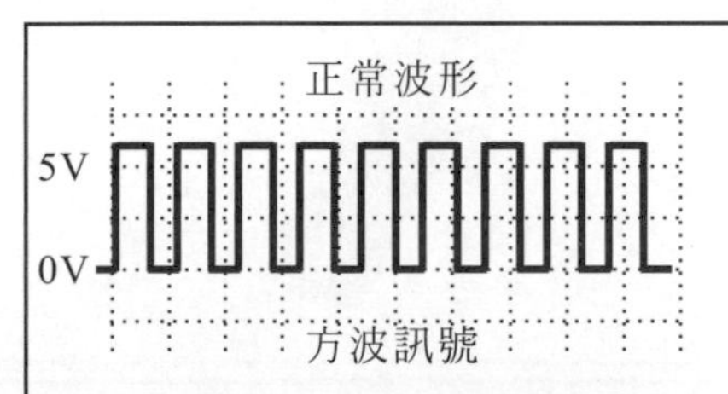


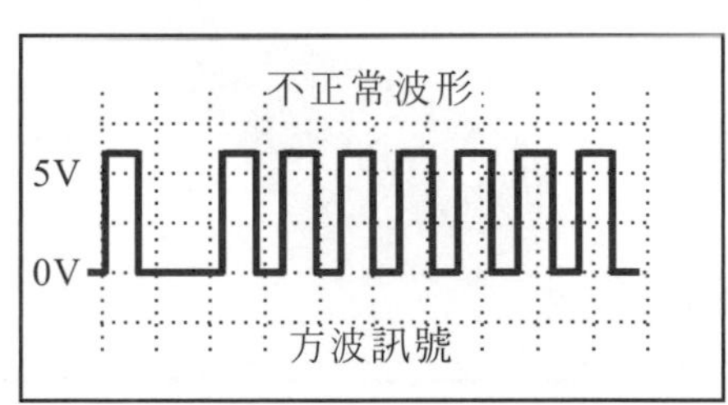

若齒隙太髒、有金屬粉黏附時，可能造成加速抖動現象

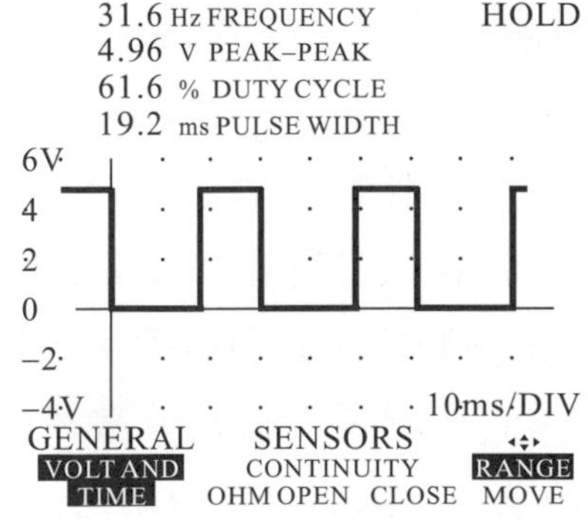


左圖為三菱車霍爾式曲軸位置感測器之方波訊號

**貼心提醒**

使用示波器的好處在於能很眞實地顯示出電路上電壓之變化，只要電路上有不正常現象，尤其是間歇性(偶而短暫性)斷路或接觸不良，利用示波器是最能看得清清楚楚。例如上面右邊之不正常波形，如果你利用上述方法 1～4 是不易測出的。因此，示波器在某些地方查修故障時，還是有其特別好用之處。

**貼心提醒**

如果你看到的是三條線者，應都屬於是霍爾式或磁阻式感測器(二者都是產生方波訊號)。如果你看到曲軸位置感測器或凸輪軸位置感測器是二條線者，應都屬於是電磁感應式(產生 ACV 訊號)。但有極少數車種將電磁感應式製成三條線，其中一條是搭鐵線(包覆在外以防止訊號干擾)。此時如何分辨呢？只要將歐姆錶檔位放在 20kΩ，去測量任二條線，能測出有電阻者即爲電磁感應式。霍爾式或磁阻式感測器無法用歐姆錶量出電阻(即使可量出，其電阻爲非常大，較無意義)。

**查修密技**

如果碰到一台無法發動(起動馬達轉速正常)引擎，你可能會猜測是曲軸位置感測器故障(造成無法噴油及點火，汽油泵也不作動)，此時如何檢查曲軸位置感測器及其控制電路是否正常？如果你了解上述簡易原理，只要拿出 LED 檢測燈接到訊號線，觀察 LED 是否閃爍(馬達發動下)，即可知道曲軸位置感測器是否正常。當然要搬出診斷機來叫故障碼或觀察分析數據(Data list)也是方法之一，只是需看哪一種查修速度較快或較方便。多懂一些簡易方法，可以讓你修車事半功倍。

**查修密技**

上述要判斷曲軸位置感測器是否故障？另外方法，當打馬達時，可觀察儀錶板上之轉速錶是否微微漂動，即可知曲軸位置感測器是否作用，但較新型之儀表板(例如高反差儀表板及數位式)不適用。

**查修密技**

將 LED 檢測燈接到訊號線，如何知道哪條是訊號線呢？除了看電路圖線色外，其實只要將 LED 檢測燈任一條接搭鐵，另一條逐一去碰觸感測器接頭上之三線頭，只要有一線頭會使 LED 閃爍(打馬達下)，即可知該線頭為訊號線。LED 不亮之線頭為搭鐵線，LED 一直亮著之線頭為電源線。

## 6-1-3　光電式曲軸位置感測器

◉ **作用原理：**大部分是使用在早期有分電盤之引擎上，目前車輛已少用此種型式。其原理如圖，由電腦送來 5V 電源，利用發光二極體(LED)把光投射到另一端之光電晶體，在二者間安裝訊號板(板上挖有孔槽)來遮斷或接通電源，使光電晶體產生一開一合現象，訊號線即產生斷續之輸出電壓(方波訊號)。其原理很類似霍爾式。

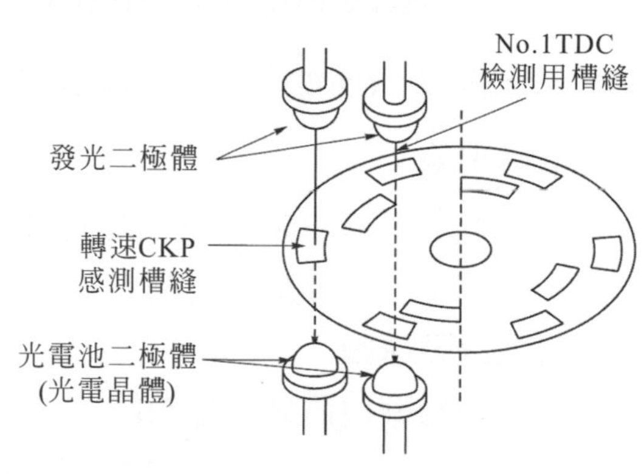


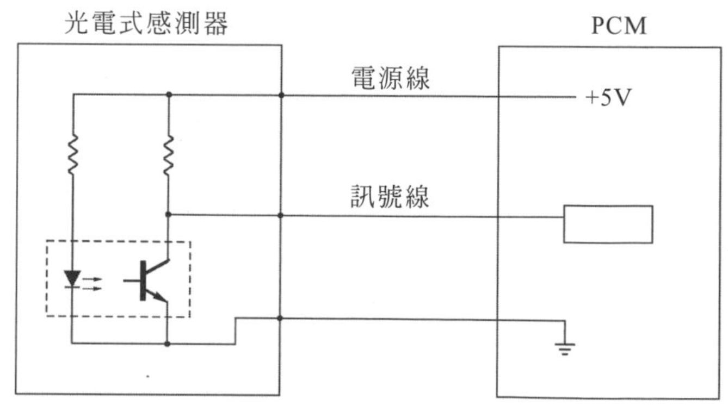

◉ **檢測方法：**

因屬方波訊號，檢測方法與霍爾式方法相同。

**貼心提醒**

當引擎有轉速訊號時，噴油嘴、點火線圈、汽油泵才會作動。因此，沒有轉速訊號(即曲軸位置感測器或其控制電路故障)，引擎就發不動。

# 6-2 凸輪軸位置感測器(CMP)

◉ **功能：**通常為偵測引擎第一缸上死點位置，給電腦作為點火正時及噴油時間之參考訊號。

◉ **種類：**一般常見有三種電磁感應式、霍爾式、磁阻 MRE 式。

## 6-2-1 電磁感應式凸輪軸位置感測器

◉ **作用原理：**(與曲軸位置感測器相同，產生 ACV 訊號)

◉ **故障現象：**

- 引擎不易發動(有些引擎會發不動，三菱車則發動 4 秒後會熄火)。
- 引擎怠速及加速抖動。

◉ **可能故障原因：**

- 凸輪軸位置感測器故障。
- 凸輪軸位置感知器二條線路(斷路或短路到搭鐵)或接頭接觸不良。
- 引擎電腦故障。

◉ **檢測方法：**(與曲軸位置感測器相同)

## 6-2-2 霍爾式、磁阻式凸輪軸位置感測器

◉ **作用原理：**(與曲軸位置感測器相同，產生方波訊號)

◉ **檢測方法：**(與曲軸位置感測器相同)

**貼心提醒**

利用 LED 測試燈作檢測時，若採並聯式接法，有些車種會使引擎發動中熄火或無法發動，此時可打起動馬達來搖轉引擎測試，即可看其 LED 燈是否閃爍。

**貼心提醒**

在引擎啓動時，CKP 感測器和 CMP 感測器會同步。如果二個訊號均存在，引擎將可啓動運轉。如果引擎運轉時來自 CMP 感測器的訊號故障，引擎會繼續使用來自 CKP 感測器的訊號運轉。但如果 CMP 訊號在下一個啓動操作時故障，則有些車種將無法發動，有些車種則不易發動。

# 6-3　車速感測器

◉ **功能：**偵測車輛行駛速度，給電腦作爲加速、自動變速箱升降檔時機、ABS 作動時機、提供車速錶顯示。有些車系稱爲變速箱輸出軸感測器。

◉ **種類：**早期車輛有使用舌簧開關式、光電式，目前常見有電磁感應式(二條線)、霍爾式(三條線)、磁阻式(三條線)。

◉ **作用原理：**舌簧開關式一般安裝在車速錶轉子附近，利用舌簧開關接點的開關頻率，即可感應車速，如下圖。

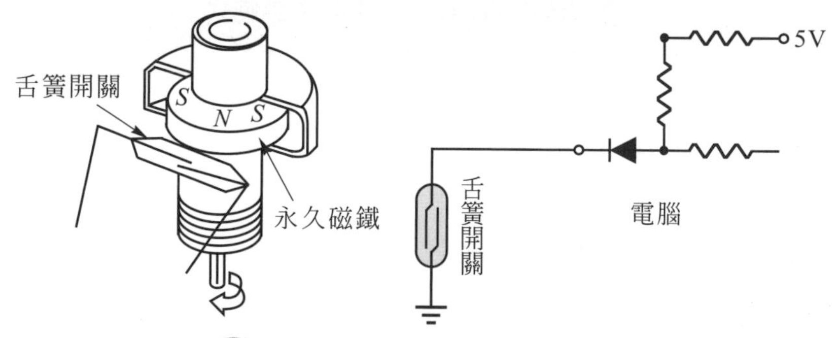


舌簧開關式車速感測器之構造

另外光電式、電磁感應式、霍爾式、磁阻式四種作用原理與曲軸位置感測器相同，可參考曲軸位置感測器章節。光電式、霍爾式及磁阻式產生之訊號爲方波訊號，如下圖。電磁感應式產生之訊號爲 ACV 訊號。此感測器一般安裝位置在自動變速箱輸出軸上，感應輸出軸轉速再換算爲車速。有些車種將裝在四個車輪處之輪速感測器，除了給 ABS、TCS、EBD、ESP 使用外，也當做車速之感測訊號，因此可能就沒有單獨之車速感測器。

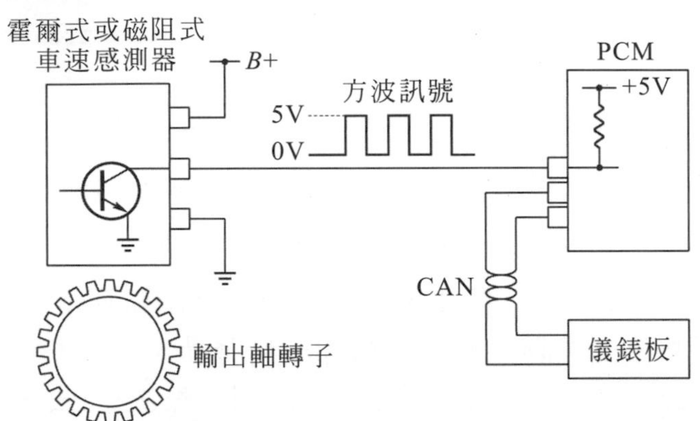


有些車種之電源線也有採用由電腦提供+5V 之電源

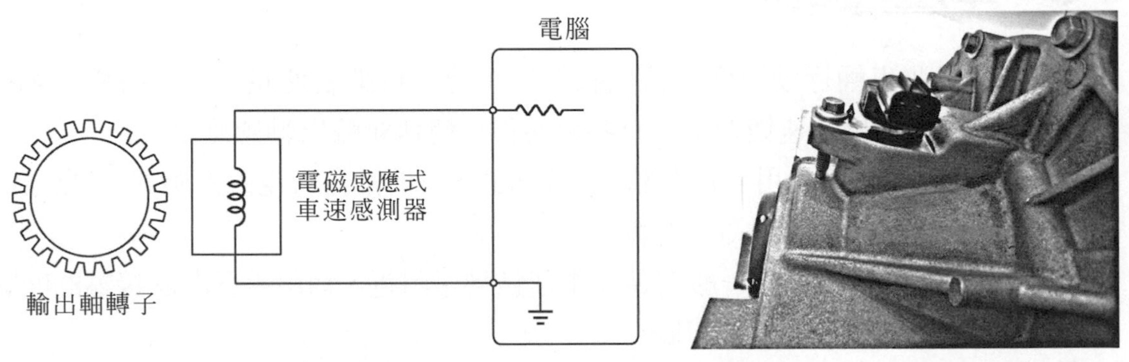


看到二線頭者，就是電磁感應式

◉ **故障現象：**

- 儀錶板的速率錶不作用或亂跳。
- 行駛時有加速遲鈍現象。
- 變速箱換檔會頓挫、換檔點錯誤。
- 自動變速箱無法鎖定 TCC 電磁閥會較耗汽油。

◉ 可能故障原因：

- 車速感測器故障、轉子髒污或間隙太大(安裝不良)。
- 車速感測器線路(斷路或短路到搭鐵)或接頭接觸不良。
- 電腦故障。

- CAN 網路線路(斷路或短路)或接頭接觸不良。

◉ **檢測方法：**(與曲軸位置感測器相同)

(1) 霍爾式及磁阻式可參考曲軸位置感測器

(2) 電磁感應式可參考曲軸位置感測器

**貼心提醒**

另外有自動變速箱輸入軸感測器，其功能爲感測變速箱輸入軸之轉速訊號給電腦，與變速箱輸出軸感測器轉速訊號作比對，電腦即可判斷目前檔位之齒輪比(轉速比)，作爲控制變速箱之作用狀況(例如監測離合器是否打滑、TCC 鎖定時機…)。變速箱輸入軸感測器常見有電磁感應式(二條線)、霍爾式(三條線)，其作用原理、檢測方法均與曲軸位置感測器相同。

## 6-4 輪速感測器

◉ **功能：**偵測四輪之輪速，給 ABS、EBD、TCS、ESP 電腦利用之訊號，有些車種以輪速感測器來取代車速感測器。

◉ **種類：**一般常見有電磁感應式、霍爾式、磁阻式(MRE)。

◉ **作用原理：**電磁感應式爲兩條線，利用線圈感應產生 ACV 交流訊號給電腦。霍爾式及磁阻式有些車種爲三條線，大部分車種爲兩條線，一條爲電腦送來 +12V，一條爲搭鐵。

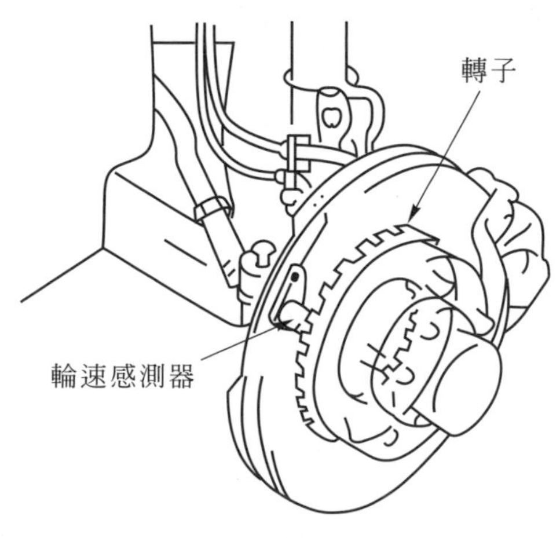

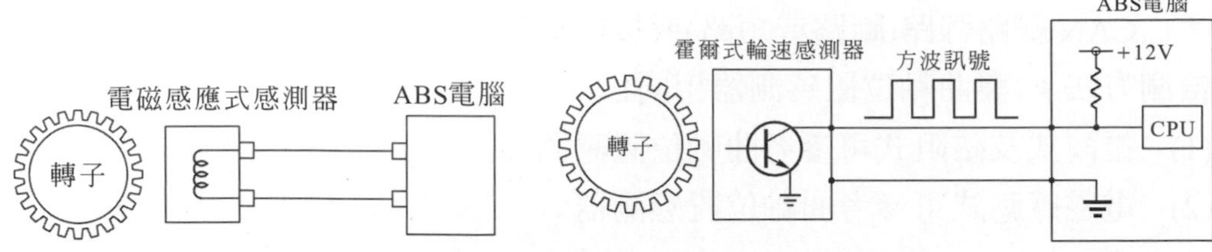


◉ **故障現象：**(以 ABS 系統爲例)

- ABS 故障警示燈亮起。(ABS 不作用)

◉ **可能故障原因：**

- 輪速感測器故障。
- 輪速感測器線路(斷路或短路到搭鐵)或接頭接觸不良。
- ABS 電腦故障。
- 輪速感測器周圍太髒或有金屬粉附著。
- 輪速感測器與轉子間隙太大。(安裝不良)
- 有些車種之車輪輪轂軸承有方向性，若裝反就無法感測到輪速。
- CAN 網路線路(斷路或短路)或接頭接觸不良。

此型輪速感測器周圍容易太髒或有金屬粉附著，造成 ABS 故障警示燈亮起

◉ **檢測方法：**

(1) 電磁感應式爲 ACV 訊號，與曲軸位置感測器相同，可參考電磁感應式曲軸位置感測器章節。

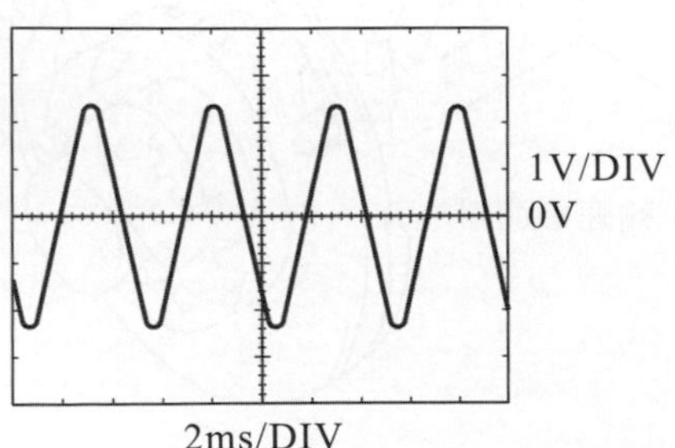

(2) 霍爾及磁阻式(兩條線式)，不能用歐姆錶去量測，有下列方法：

**方法 1：** 利用 LED 檢測燈(並聯接線)--將 LED 測試線兩條跨接如下圖，當轉動輪胎時，LED 燈應會閃爍。

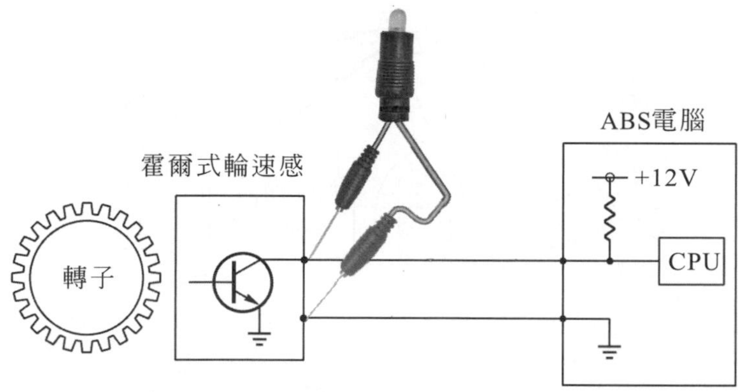


**方法 2：** 利用 LED 檢測燈(串聯接線)--將 LED 測試線兩條串聯接線如下圖，當轉動輪胎時，LED 燈應會閃爍。

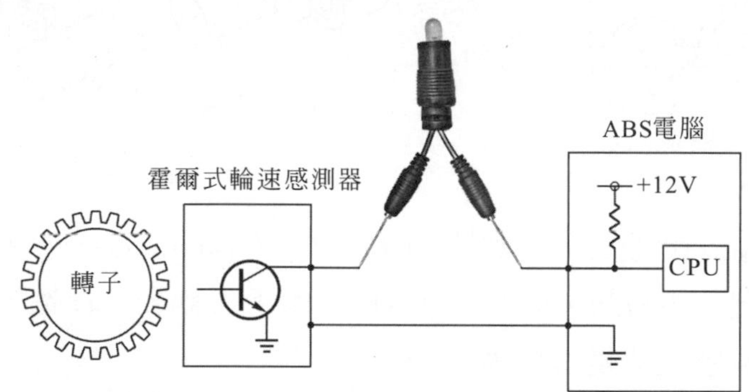


**方法 3：** 利用三用電錶 DCV 檔位--拆開輪速感測器接頭，將電錶測試線黑棒接搭鐵，紅棒接下圖，此時應有 12V。

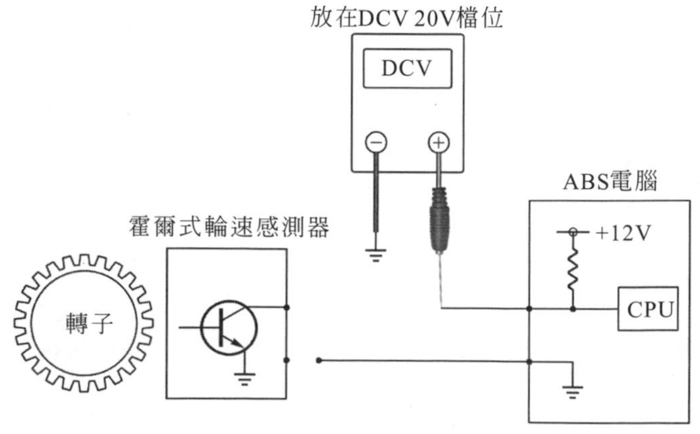

方法 4：利用三用電錶之 DCA 錶如下圖接線(串聯一只 100 Ω 之電阻），當使用起子或磁鐵在感測器前後移動時，當信號高時約有 12~16 mA 之電流，當信號低時約有 4～8 mA 之電流。

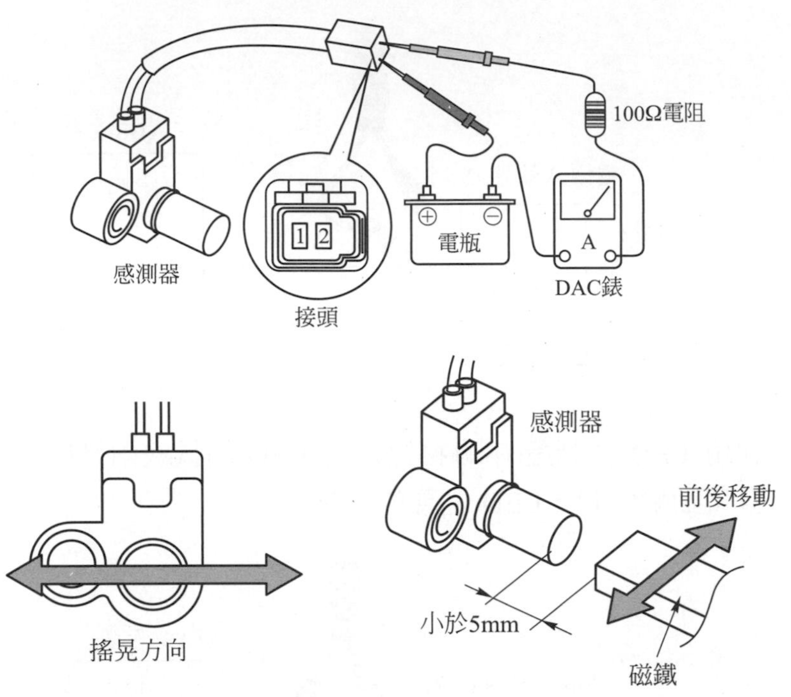


方法 5：利用診斷機之分析數據(Data list 或 Datalogger)去觀察此感測器作用情況。如右圖，當頂高車輛時，用手去轉動右後輪，即可看出右後輪輪速感測器是否作動。

車輪轉速感測器測試

0KPH 右前輪 10KPH

0KPH 左前輪 10KPH

0KPH 右後輪 10KPH

0KPH 左後輪 10KPH

*試著轉動每個車輪
*按勾號鍵結束測試

**方法 6：** 利用示波器--當轉動輪胎時，可觀察是否為方波。

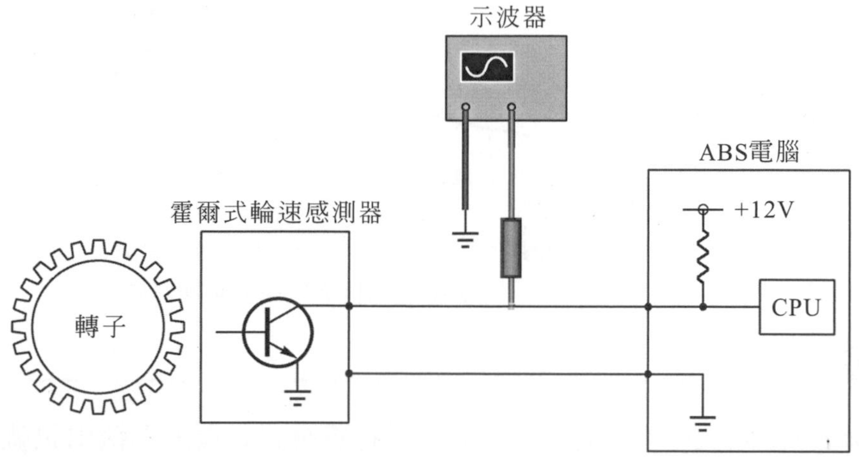


**貼心提醒**

霍爾及磁阻式輪速感測器在大部分車種都設計為兩條線，因此造成很多人誤解兩條線為電磁感應式之 ACV 訊號，只有在此輪速感測器及部份新型自動變速箱輸入(出)軸感測器上有此設計，請勿弄錯。霍爾及磁阻式感測器在其它地方使用均設計為三條線，即一條電源線(12V、5V 或 8V)，一條搭鐵，一條為 0/5V 之方波訊號。

**貼心提醒**

安裝輪速感測器時，要安裝正確，避免與轉子間隙太大，造成感應訊號不良。另外，有些車種車輪軸承有方向性，如果裝錯方位，會使 ABS 編碼器無法感應到輪速感測器，輪速感測器就沒有輸出訊號了。

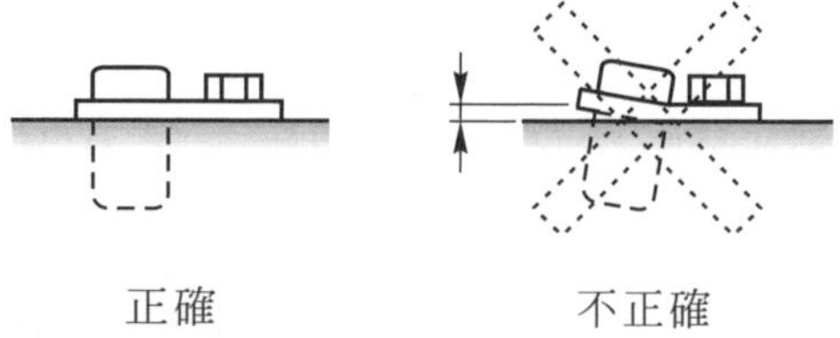

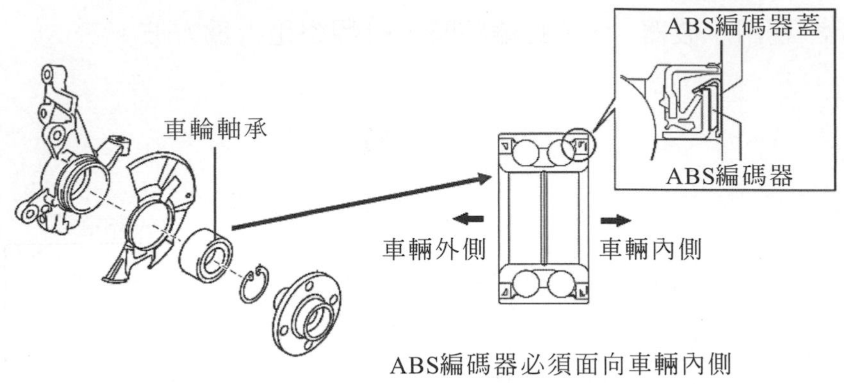

ABS編碼器必須面向車輛內側

## 貼心提醒

霍爾式、磁阻式(MRE)輪速感測器比電磁感應式之優點爲輸出訊號電壓(方波)不受車速影響，感應較準確。電磁感應式在高、低速測得數據較不準確(當車速太慢時，感應訊號電壓較低，ECU 可能無法檢測到訊號。當車速太快時，頻率響應跟不上)，且易受電磁波干擾。

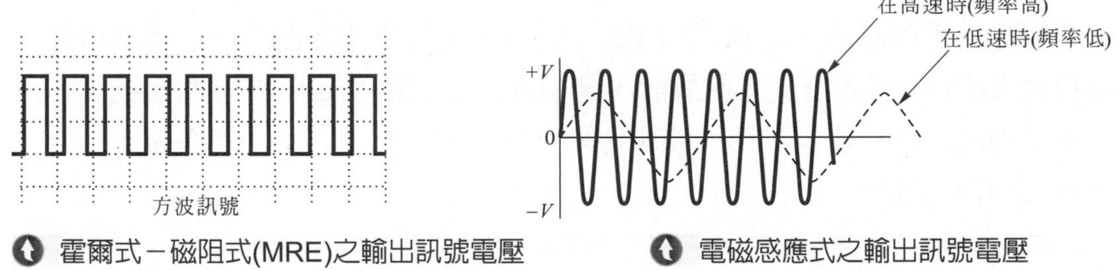

霍爾式－磁阻式(MRE)之輸出訊號電壓

電磁感應式之輸出訊號電壓

## 貼心提醒

TOYOTA 車系之輪速感測器較舊車型採用電磁感應式，較新車型則採用磁阻式(MRE)如下圖，其設計較爲特殊，FL+由煞車 ECU 供應電源 12V，在 FL-產生 1.4/0.7V 之方波。請留意它在 FL-連接一只 100Ω 之電阻作爲偵測故障碼用，因此欲檢修線路是否正常時，當拆除輪速感測器接頭後，IG OFF 由 FL-端對搭鐵(三用電錶紅棒接 FL-，黑棒接搭鐵)會測得 100Ω，IG ON 由 FL+端對搭鐵(三用電錶紅棒接 FL+，黑棒接搭鐵)會測得 12V，與一般車種不同。

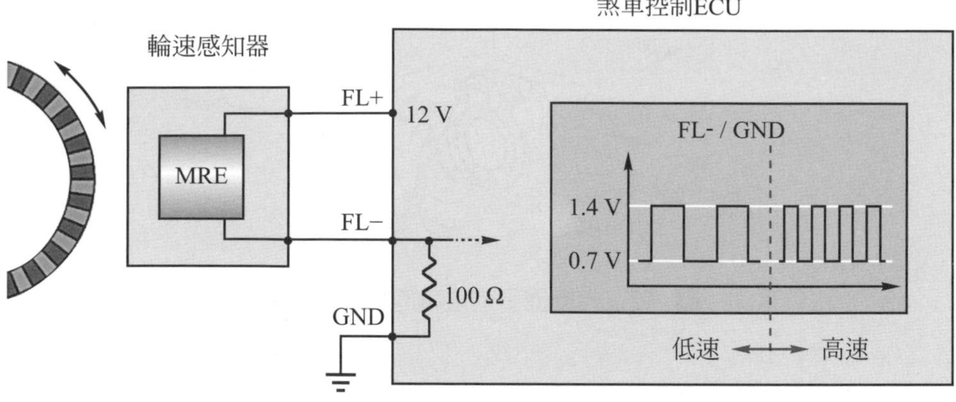


# 6-5　轉向角度感測器

◉ **功能：**偵測方向盤旋轉的角度，作爲電子輔助油壓轉向系統(EHPAS)、車輛穩定控制系統(ESP)、自動煞車輔助系統(SCBS)、主動式頭燈轉向系統(AFS)、主動式 LED 頭燈之電腦利用的訊號。

◉ **種類：**一般有霍爾式、磁阻式(MRE)、光學式。

◉ **作用原理：**一般裝於方向盤下方，有些車種會裝在方向機軸下方(方向機上方)。

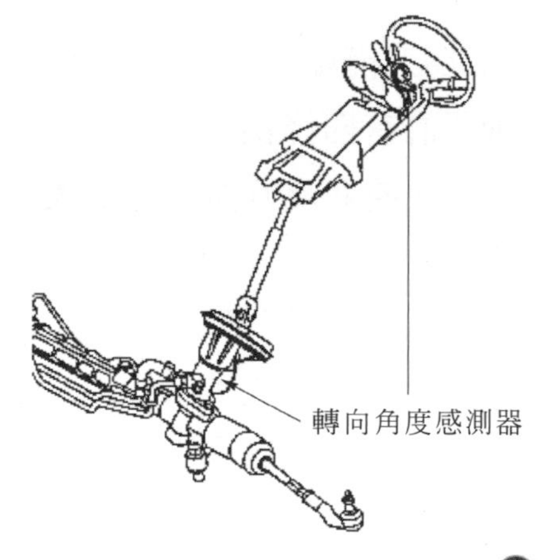

裝在方向機上方之轉向角度感測器

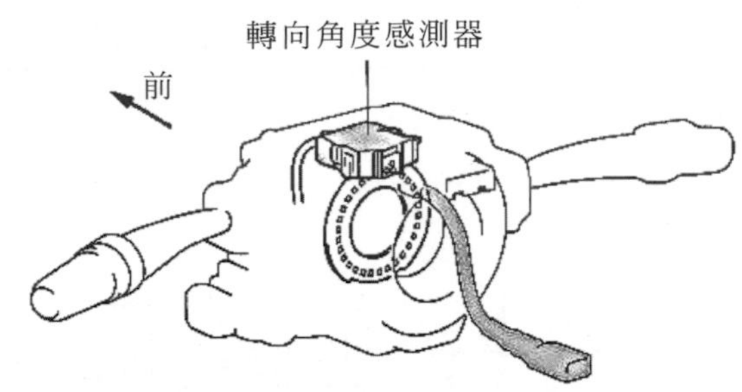


裝在方向盤下方之轉向角度感測器

- 光學式：利用一轉盤裝在方向機軸上，轉盤上下方各裝有光電二極體，產生方波訊號，類似光電式曲軸位置感測器章節所述。

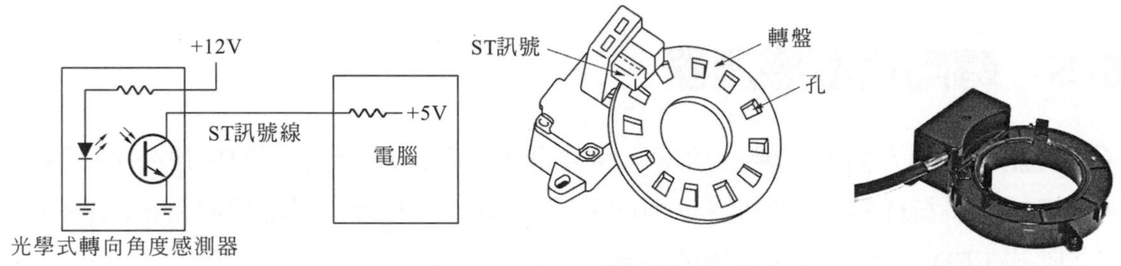


光學式轉向角度感測器

- 霍爾式及磁阻式：作用原理與前面章節曲軸位置感測器所述相同，產生方波訊號。

以上三種所產生之訊號均爲方波，一般爲三條線，一條爲+12V，一條爲搭鐵，一條爲訊號線產生 0/5V 之方波。有些車種設計有四條線，其中兩條爲訊號線(產生方波)，主要是利用兩個訊號來偵測轉向角度、速度及方向(左右改變)。

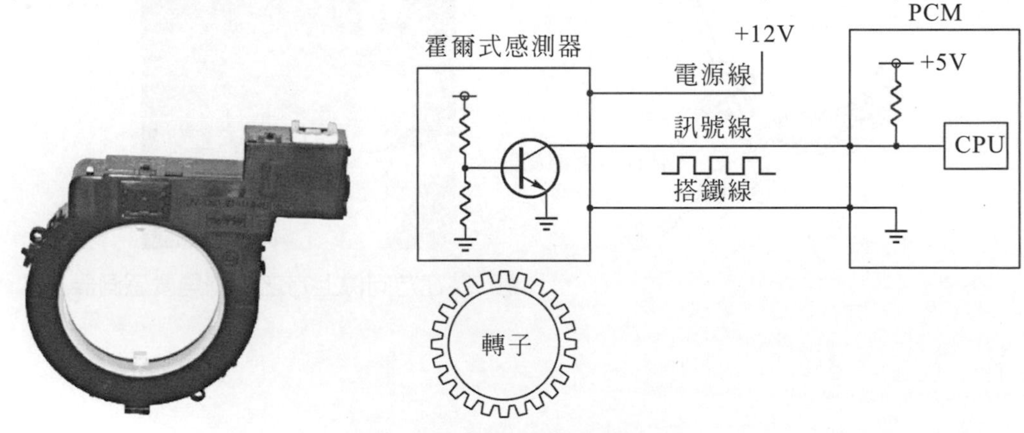


霍爾式轉向角度感測器

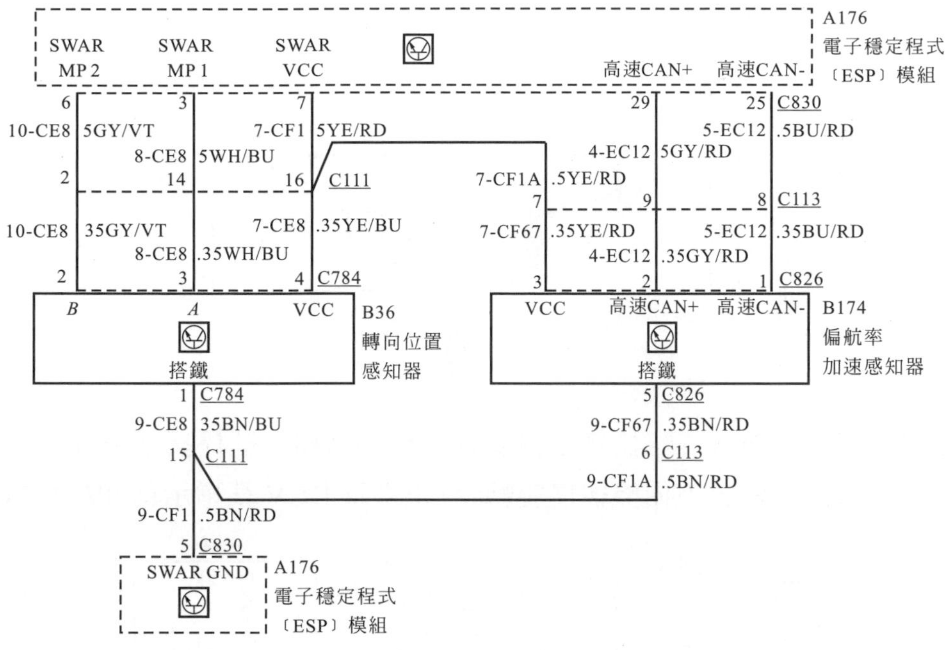


## ◉ 檢測方法：

**方法 1：** 你可以如下圖，拆開感測器接頭，測量電腦之訊號線是否送出 5V，及電源線是否送出 12V。如果測出正常，即表示感測器故障。(但請注意感測器接頭是否接觸不良)

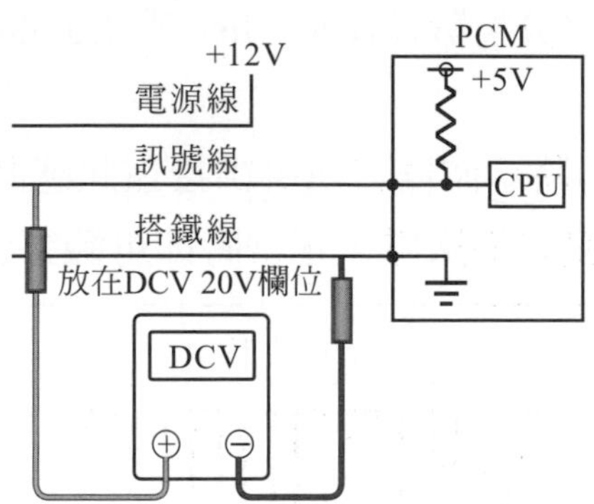

方法 2： 利用 LED 檢測燈--如下圖接線(並聯式接法)，當方向盤旋轉時，正常時 LED 應會閃爍。

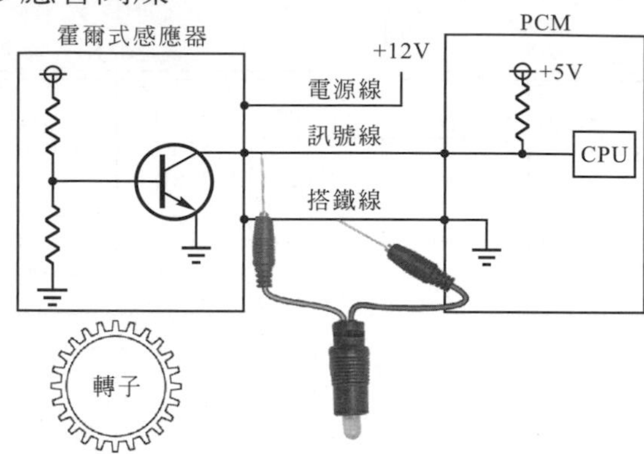


方法 3： 利用 DCV 錶--將電錶測試線黑棒接搭鐵，紅棒接訊號線，如下圖接線方式，當方向盤緩慢旋轉時，正常時 DCV 錶指示爲 0V 及 5V 變化。

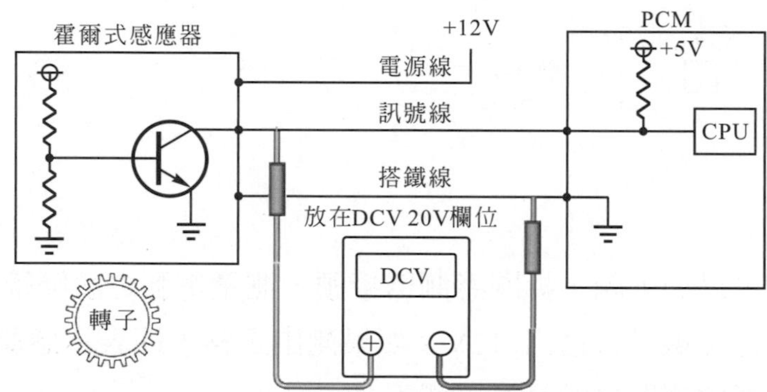


方法 4： 利用診斷機之分析數據(Data list 或 Datalogger)去觀察此感測器作用情況。

方法 5： 利用示波器--將示波器之訊號線接在此感測器之訊號線上，示波器之搭鐵線接在良好搭鐵處，正常時即可觀察到方波之波形。

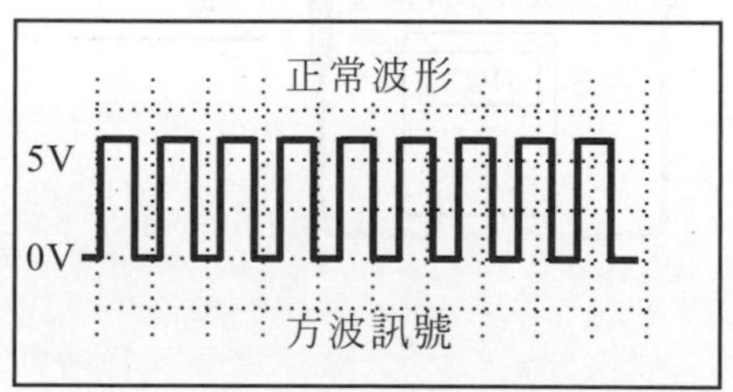

## 貼心提醒

目前有些新車型例如 Mazda 新第六世代系列車型之轉向角度感測器是由一個光電電晶體與 LED 彼此相對設置的感知器單元，與一個隨著方向盤移動的槽板所構成，裝於方向盤下方。轉向角度感測器訊號有兩組，如下圖訊號 A 及 B 是 0.5~4.5V 之 DCV，請勿將訊號誤判爲方波。

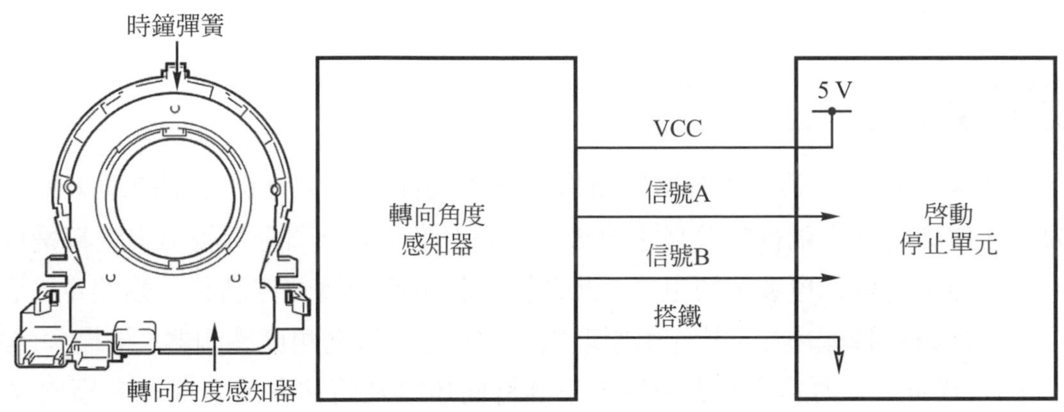


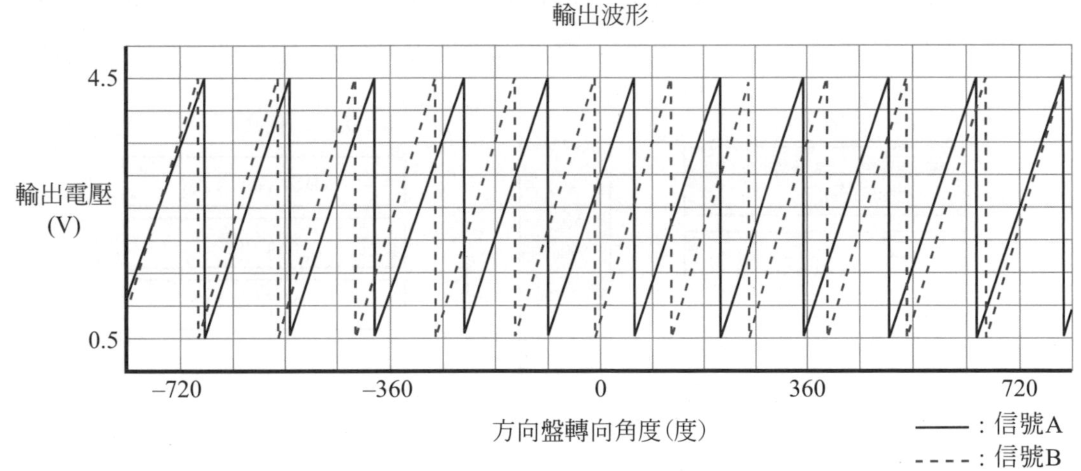


另外較新之設計已將轉向角度感測器採用 CAN 網路來傳遞訊號如下圖，將感測器訊號經由 CAN 網路來傳遞是日後設計之趨勢。CAN、LIN、SENT、FlexRay、車載乙太網路(Ethernet)、光纖網路…等都是應用在汽車網路上做爲資料傳遞之方式，有興趣讀者請自行上網查閱或參考作者本人之其他著作—汽車網路與 CAN 檢測實務)。

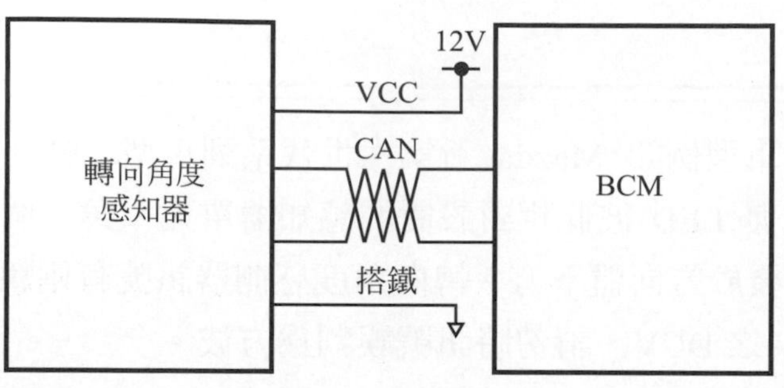


## 貼心提醒

車輛穩定控制系統依各廠牌所取名稱不同如下所列，但控制原理大致相同，其功能爲當車輛行駛於高速轉彎、溼滑山路、緊急閃避突發衝出之車輛或人，車輛可能會翻覆或掉頭甩尾，此系統會將車速減慢並控制某一輪煞車，避免車輛翻覆或掉頭甩尾。其作用原理爲利用車速、轉向角度感測器、搖擺率(偏航率)及橫向 G 力感測器去偵測出車輛轉向角度及將往左或右搖擺、橫向 G 力，告知電腦去降低引擎動力輸出及自動煞住某一輪或數輪(制動力大小不同)。有關搖擺率(偏航率)及橫向 G 力感測器之介紹，請參考第 5 章位移感測器。

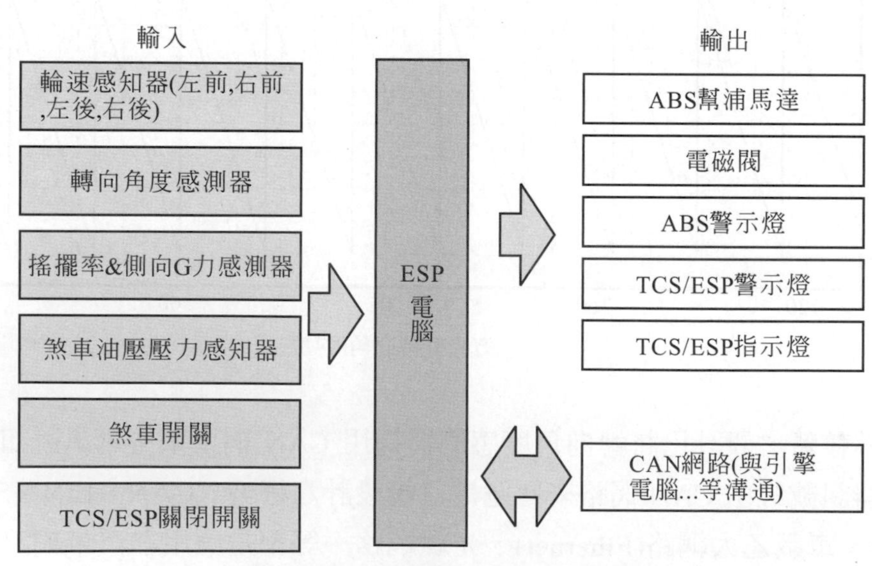


車輛穩定控制系統控制方塊圖

◉ 車輛穩定控制系統依各廠牌所取名稱不同如下：

(1) ESP– Electronic stability program (Ford/Benz/Hyundai/ Audi/ VW/Peugeot)

(2) DSC – Dynamic Stability Control (Mazda/BMW/Jaguar/Land Rover)

(3) VSC – Vehicle Stability Control (TOYOTA)

(4) VDC – Vehicle Dynamic Stability Control (Nissan)

(5) ASC – Automatic Stability Control (Mitsubishi)

(6) VSA – Vehicle Dynamic Control (Honda)

(7) PSM – Porsche Stability Management (Porsche)

(8) DSTC – Dynamic Stability and Traction Control (Volvo)

## 6-6 自動變速箱輸入軸感測器

◉ **功能**：偵測自動變速箱輸入軸轉速，給電腦作爲判斷扭力轉換器是否正常(比較曲軸轉速與自動變速箱輸入軸轉速)、齒輪比變化(比較自動變速箱輸入軸轉速與自動變速箱輸出軸轉速)。

◉ **種類**：目前常見有電磁感應式(二條線)、霍爾式(三條線)、磁阻式(三條線)。此感測器一般安裝位置在自動變速箱輸入軸上。

◉ **作用原理及檢測方法**：與曲軸位置感測器相同。請留意部份新型感測器設計雖爲二條線，但採用霍爾或磁阻式，如輪速感測器方式，請參考輪速感測器章節。

## 練習題

1. 電磁感應式曲軸位置感測器產生哪一種訊號？請繪出波形(標示縱/橫座標定義及單位)。
2. 電磁感應線圈式曲軸位置感測器有何缺點？
3. 引擎運轉中，使用三用電錶之 ACV 檔測量磁感應線圈式曲軸位置感測器，量得電壓為 0.2ACV，為何使用 LED 燈測量會閃爍？(LED 燈要 1.6V 以上才會亮)
4. 霍爾式曲軸位置感測器產生哪一種訊號？請繪出波形(標示縱/橫座標定義及單位)。
5. 引擎運轉中，使用示波器測量霍爾式曲軸位置感測器，量得 0/5V 之方波，為何使用三用電錶之 DCV 檔量得電壓為 2.0～2.5V？
6. 如果沒有電路圖，如何利用 LED 檢測燈測出霍爾式曲軸位置感測器是否好壞？
7. 二線式及三線式曲軸位置感測器或凸輪軸位置感測器產生哪一種訊號？
8. 如果曲軸位置感測器故障，會產生什麼故障現象？
9. 二線式及三線式車速感測器或自動變速箱輸入軸感測器產生哪一種訊號？
10. 霍爾式、磁阻式、電磁感應式輪速感測器在大部分車種都設計為兩條線，如何分辨及測試好壞？各產生哪一種訊號？
11. 請比較霍爾式、磁阻式(MRE)輪速感測器及電磁感應式之優缺點？
12. 轉向角度感測器產生哪一種訊號？請繪出波形(標示縱/橫座標定義及單位)。
13. 車輛穩定控制系統的功能及作用原理？

# 7 氣體感測器

## 7-1 前含氧感測器

- **功能：** 偵測排氣管廢氣中的含氧量(裝於觸媒轉換器前方)，作爲引擎電腦修正噴油量之參考訊號，以控制在最佳之空燃比，並降低排氣污染。
- **種類：** 一般有二氧化鋯($ZrO_2$)式、二氧化鈦($TiO_2$)式、寬域型空燃比感測器。含氧感測器稱爲 O2S 或 $O_2S$，在歐洲常稱爲 Lambda ($\lambda$)。

### 7-1-1 二氧化鋯含氧感測器

- **作用原理：**

此型感測器使用較多，於二氧化鋯管內外側均鍍上一層薄薄的白金，而二氧化鋯管外側暴露在廢氣中，內側則導入大氣，由內外側的氧氣濃度差即能自行產生電動勢(DCV 電壓)。當偵測到廢氣中的含氧量較少時(即混合比太濃)，此感測器會輸出約 DCV 0.9V，電腦接收到此訊號電壓會控制減少噴油量。反之，當偵測到廢氣中的含氧量較多時(即混合比太稀)，此感測器會輸出約 DCV 0.1V，電腦接收到此訊號電壓會控制增加噴油量，如此就可將混合比控制在理論混合比 14.7：1 附近。

含氧感測器有單線式(單線爲訊號線，本體搭鐵)或二條線式(一條爲訊號線，一條爲搭鐵線)，二者均未裝加熱器，目前已很少車輛未裝加熱器。

另外，在排氣溫度未達 300℃狀況下，含氧感測器通常不作用(此時稱爲開迴路，開迴路時引擎較耗油且廢氣污染大)，因此爲了使含氧感測器能提早開始作用，目前大部分車均加裝加熱器(共 4 條線)，如下圖。一般加熱器電源爲 12V，由電腦以 PWM 控制搭鐵。

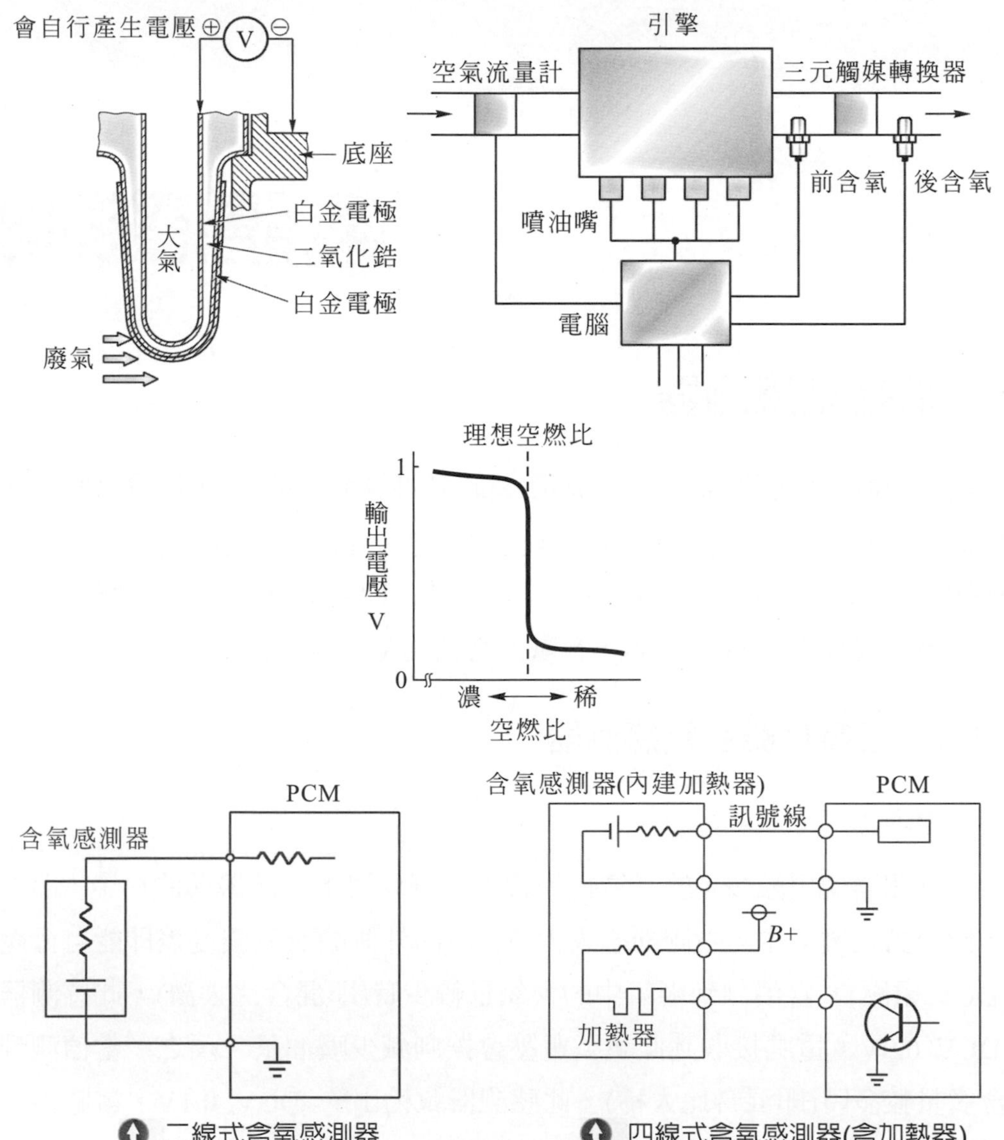


二線式含氧感測器

四線式含氧感測器(含加熱器)

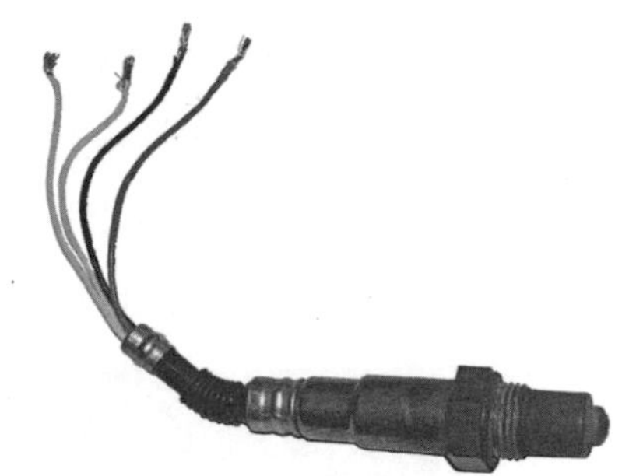

四線式含氧感測器(其中二條為加熱器)

◉ **故障現象：**

- 引擎抖動、無力、加速不良。
- 引擎耗汽油。
- 易冒黑煙。

◉ **可能故障原因：**

- 含氧感測器故障或老化。
- 含氧感測器線路(斷路或短路到搭鐵)或接頭接觸不良。
- 引擎電腦故障。
- 加熱器不作用。

**貼心提醒**

造成含氧感測器訊號電壓異常或產生故障碼，除了上述含氧感測器故障或其電路故障外，其它尚有：進氣系統漏氣、燃油壓力過高或過低(汽油濾清器或管路堵塞…等)、燃油壓力調節器故障、水溫感測器故障、進氣溫度感測器故障、EVAP 及 EGR 系統故障、空氣流量感測器故障、噴油嘴咬住或不密、點火系統不良(跳火太弱)…等，都可能會使含氧感測器產生故障碼。這是很多人常會誤判之處，不要以爲該感測器產生故障碼，就認爲只有該感測器故障或其電路故障。

◉ **檢測方法：**

(1) 含氧感測器檢測方法

註　只有此感測器因自己產生之訊號電壓太低(0.1～0.9V 間變化)，故無法用 LED 檢測燈來檢測。(一般 LED 檢測燈至少要 1.5V 以上才會亮)

方法 1： 利用三用電錶指針式電錶 DCV 檔位--將引擎達正常工作溫度，加速固定在 2500rpm，正常時 10 秒內指針在 0.2～0.8V 至少來回擺動 8 次以上(有些車 6 次以上即可)，如下圖。在此處最好使用指針式電錶，因爲比較容易看出電壓擺動變化次數，這又是指針式電錶好用之一。

指針式電錶放在 DCV2.5V 檔位，指針會在 0.2～0.8V 來回擺動

## 貼心提醒

正常應在 0.1～0.9V 間擺動，但因指針式電錶錶針擺動時無法及時顯示即需往回擺動，故一般只可看到 0.2～0.3V(低)或 0.7～0.8V(高)。

方法 2： 利用三用電錶數位式電錶 DCV 檔位--將引擎達正常工作溫度，加速固定在 2500rpm，正常時 10 秒內數字在 0.2～0.8V 至少來回變化 8 次以上(需注意看其數字跳動情況)。使用數位式電錶，因數字一直跳動，比較不易看出電壓變化次數。

數位式電錶放在 DCV 檔位，數字會在 0.2～0.8V 來回變化

**方法 3：** 利用診斷機之 PID「資料監控數據」去觀察此感測器之訊號輸出數值。或某些車種可以利用診斷機「作動測試」功能去控制噴油量：

- 試著去增濃時→ 訊號電壓應上升至 0.5 V 以上(甚至可達 1 V 左右)，表示正常。
- 試著去減稀時→ 訊號電壓應下降至 0.4 V 以下(甚至低至 0.1 V 左右)，表示正常。

**方法 4：** 利用診斷機之 PID「資料監控數據」去觀察此感測器之訊號輸出數值 -- 將引擎達正常工作溫度，加速至 3000 rpm 以上時完全釋放加速踏板將引擎減速。如下圖所示，確認含氧感測器有 0.6 V 以上的輸出電壓一次或多次，然後在減速時含氧感測器訊號電壓(例如 PID 是 O2S11) 為低於 0.3 V (實際測出值幾乎為 0 V，因為減速時噴油嘴為斷油，斷油時排氣中含氧量較高，意即空燃比太稀，太稀則含氧感測器訊號電壓為 0 V，如下右圖)。如果不符合規格，更換含氧感測器。

註　診斷機之 PID (parameter Identification)各品牌車種修護手冊使用之中文名稱不同，有採用數據列表(豐田)、數據流(中國)、參數識別、資料監控數據..等，本書就採用下列說法：利用診斷機之 PID「資料監控數據」去觀察此感測器之訊號輸出數值。

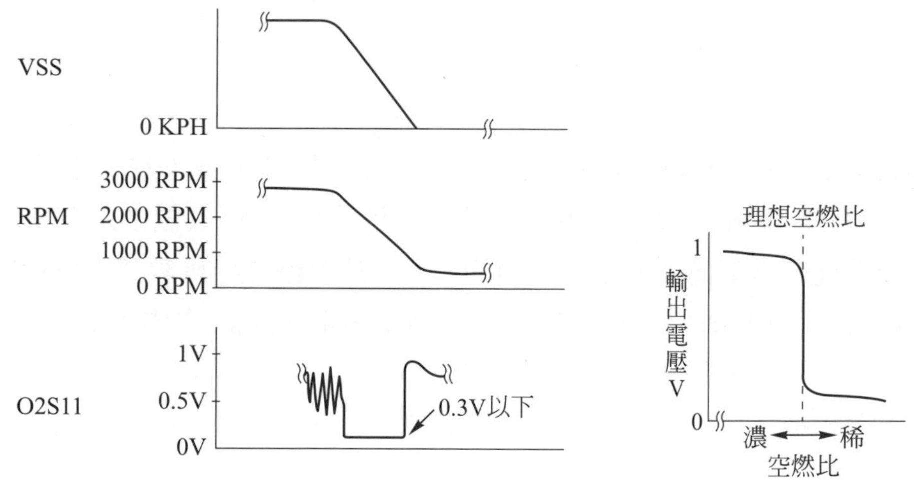


**方法 5：** 利用示波器--如下圖可觀察怠速及加速情況之波形變化是否不同。

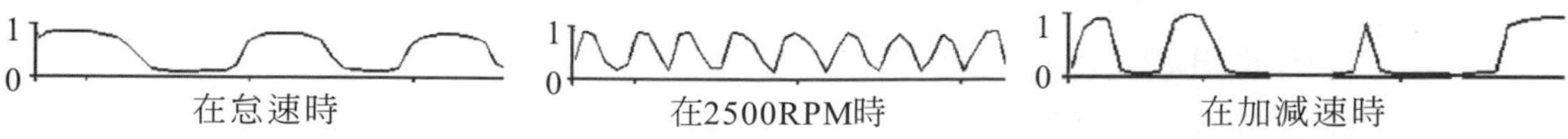


上中圖每一橫刻度為 5 秒，經檢視 10 秒內共來回變化 8 次，表示此含氧感測器作用正常。

## 查修密技

以下爲二氧化鋯 O2 含氧感測器故障判斷技巧：

故障症狀：診斷機顯示有 O2 故障碼或 O2 訊號電壓爲 0V

1. 拆開 O2 感知器接頭(如果正常診斷機也會顯示 O2 訊號電壓爲 0V--因未構成迴路)
2. 連接 1.5V 乾電池如下圖
3. 如果診斷機顯示 O2 訊號電壓有改變(約 1.27V)→表示 O2 含氧感測器故障
4. 如果診斷機顯示 O2 訊號電壓沒有改變(仍爲 0V)→表示 ECU 故障或兩條線斷路

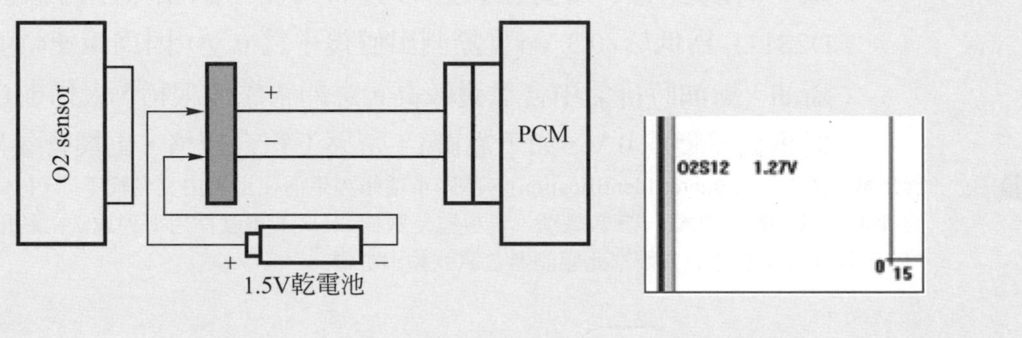


## 貼心提醒

如果不是在閉迴路(Close Loop)之下，也就是引擎未達正常工作溫度前(可待風扇馬達開始轉動作判斷引擎是否達工作溫度)，不要去做上述測量，以免誤判，因爲此時含氧感測器是不作用的。或由診斷機之分析數據，可看出是否在閉迴路之下。引擎在下列情況，是不在閉迴路控制範圍之內：

1. 當引擎起動時。
2. 當起動後增量或冷卻水溫度較低時。(即暖機期間，但有些性能較佳的車種仍然可作 Close Loop 控制)
3. 當加速或減速時。
4. 當燃料切斷時。
5. 當稀薄訊號持續一段時間以上時。
6. 當引擎有故障碼時。

**貼心提醒**

你也可以將此感測器拆下，用火烤(例如放在瓦斯爐上)加熱至到達足夠溫度時，用 DCV 錶測量，正常時會由 0.1～0.9V 變化。

**查修密技**

欲測試含氧感測器性能好壞，除上述檢測方法外，也可利用下列模擬法：

- 將含氧感測器的接頭拔開，並用一條線連接訊號線至搭鐵，使訊號變成 0V，PCM 判定含氧量高(混合比稀)，此時應會往濃修正。
- 油門急速全開，電壓應指示 0V，若不降到 0V 可能某缸不點火。
- 使火星塞不跳火，或噴油嘴不噴油，含氧電壓值反應慢，表示含氧感測器故障。
- 由進氣歧管噴入燃料(增加燃料)，正常時含氧感測器輸出電壓應升高。
- 拔掉進氣歧管之眞空管(增加空氣)，正常時含氧感測器輸出電壓應下降。
- 拔掉油壓調節器之眞空管並堵住使不漏氣(增加油壓)，正常時含氧感測器輸出電壓應升高，然後才開始擺動。

**貼心提醒**

如果此車吃機油、加錯汽油(不能使用含鉛汽油)或常處於混合比過濃(會積碳)之狀態，則含氧感測器容易損壞，或會降低其敏感度，使電腦較不易控制正確之混合比。

(2)　加熱器檢測方法

**方法 1：** 利用三用電錶歐姆檔位--測量加熱器電阻是否在廠家規範內，一般電阻約 4～40Ω。

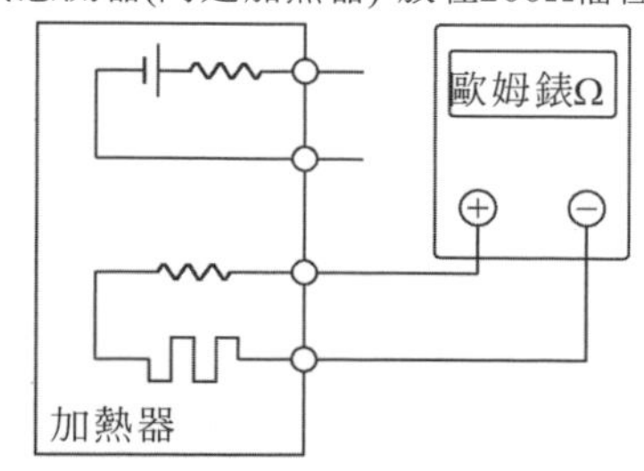

方法 2： 利用三用電錶 DCV 檔位--測量電源線 *A* 點是否有 *B*+，測量加熱器連至電腦線 *B* 點約 10V，如下圖。

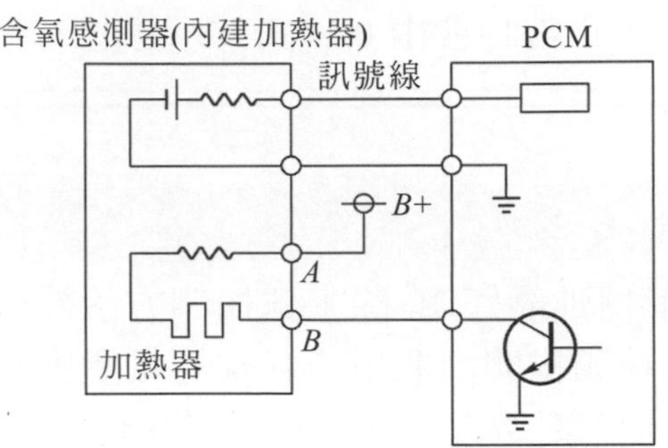


方法 3： 利用示波器--觀察波形是否以 PWM 控制方式，如下圖。

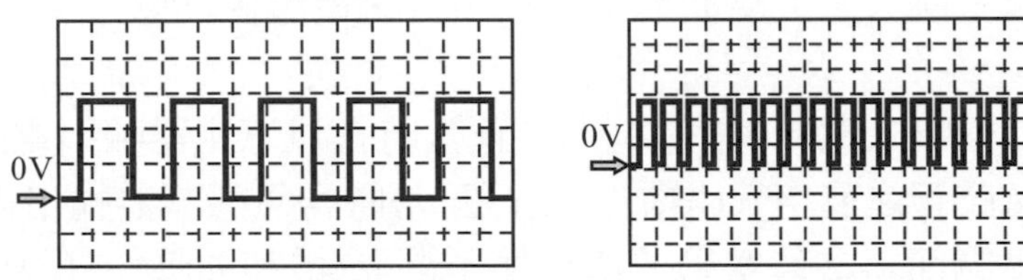


方法 4： 利用 LED 燈--發動中，觀察 LED 是否閃爍(因爲以 PWM 控制方式)，如下圖。

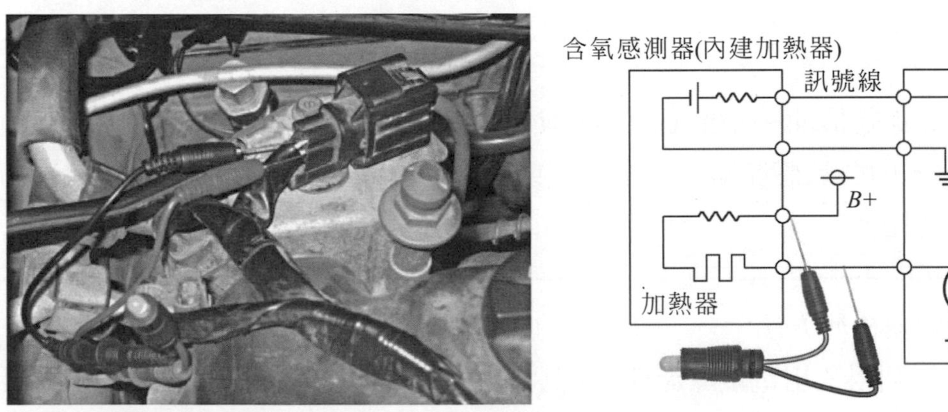


檢測加熱器可在發動中，觀察 LED 是否閃爍(因為以 PWM 控制方式)

**貼心提醒**

加熱器通常在下列狀況下不作用，因此不要在下列時機測量：

- 引擎轉速約 4000 rpm 以上時
- 高負荷時
- 引擎熄火時，點火開關轉至 ON 位置

**貼心提醒**

PWM 是指脈波寬度調變法(Pulse Width Modulation)，是指脈波寬度會變動，也就是工作週期(Duty cycle%)會變化的控制方式。

## 7-1-2　二氧化鈦含氧感測器

◉ **作用原理：**

上述之二氧化鋯含氧感測器是利用排氣中含氧量的變化轉變為電壓的變化，而二氧化鈦含氧感測器則是利用排氣中含氧量的變化轉變為電阻的變化，當排氣中含氧量較多時，則形成高電阻狀態；當排氣中含氧量較低時，則形成低電阻狀態，如下圖。早期有些車參考電壓採 5V，近年來有些車已改為與二氧化鋯含氧感測器相同之電壓變化(0～1V)，如果電壓高於 0.45V(含氧感測器電阻較低)，則電腦判定此時空燃比是濃的；如果電壓低於 0.45V(含氧感測器電阻較高)，則電腦判定此時空燃比是稀的。

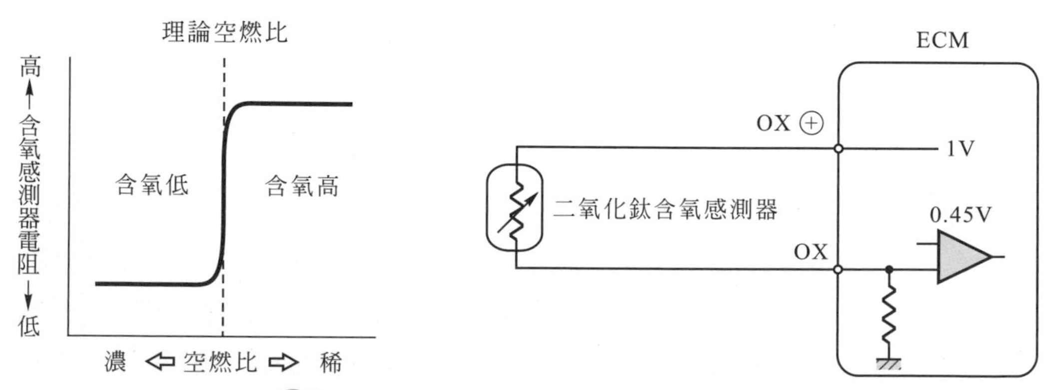


二氧化鈦含氧感測器電阻與空燃比關係

## 7-1-3 寬域型空燃比感測器(Wide-band Oxygen Sensor)

◉ **作用原理：**上述含氧感測器其工作範圍都是在 λ=1 附近(理論混合比)，一旦超出此範圍，其反應性能便降低。因此發展出寬域型空燃比感測器，它的好處是可以檢測空燃比 0.7～4.0 範圍之混合氣濃度，輸出電流可隨混合比的不同而改變，如下圖在不同之空燃比之下輸出電流(mA)不同，如此較能更精確反映及測出實際的空燃比，比上述含氧感測器(只能感測空燃比爲 1 的理論空燃比附近)感測範圍更廣及更靈敏。

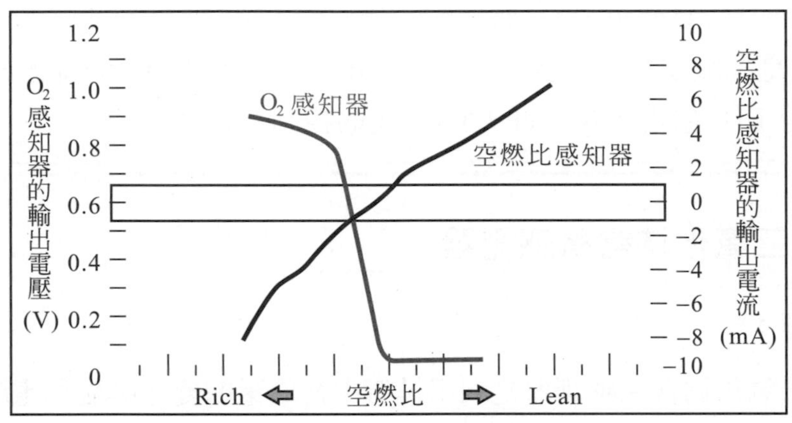


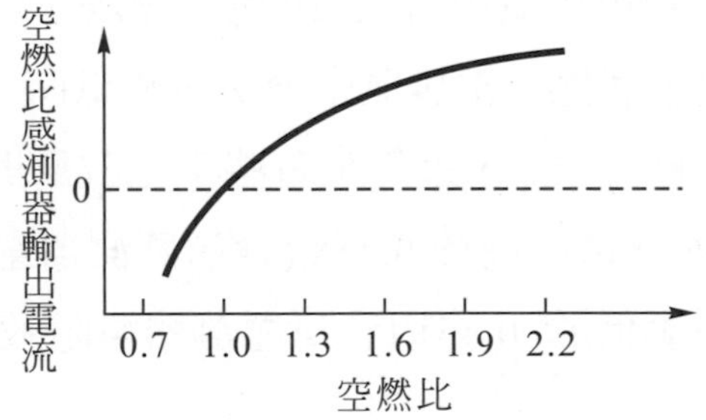


◉ **檢測方法：**

(1) 空燃比感測器(五線式)檢測方法

註 此空燃比感測器之輸出訊號是採電流(mA)，故無法用 LED 檢測燈、電壓計或電阻計來檢測。可採下列兩種方法檢測其好壞

**方法 1：** 利用診斷機之 PID「資料監控數據」去觀察此感測器之訊號輸出數值 -- 將引擎達正常工作溫度，加速至 3000 rpm 以上時完全釋放加速踏板將引擎減速。如下圖所示當減速時，確認空燃比感測器電流(例如 PID 是 O2S11)爲 0.25 mA 以上(請注意在鬆油門減速之瞬間去判讀，實際

測出值可能為 3 mA 以上，因為減速時噴油嘴為斷油，斷油時排氣中含氧量較高，意即空燃比太稀，太稀則空燃比感測器訊號電流為正，如下右圖所示)。如果不符合規格，更換空燃比感測器。

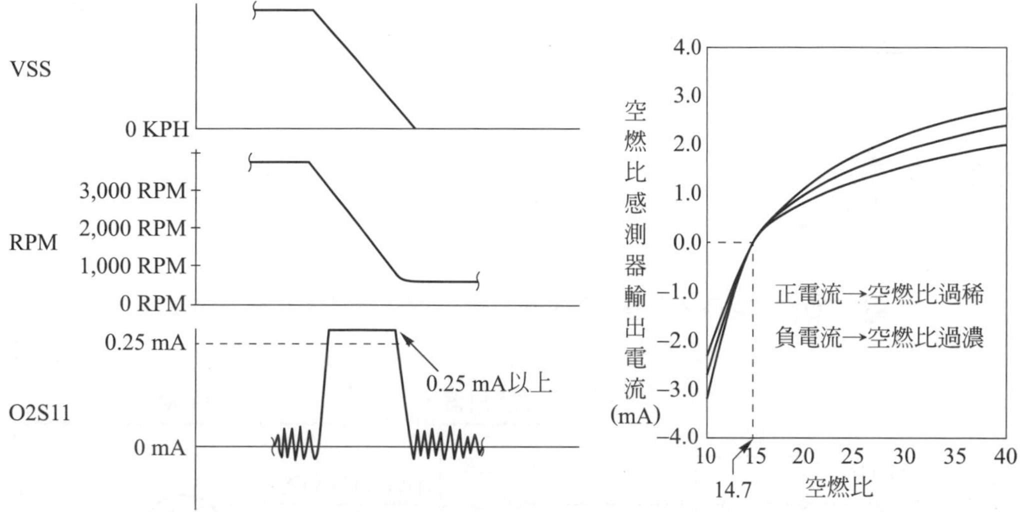


**方法 2：** 利用三用電錶 DCA 檔位-- 如果沒有診斷機，可將 DCA 錶(檔位放在 200 mA)串聯在空燃比感測器之訊號線上，如下圖，再依上述方法 1 將引擎達正常工作溫度，加速至 3000 rpm 以上時完全釋放加速踏板將引擎減速。如上圖所示當減速時，確認空燃比感測器電流為 0.25 mA 以上(請注意在鬆油門減速之瞬間去判讀)。如果不符合規格，更換空燃比感測器。

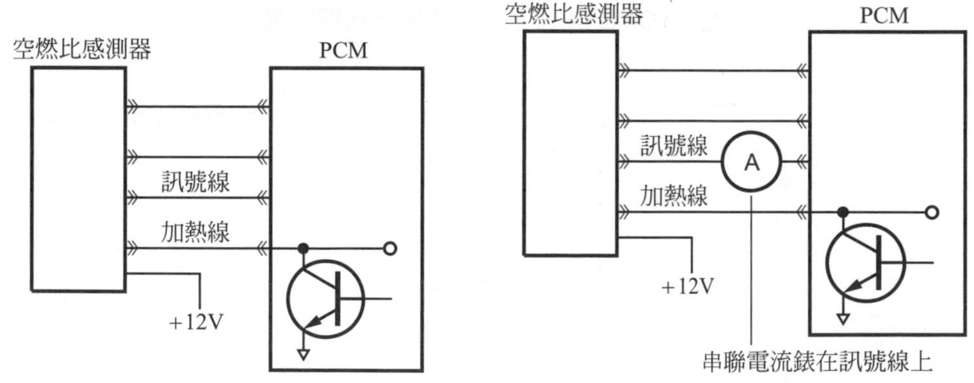


如下圖，TOYOTA 車系有些車型使用此種四線式空燃比感測器(含加熱器)，它採用一種固態電極(二氧化鋯元件)，由電腦監控在理論空燃比時約 3.3V 作為基準電壓，依不同之空燃比變化去作控制。其加熱器要達 750℃以上才能使它正確的偵測作用(一般含氧感測器約 400℃以上)。

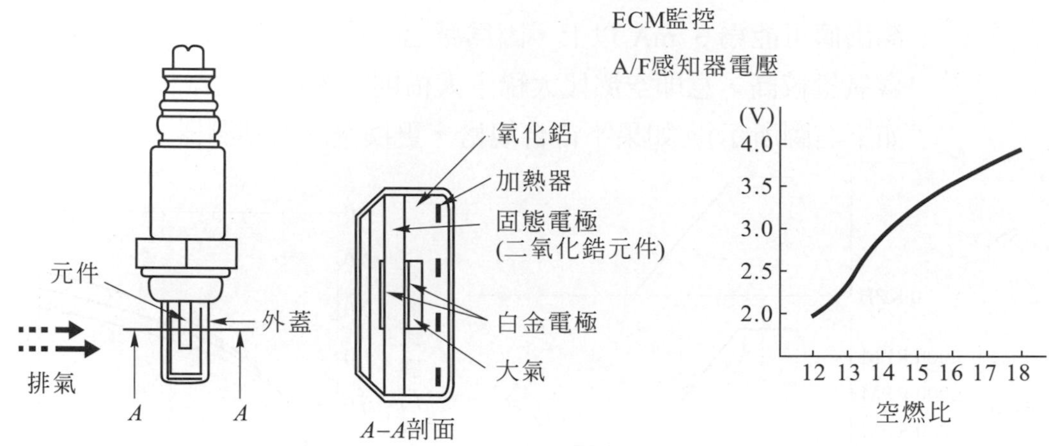


TOYOTA 車系有些車型使用此種四線式空燃比感測器構造圖

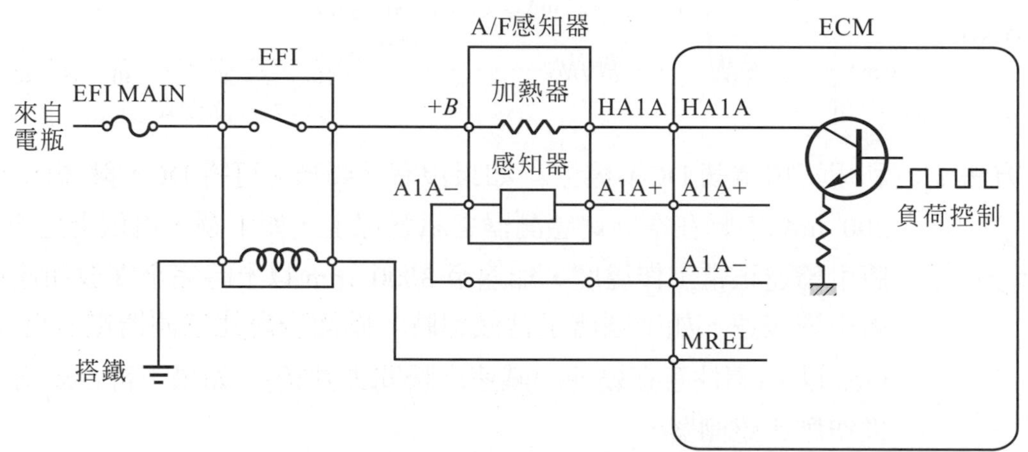


TOYOTA 車系空燃比感測器線路圖

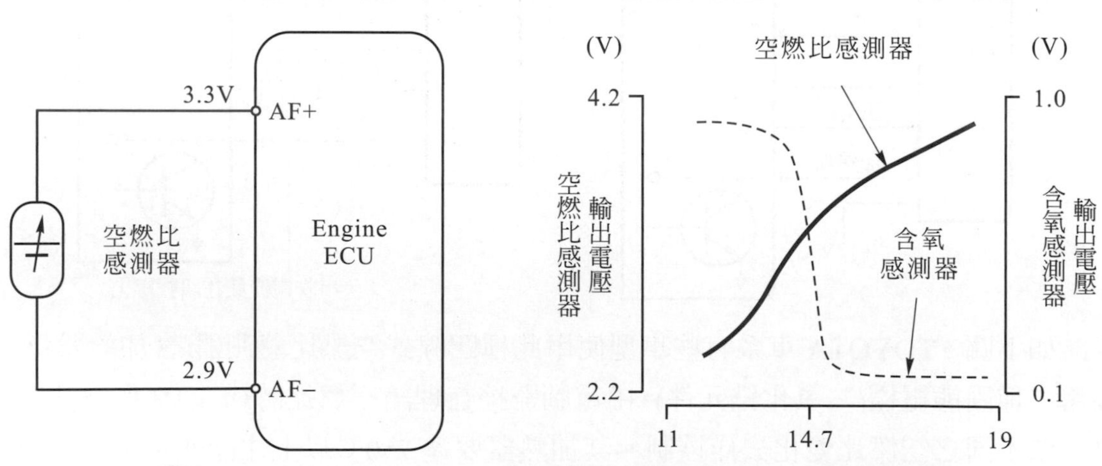


TOYOTA 有些車型採用之空燃比感測器使用 3.3V 作為基準電壓

# 7-2 如何利用長短期燃油修正，去判斷故障點

燃油系統監測有二種調整方法，短期燃油修正(SHRTFT)與長期燃油修正(LONGFT)。短期燃油修正是一個指示短期燃油修正量的參數，短期燃油修正是以百分比(%)的方式表示。負百分比表示混合比太濃，PCM 會嘗試使混合比變稀。原則上，短期燃油修正會保持接近於 0%，但一般可在－20%至+20%間調整。長期燃油修正，是另一個指示長期燃油修正量的參數，長期燃油修正之控制範圍，一般從－20%至+20%，其理想值接近於 0%。(上述短期燃油修正及長期燃油修正之控制範圍各車種設計略為不同，但一般在－20%至+20%，當引擎溫度超過 75℃時)。

短期燃油修正與長期燃油修正是一起工作的。如果 O2S1(前含氧感測器)指示引擎是在濃混合比下運轉，PCM 會藉由將短期燃油修正朝負的範圍移動(減少供油以修正濃燃燒情況)，以修正濃混合比的情況。如果在一段時間後，短期燃油修正仍繼續補償濃混合比狀況，PCM 會"學習"這個狀況，並將長期燃油修正朝負的範圍移動，以作為補償並使短期燃油修正的數值能夠回到接近 0%。

- LONGFT(長期燃油修正)數值若為正 5% 或 10%以上，表示混合比太稀，則可能故障為：進氣歧管或排氣歧管漏氣、噴油嘴堵塞(某缸噴油嘴不噴油)、O2S1 訊號不正常(一直在低電壓)、油壓不足、MAF/MAP/ECT 感測器故障、EVAP 電磁閥不密、PCM 故障或編程錯誤…等。
- LONGFT(長期燃油修正)數值若為負 5% 或 10%以上，表示混合比太濃，則可能故障為：噴油嘴漏油、點火不良、O2S1 訊號不正常(一直在高電壓)、MAF/MAP/ECT 感測器故障、EVAP 電磁閥不密(初始會產生 P0172 系統過濃或 P0170 燃油系統異常，但最後會產生 P0171 系統過稀)、PCM 故障或編程錯誤…等。

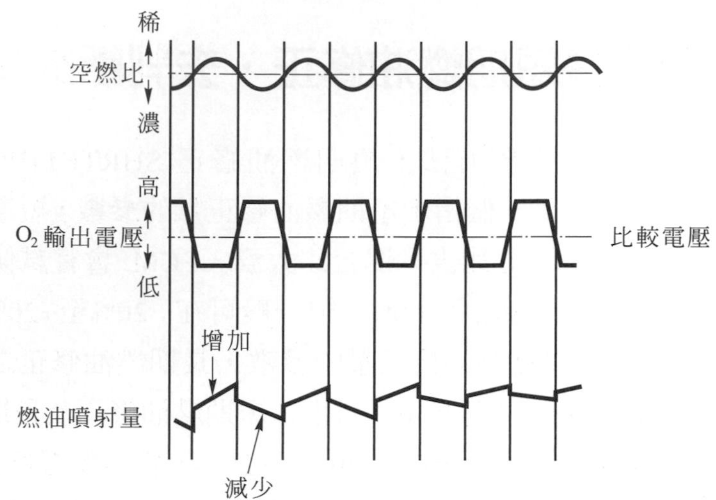


混合比之回饋控制(空燃比、含氧感測器輸出電壓與燃油噴射量三者之關係)

◎ **如何判斷故障點(範例)：**

- 如果某台車 LONGFT 怠速時爲+15%，全負載時爲+3%～0%，則可判斷此故障點爲進氣歧管漏氣。因爲進氣歧管漏氣會影響怠速，對全負載、高速時較不影響。
- 如果某台車 LONGFT 怠速時爲 0%，全負載時爲+20%，則可判斷此故障點爲燃油管路有堵塞。因爲燃油管路有堵塞(例如汽油濾清器堵塞)，在全負載時會使噴油量不足，造成混合比太稀，但對怠速較不影響。

## 查修密技

判讀長、短期燃油修正需在系統閉迴路(Close Loop)下進行，否則修正值會固定。

長期燃油修正值有較大變動時，短期燃油修正值或許不會變動。如須更換零件測試或要夾管路去試漏氣時，建議先消除 ECM 學習值，使長期燃油修正值歸零，才容易看出短期燃油修正值的及時變化。

一般而言，長期燃油修正值需有負荷變化才會修正。

長期燃油修正值歸零方式：將電瓶負極線拆除 10～15 秒(16 位元電腦屬較舊車型)，或 90 秒(32 位元電腦屬較新車型)。

# 7-3　後含氧感知器

◎ **功能**：偵測觸媒轉換器是否作用正常(裝於觸媒轉換器後方)。

◎ **作用原理**：與前含氧感測器作用原理相同，但訊號電壓較為穩定，起伏變化也較小。若訊號電壓值與前含氧感測器相同時，則表示觸媒轉換器不良，此時會產生故障碼，且故障燈會亮起，如下圖。

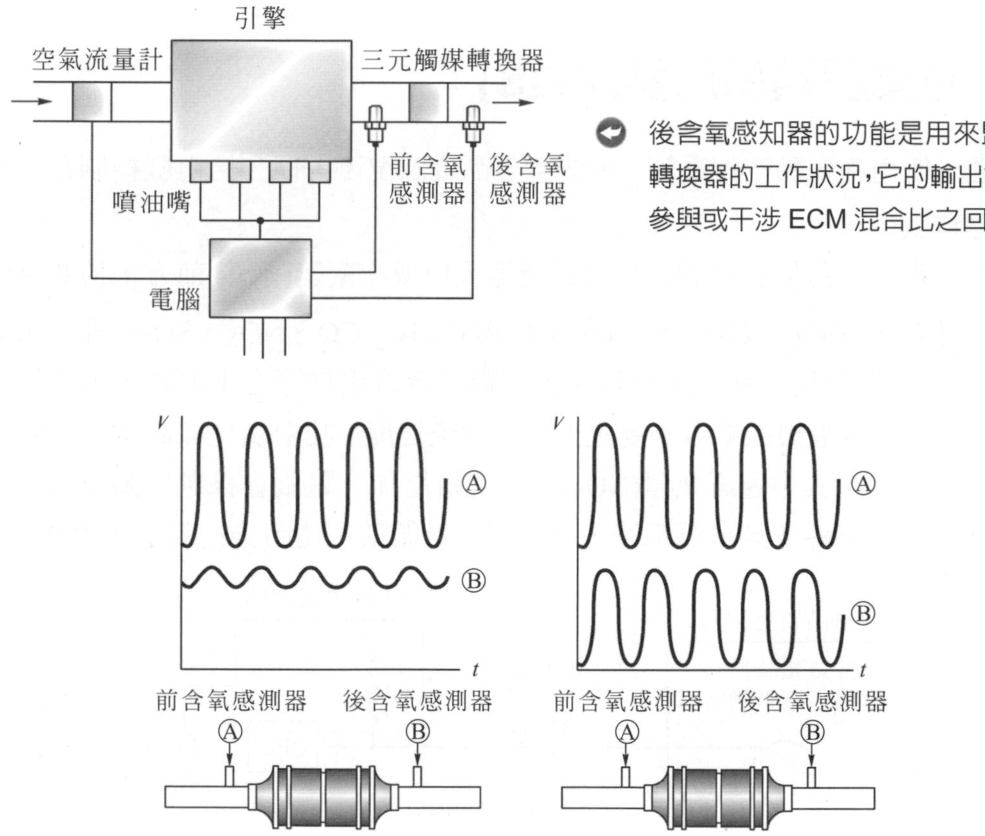


後含氧感知器的功能是用來監視觸媒轉換器的工作狀況，它的輸出訊號並不參與或干涉 ECM 混合比之回饋控制。

◎ **檢測方法**：(與前含氧感測器相同)

**貼心提醒**

一般而言，後含氧感測器之電壓較低，約 0.2～0.6V 較緩慢變動。

**貼心提醒**

若引擎發動中，檢查排氣管排出氣體壓力太小或不順，則可能觸媒轉換器已堵塞或燒毀。觸媒轉換器堵塞會產生引擎無力，嚴重者若怠速太久會造成火燒車(因溫度變高使地毯著火)。而造成觸媒轉換器堵塞原因，可能為引擎耗機油、使用不正確之燃油或機油、PCV 產生油氣過濃…等。

# 7-4 空氣品質感測器(AQS)

◎ **功能：**使用在自動空調系統，偵測空氣品質狀況不好時，給電腦控制在“車內循環模式”。

◎ **作用原理：**一般裝在空調之粉塵過濾器入口或冷凝器(水箱)前方，偵測車外之空氣品質不好時(例如空氣中碳氫化合物 $C_XH_Y$、CO、$NO_X$、$SO_2$…等含量過高時)，感測器利用一種二氧化錫、鎢／錫混合氧化物等之半導體，去告知自動空調電腦，電腦根據電阻的變化來判定污染濃度；其中氧化氣體(CO、HC…)，使電阻降低，其中還原氣體($NO_X$)，使電阻增加。電腦會控制啓動車內循環模式，避免因車外空氣品質不好，而打開外氣循環，使污染空氣進入車內。

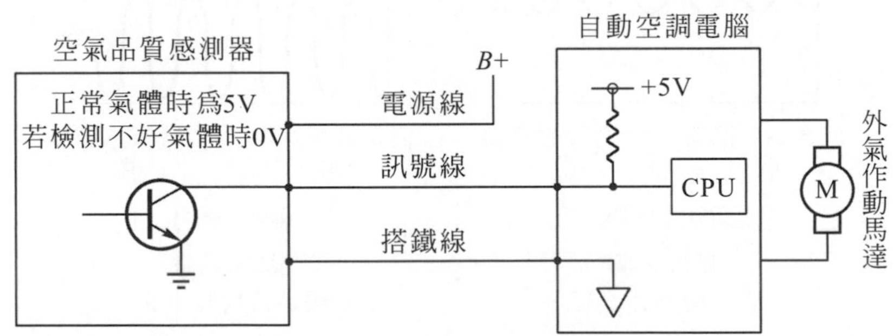


◎ **檢測方法：**通常產生之訊號為 0/5V 方波，若乾淨空氣約為 90% (PWM)，若感知器故障時為 10%，頻率 50Hz，故可用檢測方波之方法去測量。

## 練習題

1. 二氧化鋯前含氧感測器產生哪一種訊號？請出波形(標示縱／橫座標定義及單位)。
2. 二氧化鋯前含氧感測器電腦如何控制修正噴油量？
3. 含氧感測器加熱器的功能？
4. 含氧感測器加熱器的作用原理？
5. 如何使用 DCV 錶檢測二氧化鋯前含氧感測器好壞？請繪出波形(標示縱／橫座標定義及單位)。
6. 當引擎在起動、加速或減速時，前含氧感測器是否作用？
7. 如果含氧感測器正常時，引擎怠速中拔掉進氣歧管之眞空管(增加空氣)，含氧感測器輸出電壓應上升或下降？
8. 如果含氧感測器正常時，引擎怠速中使一缸火星塞不跳火，含氧感測器輸出電壓應上升或下降？
9. 引擎發動中，如果長時間使一缸火星塞不跳火，會產生什麼故障現象？
10. 空燃比感測器的優點？
11. LONGFT(長期燃油修正)數值若爲正 5%或 10%以上，表示混合比太稀或太濃？
12. LONGFT(長期燃油修正)數值若爲負 5%或 10%以上，表示混合比太稀或太濃？
13. 如果某台車 LONGFT 怠速時爲+15%，全負載時爲+3%～0%，可判斷此故障點是什麼？
14. 如何判斷觸媒轉換器不良？

# 8 爆震感測器

## 8-1 爆震感測器

◉ **功能：**偵測引擎是否有產生爆震現象。當引擎有產生爆震時，此訊號會使點火正時(點火提前角度)延後，以避免爆震現象。

◉ **作用原理：**裝在汽缸體旁，大部分使用壓電元件，當引擎產生爆震時，會使壓電元件依爆震大小產生不同頻率之 ACV 電壓。爆震感測器可分為二種，共鳴式及非共鳴式：

(1) 共鳴式爆震感測器：構造如下圖，壓電元件緊貼在震動板上，震動板固定在基座上，壓電元件檢測震動板的震動壓力，轉換成訊號電壓，此型產生之電壓較高，但偵測範圍較小(窄)。

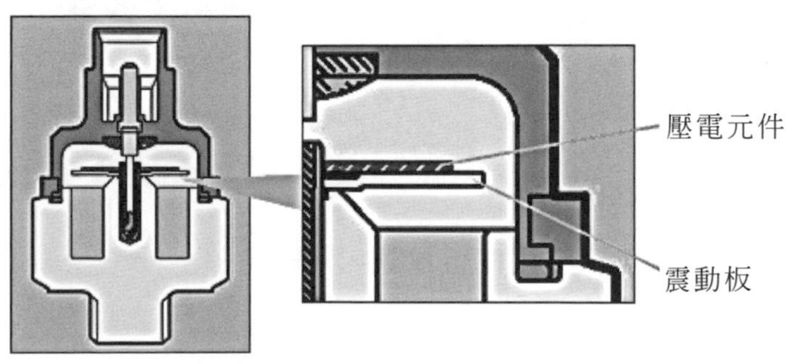


共鳴式爆震感測器之構造

(2) 非共鳴式爆震感測器：構造如下圖，使用配重取代震動板，爆震的震動傳遞到配重，配重慣性的重力(*G*)作用在壓電元件即產生電動勢，偵測範圍較寬，頻率大約 6～15kHz，使用車種較多。

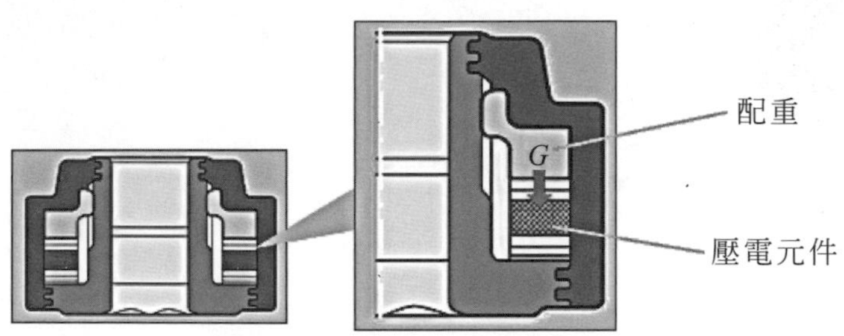


非共鳴式爆震感測器之構造

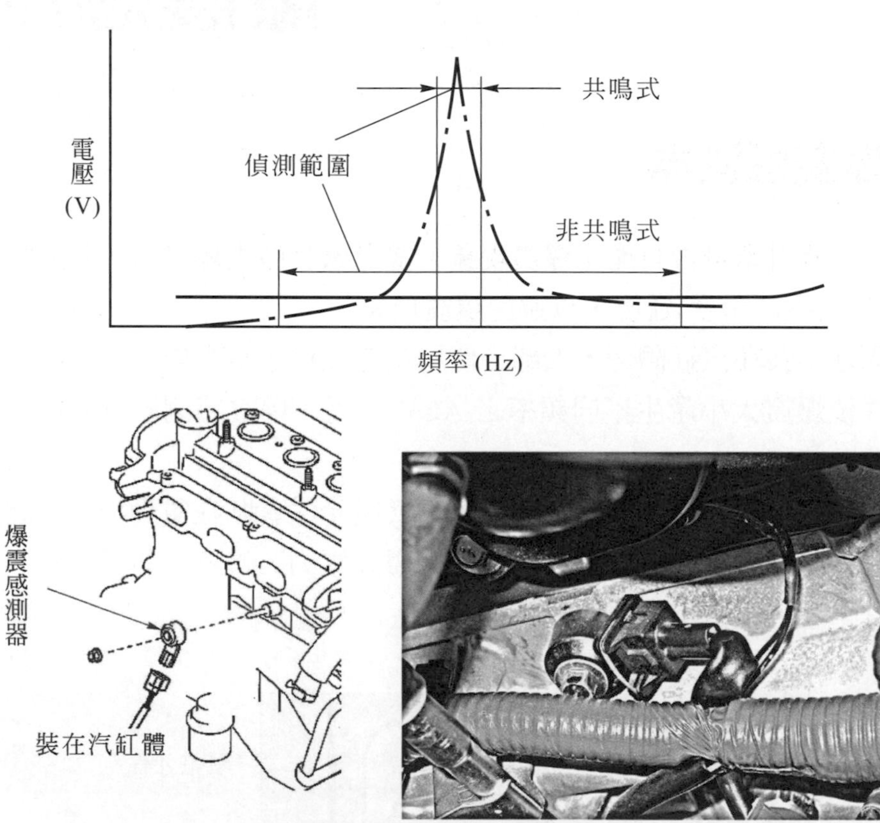


Tiida 爆震感測器

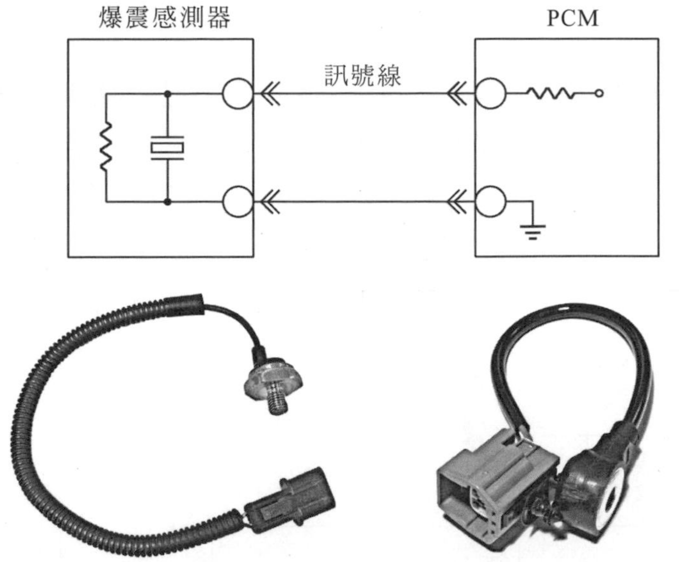


貼心提醒

有些車種會將搭鐵線直接搭鐵外殼，或將搭鐵線包覆在訊號線外面(防止干擾訊號用)，因此只會看到一條訊號線。

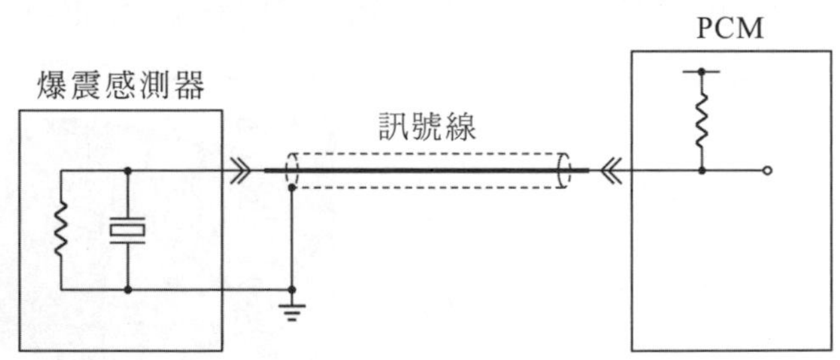


◉ **故障現象：**

- 行駛時加速無力(產生爆震)。
- OD 檔被限制(若有故障碼時)。

◉ **可能故障原因：**

- 爆震感測器故障。
- 爆震感測器線路(斷路或短路到搭鐵)或接頭接觸不良。
- 引擎電腦故障。
- 爆震感測器安裝角度不正確或鬆動。

◉ **檢測方法：**

方法 1： 利用 LED 檢測燈--如下圖接線，引擎發動中急速踩放油門，LED 燈應會閃爍。(視車種，有些車種設計電壓較低可能無法點亮 LED 燈)

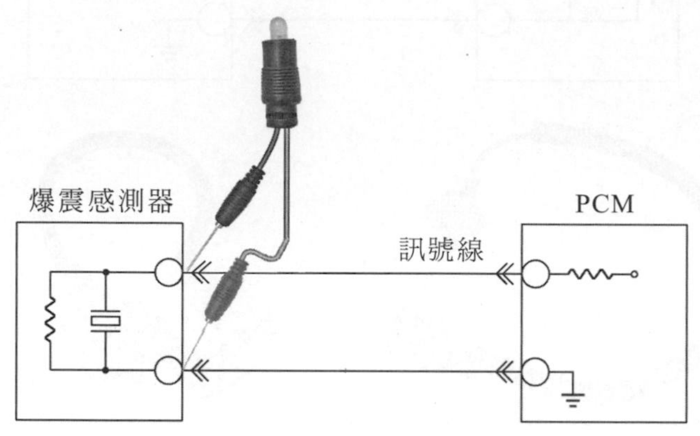


**貼心提醒**

你也可以拆開此感測器接頭，將 LED 測試線一條接搭鐵，一條接訊號線，如下圖，輕敲爆震感測器旁之汽缸體，LED 燈應會亮(較弱)，若加大力量敲擊時，LED 燈會較亮。(視車種，有些車種設計電壓較低可能無法點亮 LED 燈)

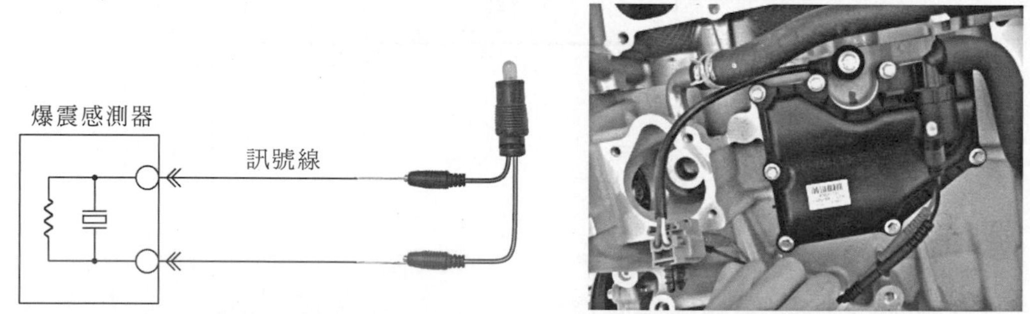


輕敲爆震感測器旁之汽缸體，LED 燈應會閃爍

方法 2： 利用三用電錶 ACV 檔位--拆開此感測器接頭，將電錶測試線任一棒接搭鐵，另一棒接訊號線，輕敲爆震感測器旁之汽缸體，ACV 約 0.5V，若加大力量敲擊時，ACV 可達 2V(視車種數據略有些差異)。

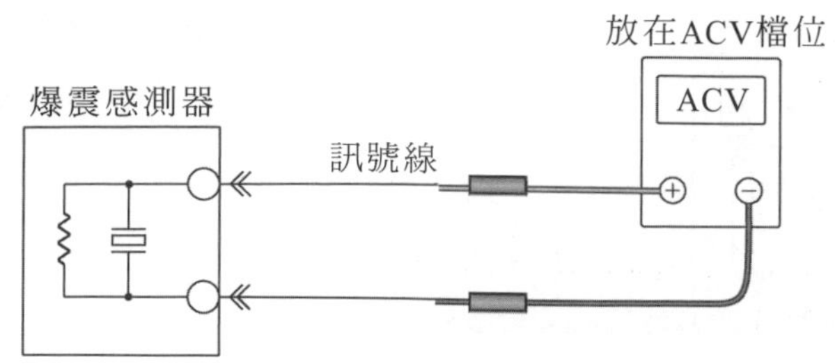


方法 3： 利用頻率 Hz 錶--拆開此感測器接頭，將 Hz 錶一條測試線接搭鐵，另一條測試線接訊號線，輕敲爆震感測器旁之汽缸體，會有 Hz 產生，若加大力量敲擊時，Hz 可達 10kHz。(視車種)

方法 4： 利用正時燈--引擎發動在 2000rpm 下輕敲爆震感測器旁之汽缸體，正常時點火提前角度會變小。(感應到爆震訊號，電腦會控制點火正時延後)

方法 5： 利用示波器--可觀察急加速時電壓波形變化，如下圖。

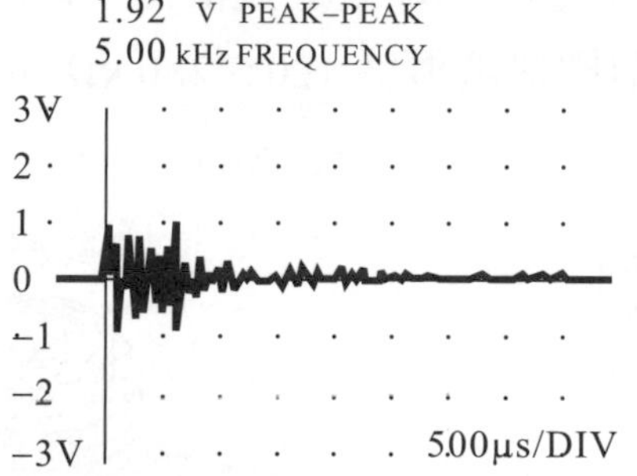


輕敲爆震感測器旁之汽缸體，由示波器可看到此波形

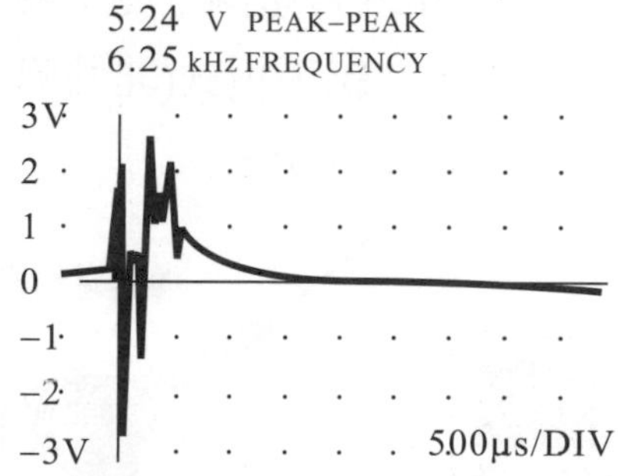


拆下爆震感測器拿在手上輕敲，由示波器可看到此波形

## 貼心提醒

TOYOTA 車系較新車型採用平坦式(非共鳴式)爆震感知器，內裝有一只 200KΩ 電阻，作爲偵測斷路/短路用，若斷路/短路發生時，KNK1 端子電壓會改變，ECM 即偵測到有斷路/短路。因此這種二線式爆震感測器也可用 DCV 錶來測量線路是否斷路及電腦是否正常，當拆開爆震感知器接頭後，正常時 IG ON 由 KNK1 對 EKNK(三用電錶紅棒接 KNK1，黑棒接 EKNK)可測得 5V。

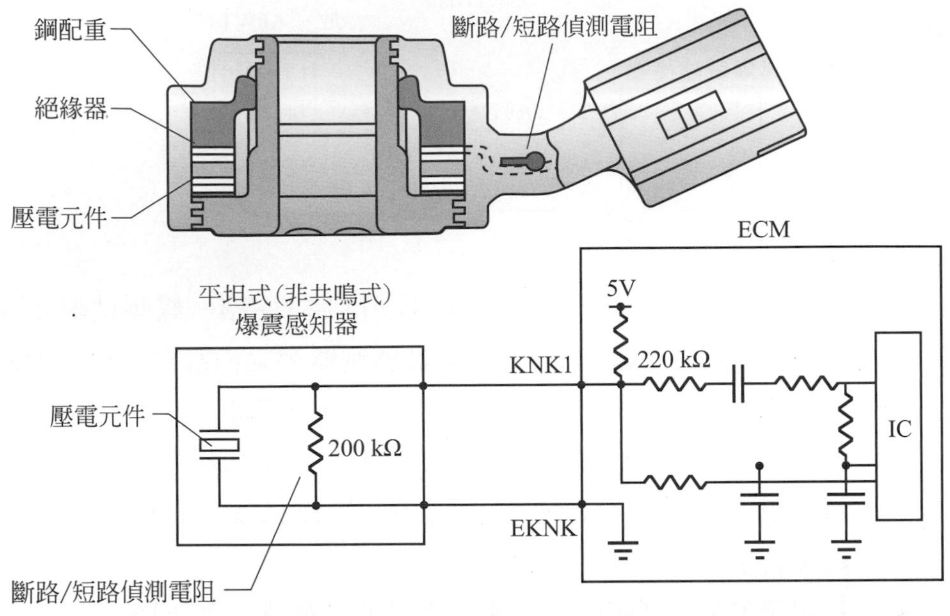


也可使用歐姆錶測量如下圖，單線傳統式(共鳴式)爆震感知器標準電阻為 1 MΩ 以上，二線平坦式(非共鳴式)爆震感知器標準電阻為 120～280 kΩ。

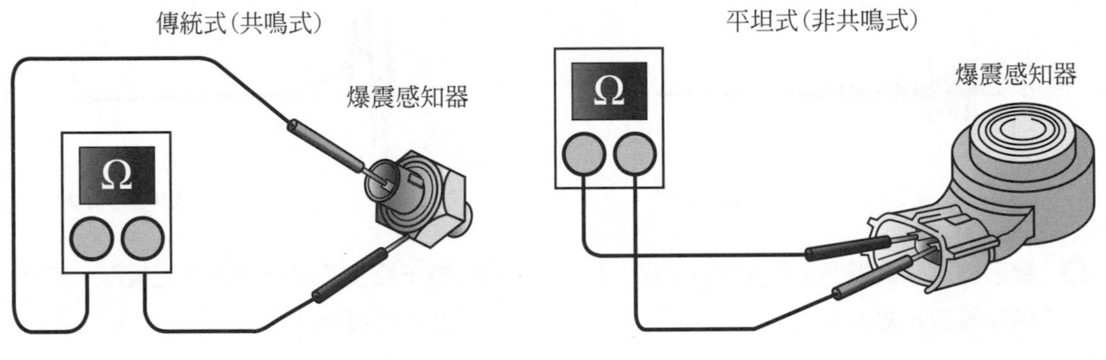


## 練習題

1. 爆震感測器的功能？
2. 爆震感測器產生哪一種訊號？請繪出波形(請標示縱／橫座標定義及單位)
3. 使用正時燈，當引擎發動在 2000rpm 下輕敲爆震感測器旁之汽缸體，正常時點火提前角度會變小或變大？

# 9 其他感測器

## 9-1 光感測器

◉ **功能：**使用在自動空調系統，偵測太陽光照射量，給自動空調電腦調整冷氣吹出的溫度及風量。

◉ **作用原理：**或稱陽光感測器，裝在儀錶板上，是一光電二極體，接收太陽照射量，採平均一段時間所檢測到太陽照射量，避免因為瞬間遮住陽光就使自動空調電腦操作激烈變化。光度愈大，電阻愈小，產生之訊號電壓 DCV 愈小。

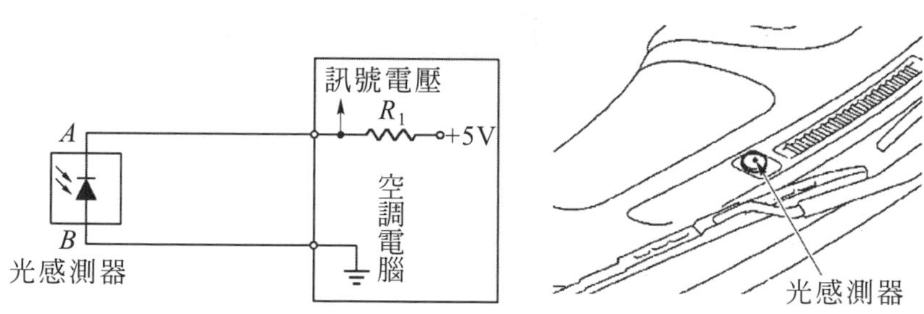

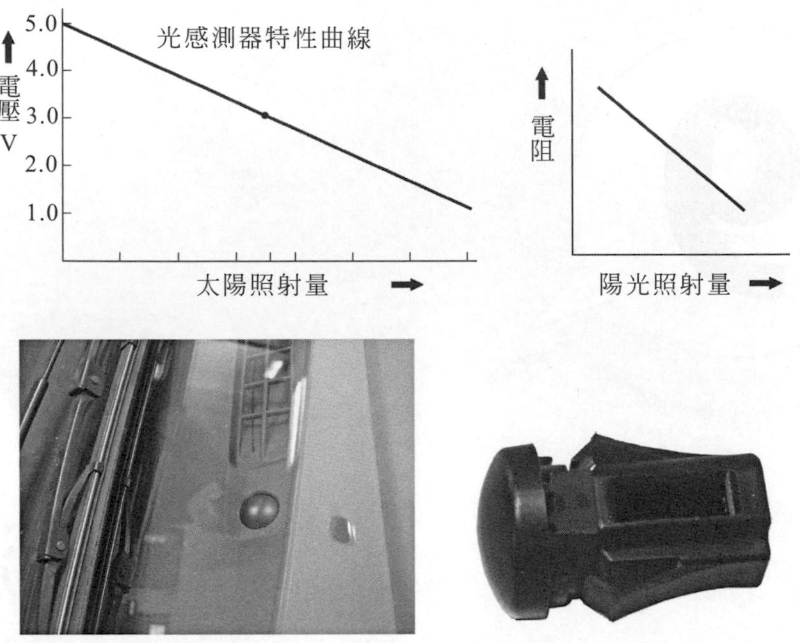


◉ **檢測方法：**

**方法 1：** 拆下光感測器，將二支腳接 DCV 錶，使用 60W 燈泡，在光感測器上方距離 10～15cm 照射，則應大於 0.45V，如下圖。

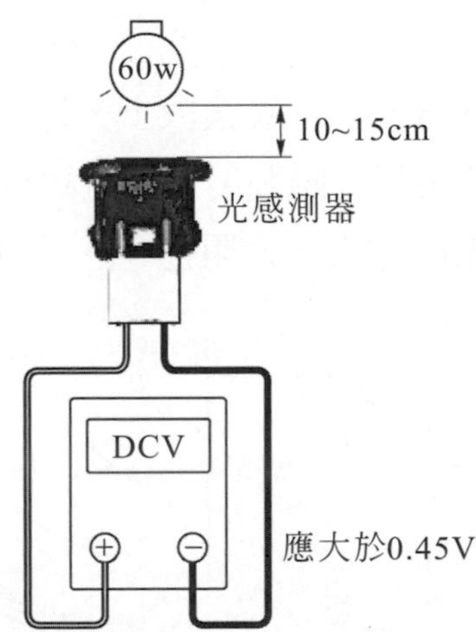


**方法 2：** 利用三用電錶歐姆檔位--拆開此感測器接頭，如下圖接線，用燈泡照射光感測器時，電阻約 10k～40kΩ(視車種)。用布遮住光感測器時，電阻爲無限大(不導通)。

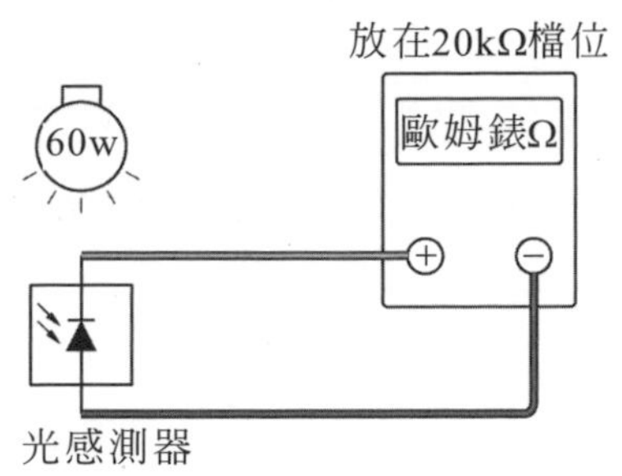


**方法 3：** 利用 LED 檢測燈，如下圖接線，用燈泡照射光感測器時，LED 較不亮。用布遮住光感測器時，LED 會較亮。

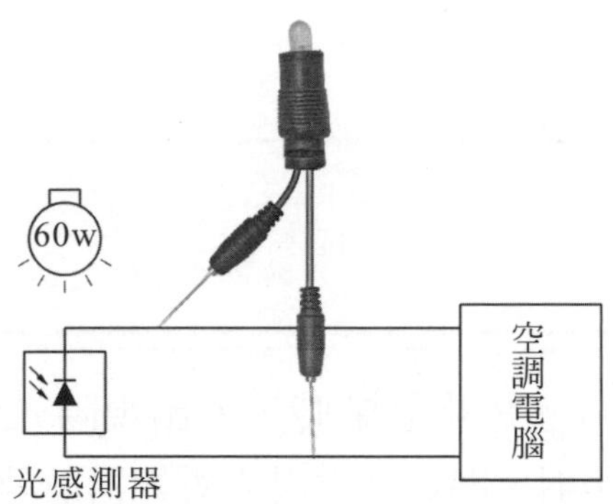


**方法 4：** 利用三用電錶 DCV 檔位--用燈泡照射光感測器時，DCV 電壓會愈低(< 4V)。用布遮住光感測器時，DCV 電壓會愈高(4.5～5V)。

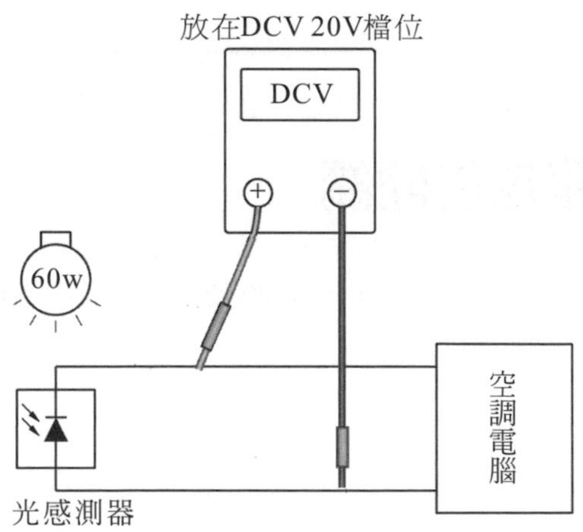

**貼心提醒**

你也可以拆開光感測器，測量 *A* 點是否爲+5V。

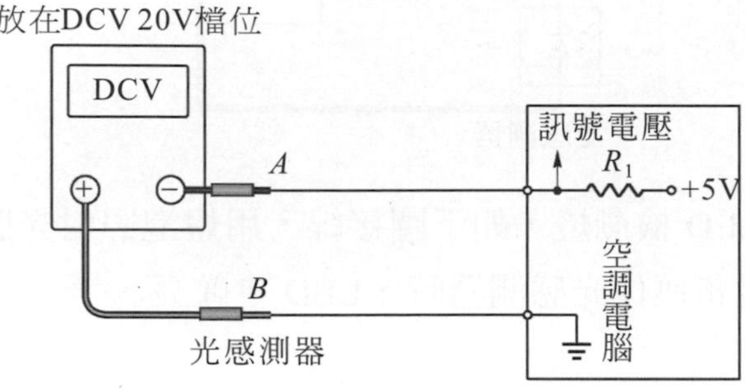


**貼心提醒**

如果使用診斷機是在室內作診斷時，若出現陽光感知器故障碼，是正常的。因爲在室內無陽光照射，即會產生陽光感知器故障碼，但駛至戶外有陽光時，陽光感知器故障碼會自動消失，因此請勿在室內誤判陽光感知器是故障的。另外有車主使用毯子蓋住儀錶板上方的陽光感知器(怕反光或裝飾用)，可能會出現冷氣不冷現象。

# 9-2 自動變速箱檔位開關

◉ **功能：**裝置於自動變速箱上，通常爲偵測駕駛人所選擇檔位，給電腦作爲前進後退之訊號、入檔怠速補償、控制在 *P* 及 *N* 檔位才能起動引擎、在 *R* 檔使倒車燈點亮、在 *P* 檔位有駐車…等功能。

◉ **種類：**一般常見有接點式、可變電阻式、霍爾元件式等三種。

## ◉ 作用原理：

(1) 接點式檔位開關：如下左圖，當 $P$ 點與 $I$ 點(搭鐵)導通時，變速箱電腦即知此時檔位置於 $P$ 檔位。同理，若 $D$ 點與 $I$ 點(搭鐵)導通時，變速箱電腦即知此時檔位置於 $D$ 檔位。下右圖 $BH$ 二點串接到起動馬達控制電路上，控制在 $P$ 及 $N$ 檔位時才能起動引擎。

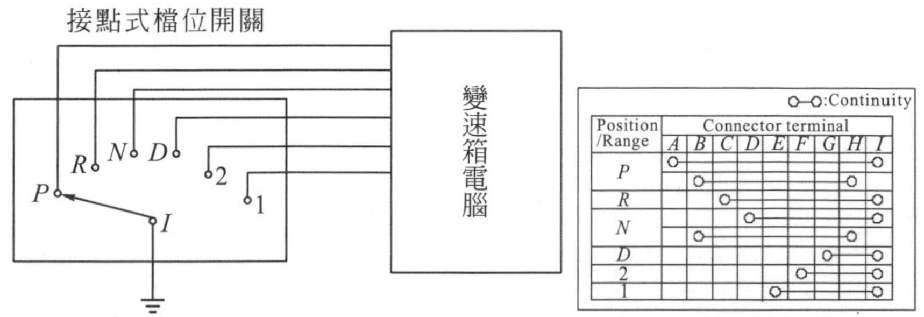


| Position /Range | Connector terminal | | | | | | | | |
|---|---|---|---|---|---|---|---|---|---|
| | A | B | C | D | E | F | G | H | I |
| P | ○ | | | | | | | | ○ |
| | | ○ | | | | | | ○ | |
| R | | | ○ | | | | | | ○ |
| N | | | | ○ | | | | | ○ |
| | | ○ | | | | | | ○ | |
| D | | | | | | | ○ | | ○ |
| 2 | | | | | | ○ | | | ○ |
| 1 | | | | | ○ | | | | ○ |

### 貼心提醒

有些車種檔位開關是控制正電，如右頁上圖。

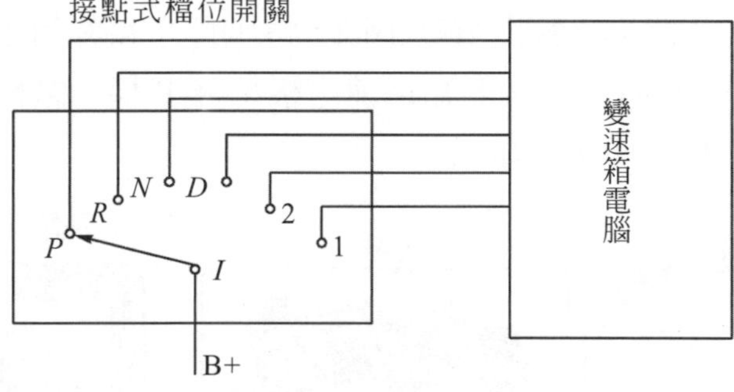


(2) 可變電阻式檔位開關：如下圖，當檔位置於 $P$ 檔位時，測量 $B$ 點與 $C$ 點之電阻應在 4,085～4,515Ω，變速箱電腦即知此時檔位置於 $P$ 檔位。同理，檔位置於 $N$ 檔位時，測量 $B$ 點與 $C$ 點之電阻應在 713～788Ω，變速箱電腦即知此時檔位置於 $N$ 檔位。下右圖 $AF$ 二點串接到起動馬達控制電路上，控制在 $P$ 及 $N$ 檔位時才能起動引擎。$DE$ 二點串接到倒車燈電路，當檔位置於 $R$ 檔位時，倒車燈應點亮。

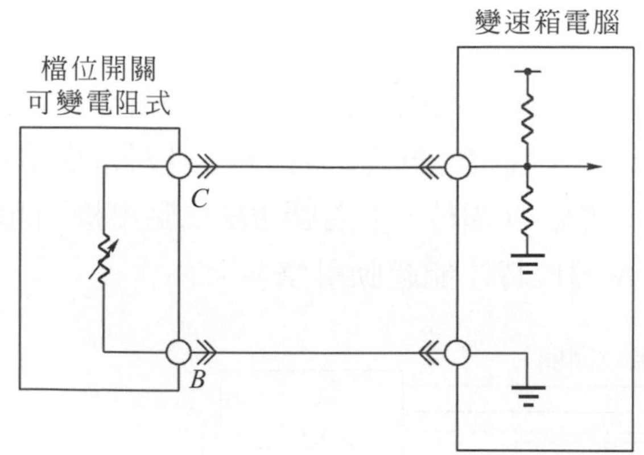


| 端子 | 位置/檔位 | 電阻(歐姆) |
|---|---|---|
| B–C | P | 4,085–4,515 |
| | R | 1,425–1,575 |
| | N | 713–788 |
| | D | 371–409 |

| Position/Range | Connector terminal | | | |
|---|---|---|---|---|
| | A | F | D | E |
| P | O— | —O | | |
| R | | | O— | —O |
| N | O— | —O | | |
| D | | | | |

(3) 霍爾元件式檔位開關：類似霍爾式電子節氣門之構造，都是產生 DCV 訊號電壓，在各檔位之輸出電壓不同，電腦即可得知目前之檔位，如下圖當輸出電壓爲 1V 時，電腦即知目前之檔位爲 P 檔。霍爾元件式檔位開關之優點爲無接點，使用壽命長。

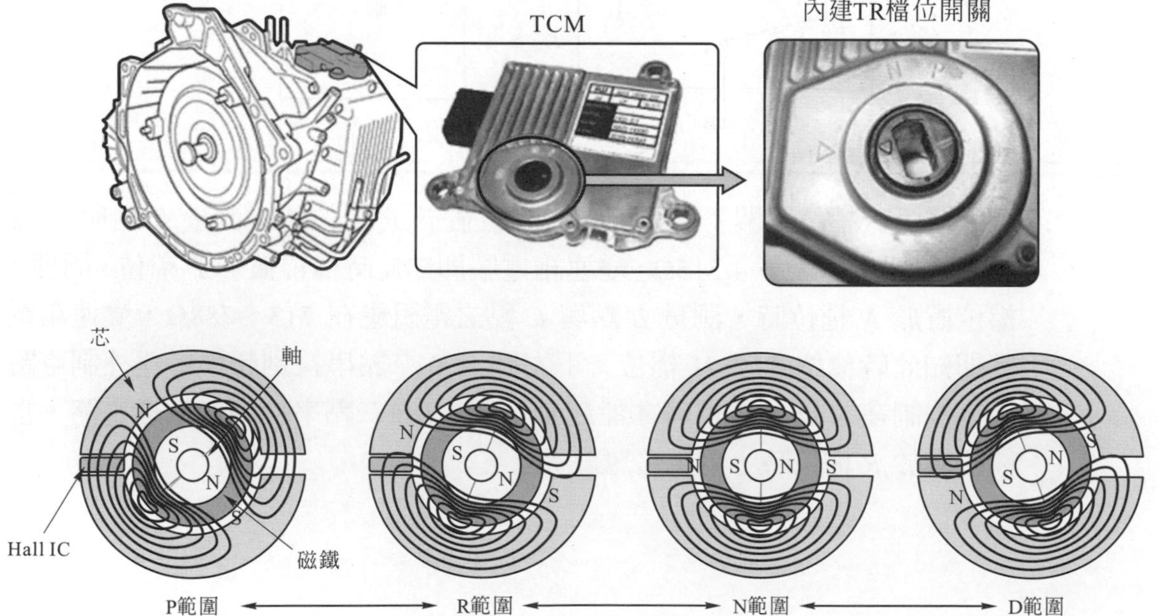

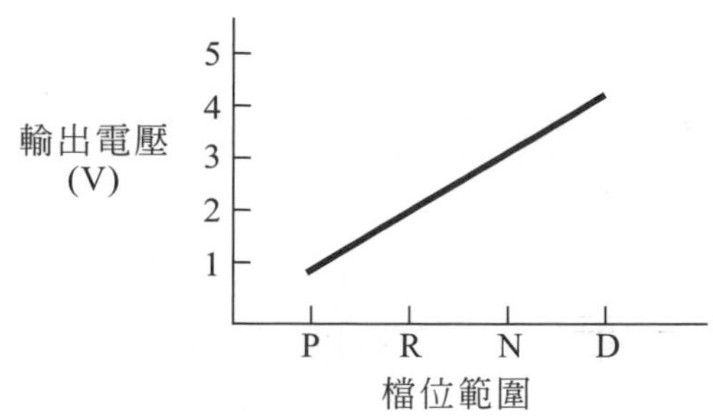


◉ **故障現象：**

- 在 *P* 及 *N* 檔位起動馬達不作動。
- 入檔時怠速抖動或熄火。
- 倒車燈不亮或倒車警告聲不叫。
- 檔位變換異常。

◉ **可能故障原因：**

- 檔位開關故障。
- 檔位開關線路(斷路或短路到搭鐵)或接頭接觸不良。
- 檔位開關調整不當。
- 變速箱電腦故障。

◉ **檢測方法：**

- 接點式檔位開關：只要使用歐姆錶測量各接點導通性(<2Ω)即可。
- 可變電阻式檔位開關：將檔位放在 *N* 檔位時，使用歐姆錶測量 *B* 點與 *C* 點之電阻應在 713～788Ω；其他各檔位之 *B* 點與 *C* 點電阻也應在上表規格中。在 *P* 及 *N* 檔位時使用歐姆錶測量 *A* 點與 *F* 點應導通。在 *R* 檔位時使用歐姆錶測量 *D* 點與 *E* 點應導通。

**查修密技**

如果檔位開關內部積水短路時，會同時有 2 檔位之訊號(可觀察儀錶燈)，此時可能使檔位異常變換。

# 9-3 引擎機油壓力開關

◉ **功能：**偵測引擎機油壓力是否正常，利用機油壓力指示燈告知駕駛員。

◉ **作用原理：**當引擎未發動時，引擎機油壓力開關與搭鐵導通(ON)，儀錶板之機油壓力指示燈亮起。當引擎發動達到規定油壓，引擎機油壓力開關會斷開(OFF)，機油壓力指示燈熄滅。目前車種很多是由引擎電腦經 CAN 輸出訊號給綜合儀錶來控制機油壓力指示燈熄滅。

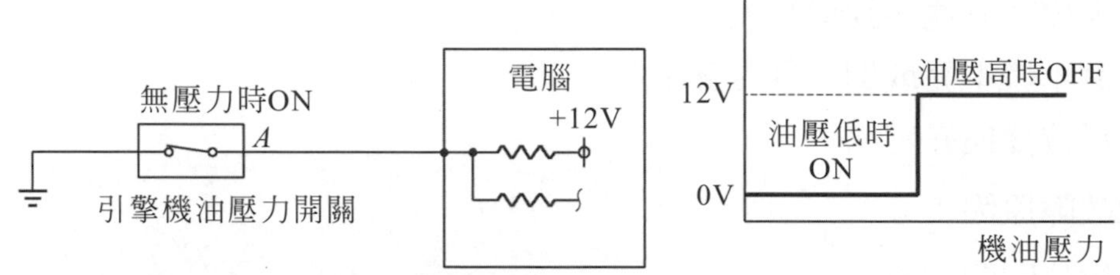


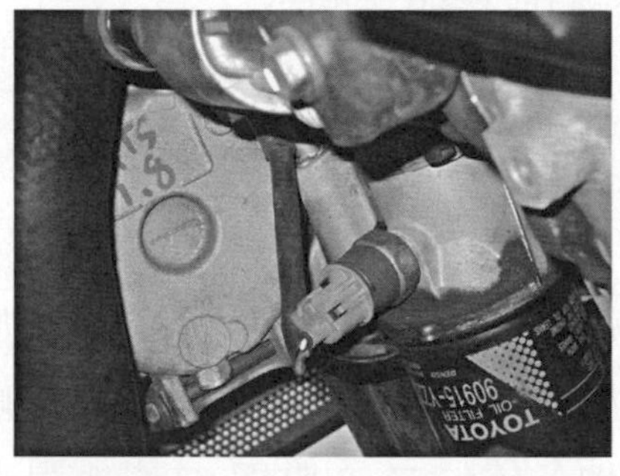


引擎機油壓力開關通常只有一條線，利用開關外殼搭鐵

◉ **檢測方法：**

**方法 1：** 利用 LED 檢測燈--IG SW ON(開紅火)未發動時，測量 *A* 點 LED 不亮；引擎發動時測量 *A* 點 LED 應亮起。

**方法 2：** 利用 DCV 錶--IG SW ON 未發動時，測量 *A* 點電壓應低於 1V 以下，發動引擎時 *A* 點電壓值應爲 *B+*。

**方法 3：** 利用歐姆錶--拆開 *A* 線頭，未發動時，測量開關接頭與搭鐵應導通。

# 9-4　動力轉向壓力開關

◉ **功能：**偵測打方向盤時，告訴電腦將引擎提速，避免引擎因負載增加而使轉速降低，造成熄火或怠速抖動。

◉ **作用原理：**動力轉向壓力開關裝在動力轉向油泵上，屬於一種常開(OFF)油壓開關(方向盤不轉動時爲 OFF)，當方向盤向左或向右打時，達到開關作用壓力時即導通(ON)，此訊號告訴電腦有額外負荷需提速，維持引擎怠速運轉平穩，以避免引擎在轉向時熄火。

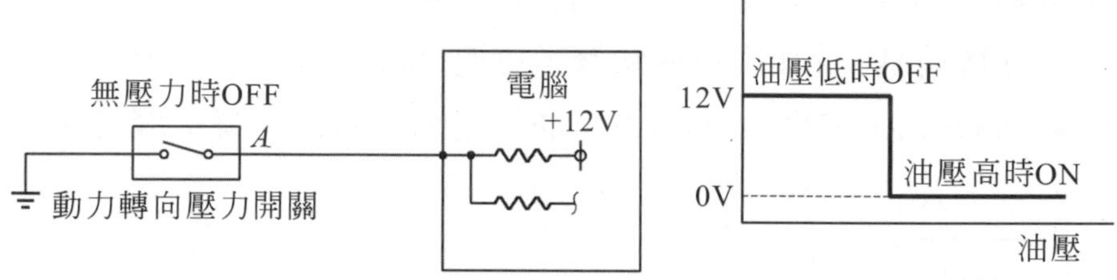


◉ **故障現象：**

- 轉向時會熄火或怠速抖動。
- 耗汽油或怠速太高(當動力轉向壓力開關故障在一直 ON 時)。
- 冷氣不作用(部份車型有此設計)

◉ **可能故障原因：**

- 動力轉向壓力開關故障。
- 動力轉向壓力開關線路(斷路或短路到搭鐵)或接頭接觸不良。
- 引擎電腦故障。

◉ **檢測方法：**

方法 1：利用 LED 檢測燈--IG SW ON(開紅火)未發動時，測量 *A* 點 LED 會亮；發動引擎並轉動方向盤時，測量 *A* 點 LED 應熄滅。

方法 2：利用 DCV 錶--IG SW ON 未發動時，測量 *A* 點電壓應爲 *B*+；發動引擎並轉動方向盤時，*A* 點電壓值應低於 1V 以下。

方法 3：利用歐姆錶--拆開 *A* 線頭，未發動時，測量開關接頭與搭鐵應不導通。

# 9-5 煞車油面開關

◉ **功能：**偵測煞車總泵儲油室油量不足時，警示駕駛員可能煞車系統漏油。

◉ **作用原理：**利用浮筒(內藏有永久磁鐵)上下浮動，當煞車總泵儲油室油量不足時，浮筒下降，則浮筒(永久磁鐵)靠近舌簧開關，使舌簧開關變成導通(0N)，此時煞車油面警示燈即亮起。若油量足夠，則浮筒上升，舌簧開關即不通(OFF)，煞車油面警示燈即不亮。通常煞車油面警示燈與手煞車警示燈共用，當 IG SW ON(開紅火)時，若手煞車未拉(手煞車開關爲 OFF)、煞車油足夠(煞車油位開關爲 OFF)，電腦會控制電晶體 *A* 點使集極與射極導通而搭鐵，使警示燈亮 3 秒後熄滅，此作用爲檢驗警示燈泡是否正常。因此若手煞車未拉時(手煞車開關爲 OFF)，煞車油不足(煞車油位開關爲 ON)，警示燈就會一直亮著。

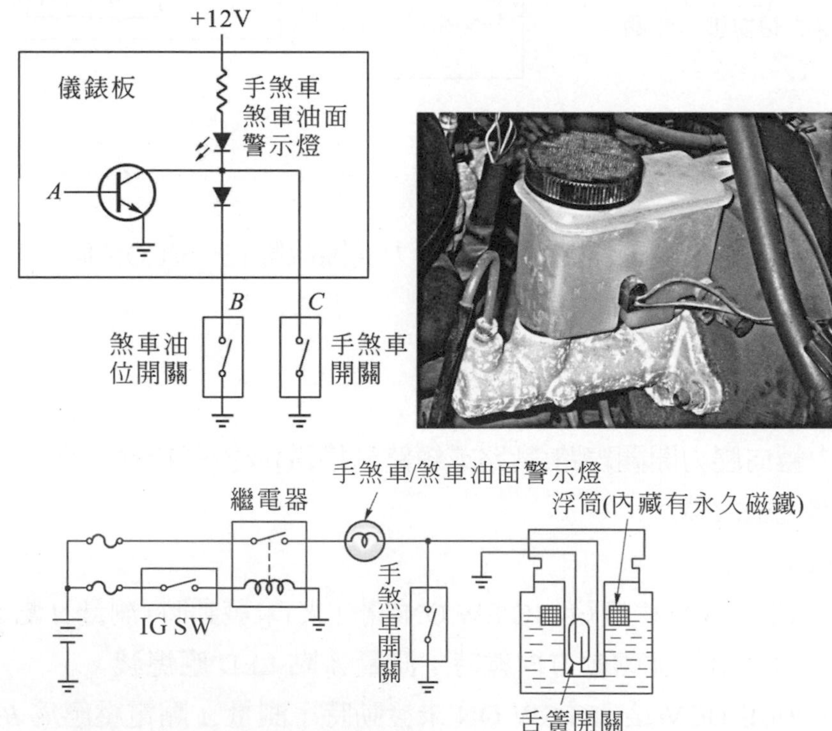

◉ **檢測方法：**

**方法 1：** 利用車上煞車油面警示燈--IG SW ON(開紅火)且手煞車未拉時，3 秒後警示燈應不亮。用手將浮筒往下壓時(浮筒下降，表示煞車油不足，煞車油面開關爲 ON)，此時警示燈應亮著。

**方法 2：** 利用 LED 檢測燈--IG SW ON 且手煞車未拉時，將 LED 測試線一條接 *B* 點，一條接搭鐵。用手將浮筒往下壓時(浮筒下降，表示煞車油不足，煞車油面開關爲 ON)，LED 燈應不亮。當浮筒往上浮時(煞車油面開關爲 OFF)，LED 燈應亮。

**方法 3：** 利用歐姆錶--拆開煞車油面開關接頭，用手將浮筒往下壓時(浮筒下降)，用歐姆錶測量煞車油面開關之二接頭爲 0Ω(導通)。當浮筒往上浮時，則歐姆錶即爲不導通。

**貼心提醒**

使用此種控制方式，尚有雨刷清潔水位、水箱冷卻水位…等，其作用原理與檢測方法均類似。

## 練習題

1. 光感測器的功能？
2. 當陽光照射量愈大，光感測器電阻愈小，產生之訊號電壓 DCV 愈小或愈大？
3. 動力轉向壓力開關的功能？
4. 煞車油面警示燈燈亮時，表示什麼現象？

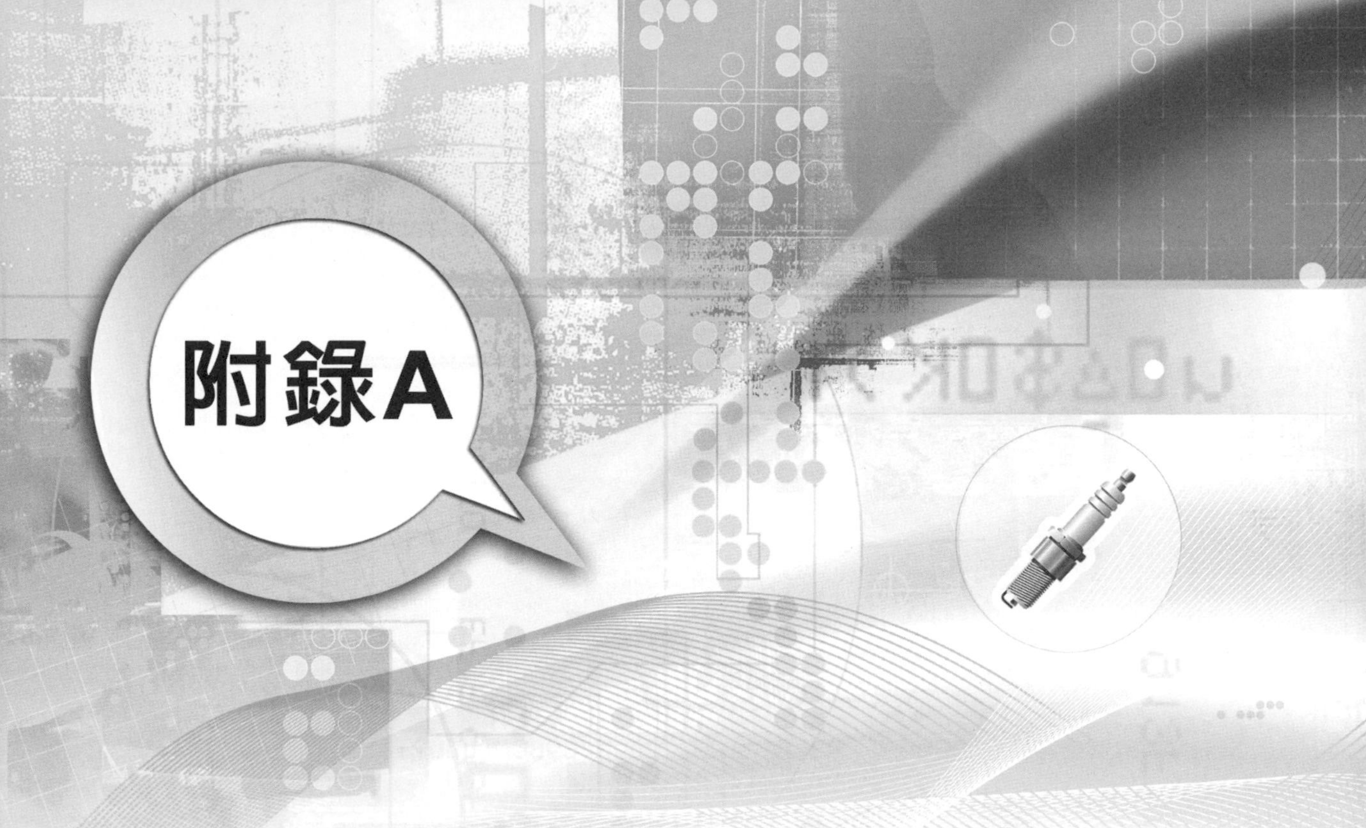


## LED 測試燈使用說明：

1. 一般車輛維修用之 LED 測試燈，通常使用雙向式 LED 燈，所謂雙向式 LED 燈即不分極性，2 條測試線可任意接(+)或(−)極端，只是 LED 燈顯示出來之顏色不同而已(一般常見爲紅及淺綠色光)。因爲不分極性，故使用上極爲方便，你可以不必擔心因極性接錯而造成 LED 不亮或燒毀 LED 燈。
2. LED 測試燈必須再串聯一只 330Ω (或 330～470Ω 均可)之電阻，該電阻功能爲限制流經 LED 之電流及電壓，避免過大而燒毀 LED 燈。一般 LED 能承受之工作電壓大約 1.6～3V(取決於 LED 的顏色種類)，電流約 20～50mA，因此必須串聯此電阻，使用電阻愈大則 LED 亮度較小，此電阻亦可稱爲限流電阻。
3. 由於 LED 檢測燈流經的電流極小(若使用小燈泡當檢測燈，則流經電流較大，較不安全)，因此我們可以很放心地利用它去檢測各種電路，不必擔心因檢測時流經電路的電流太大而造成電路或元件燒毀，是一支很好用、齊全又便宜的檢測儀器。
4. 如果你想要自己製作 LED 測試燈，也可自行至電子材料行購買雙向式 LED 燈及 330Ω (或 330～470Ω 均可)，依下圖焊接即可。

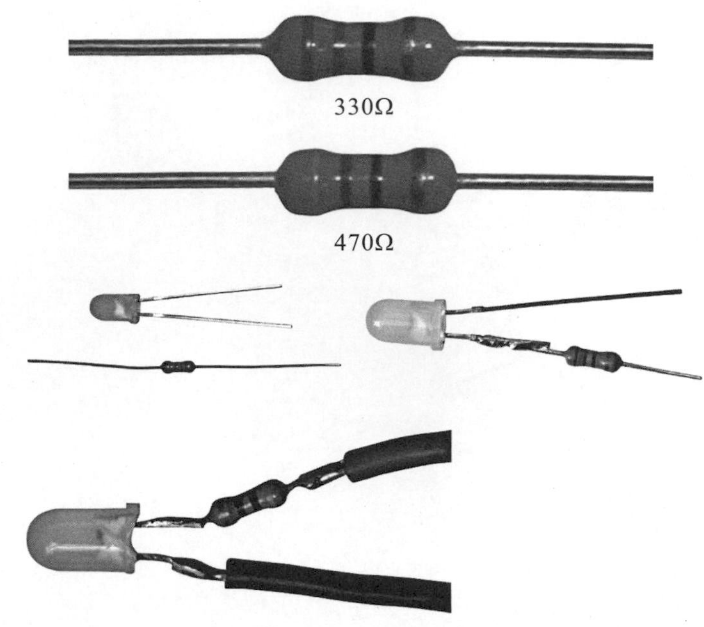


雙向式 LED 燈外表是白色，點亮時一般常見為紅及淺綠色光

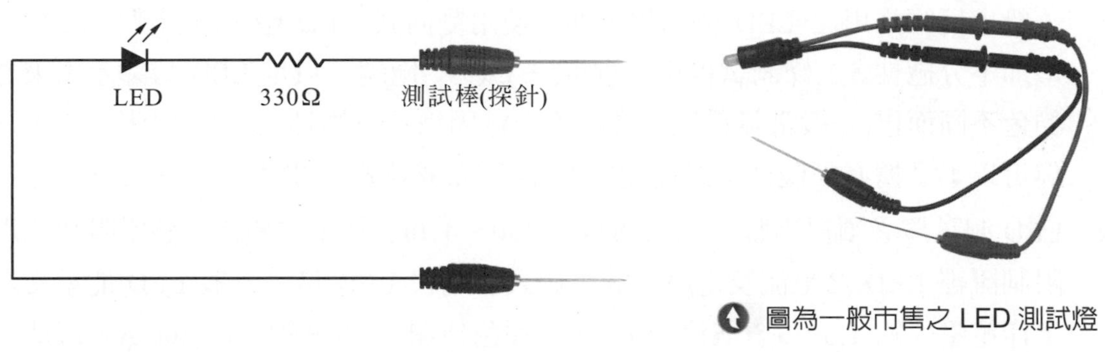


圖為一般市售之 LED 測試燈

## 貼心提醒

此 LED 測試燈還有一個好用的地方，當使用三用電錶或其他測試儀錶時，其測試棒都不夠細來插入接頭端子內，此時可將 LED 測試燈之測試棒拆下來使用，非常方便，如下圖。

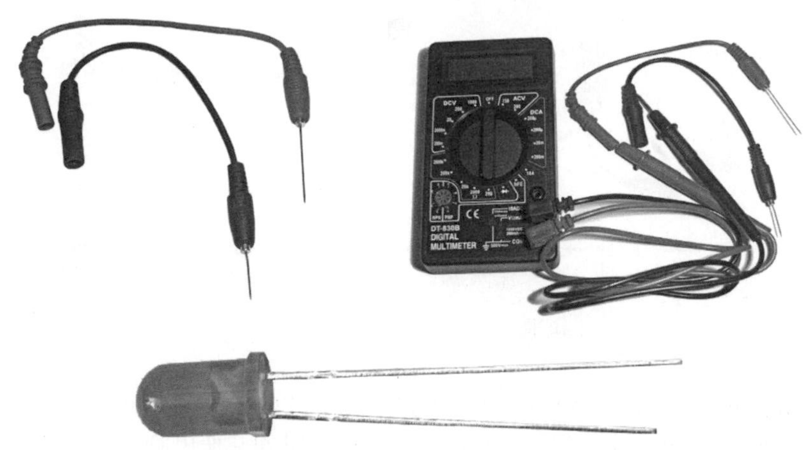


最好不要購買此種單向式 LED 燈，此種單向式 LED 燈必需極性接對才會亮(較長腳要接+)，在實務操作上較不方便。使用雙向式 LED 燈較佳。

## LED 測試燈基本使用方法：

以下介紹一般常用四種基本用法，詳細應用請再參考各章節：

1. 基本方法一：(欲測試電路之正電(+)是否到此點之方法)
   由於此雙向式 LED 燈不分極性，因此只要你把握一個原則，將 LED 測試燈一條測試線夾在良好的搭鐵處 (建議最好夾在電瓶負極端處)，另外一條測試線則可任意去碰觸電路上的任何一點，如果 LED 燈會亮(註一)，表示有正電(*B*+)到該點。此種方法，你可不必擔心電路或元件會損壞，這是使用 LED 測試燈優點之一。

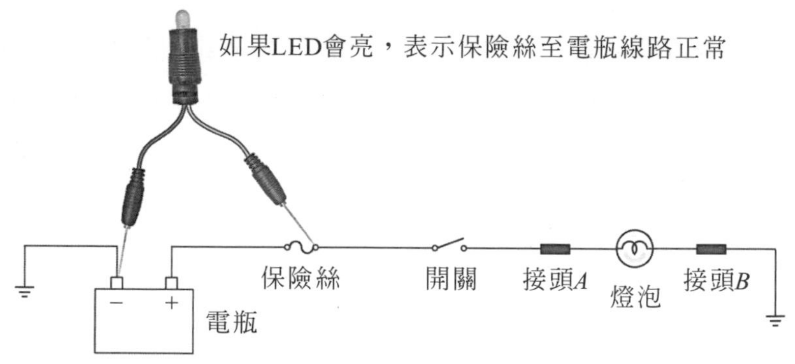

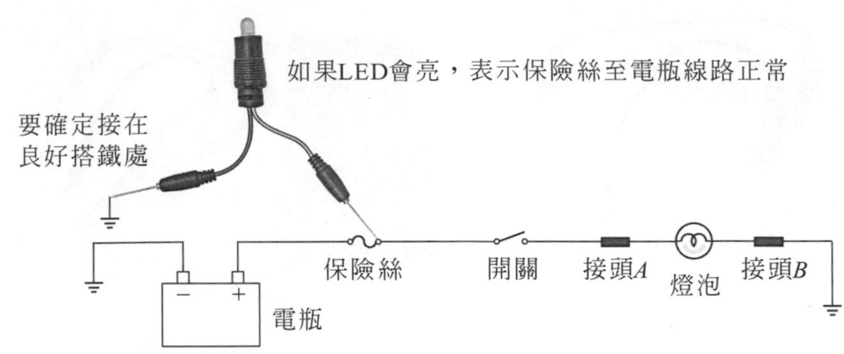


註一：此時最好同時看 LED 燈亮度，如果亮度跟直接將 LED 測試燈兩端碰電瓶(＋)(－)兩端之亮度相同，則表示此點大約為當時電瓶電壓之亮度。(你也可以使用 DCV 錶作確認)

2. 基本方法二：(欲測試電路此點是否為(－)電(即搭鐵)方法)
你可將 LED 測試燈任一條測試線接電瓶(＋)極端，然後將另一條測試線去碰觸電路上欲測量點，即可知該點是否為搭鐵。同時你也可看 LED 燈之亮度，亦可知該點搭鐵是否良好。(請參考上述註一)

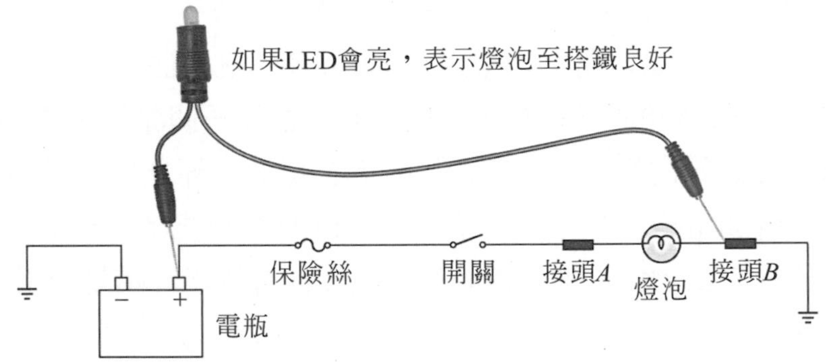


不過此方法建議儘量少用，如果要使用也儘量在瞬間時間完成，因為此種接線等於送正電給電路，雖然經過 LED 及限流電阻，但有些地方仍會觸發電路作用，例如下圖點火電路因接錯腳位，LED 檢測燈錯接 $AC$ 二點，將電源正電 $A$ 經 LED 燈送電至訊號線 $C$，可能會把點火線圈燒毀(會造成電晶體一直導通發燙)，請特別留意。使用 LED 檢測燈作測試，只有此處要注意，只要把握一個原則：將 LED 檢測燈一支測試棒接搭鐵端，另一支測試棒接任何地方，就不易出問題。

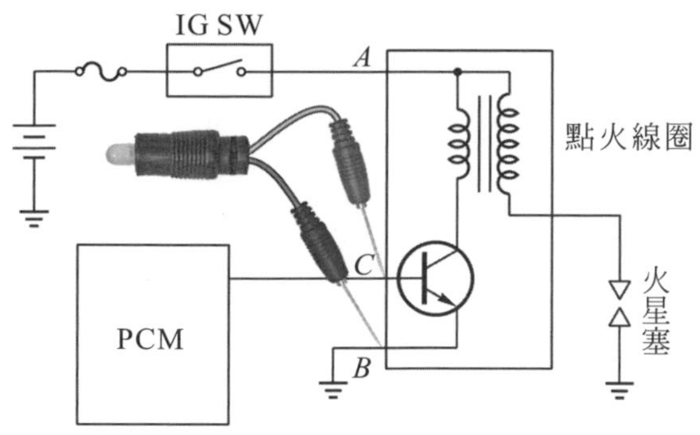


當打馬達或發動中，正常時 LED 燈應會閃爍(連接 *BC* 二點)。如果錯接 *AC* 二點，可能會把點火線圈燒毀。

3. 基本方法三：(欲測試元件是電磁感應式之線圈，即產生 ACV 交流電)
   你可將 LED 測試燈兩條測試線接在該線圈之兩接點，快速轉動轉子(或快速使用起子連續碰觸線圈外殼磁鐵處)，則此時 LED 燈會閃爍(轉子或起子碰觸速度愈快，則 LED 燈閃爍速度會愈快)，但有些車種 LED 亮度會較為微弱，必須仔細看其亮度。

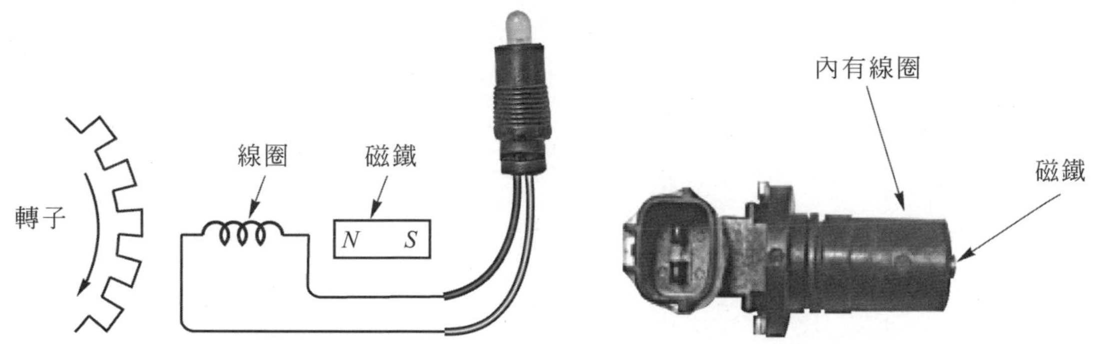


4. 基本方法四：欲測試電路此點是否為方波訊號方法
   你可將 LED 測試燈任一條測試線接在搭鐵，另一條測試線接在方波訊號線上，即可看到 LED 燈閃爍，方波頻率愈快，則 LED 燈閃爍速度愈快。不過請留意若頻率超過 30Hz(每秒 30 次)以上時，則 LED 燈即不易看到閃爍(一直亮著)。

   以上四種為基本方法，要靈活應用在各種電路，請參考各章節。

## 1. 新標準之汽車專有名詞

- 以下爲舊標準和新標準的比較

| 新標準 | | 舊標準 | | 備註 |
|---|---|---|---|---|
| 縮寫 | 名稱 | 縮寫 | 名稱 | |
| AP | Accelerator Pedal<br>加速踏板 | — | Accelerator Pedal<br>加速踏板 | |
| APP | Accelerator Pedal Position<br>加速踏板位置 | — | Accelerator Pedal Position<br>加速踏板位置 | |
| ACL | Air Cleaner<br>空氣濾清器 | — | Air Cleaner<br>空氣濾清器 | |
| A/C | Air Conditioning<br>空調 | — | Air Conditioning<br>空調 | |
| A/F 感知器 | Air Fuel Ratio Sensor<br>空燃比感知器 | — | — | |
| BARO | Barometric Pressure<br>大氣壓力 | — | Atmospheric Pressure<br>大氣壓力 | |
| B+ | Battery Positive Voltage<br>電瓶正極電壓 | $V_B$ | Battery Voltage<br>電瓶電壓 | |
| — | Brake Switch<br>煞車開關 | — | Stoplight Switch<br>煞車燈開關 | |

| 新標準 | | 舊標準 | | 備註 |
|---|---|---|---|---|
| 縮寫 | 名稱 | 縮寫 | 名稱 | |
| — | Calibration Resistor<br>校準電阻 | — | Corrected Resistance<br>修正電阻 | #6 |
| CMP 感知器 | Camshaft Position Sensor<br>凸輪軸位置感知器 | — | Crank Angle Sensor<br>曲軸角度感知器 | |
| LOAD | Calculated Load Voltage<br>計算的負載電壓 | — | — | |
| CAC | Charge Air Cooler<br>增壓進氣冷卻器 | — | Intercooler<br>中間冷卻器 | |
| CLS | Closed Loop System<br>閉迴路系統 | — | Feedback System<br>回饋系統 | |
| CTP | Closed Throttle Position<br>關閉的節氣閥位置 | — | Fully Closed<br>完全關閉 | |
| CPP | Clutch Pedal Position<br>離合器踏板位置 | — | Clutch Position<br>離合器位置 | |
| CIS | Continuous Fuel Injection System<br>連續燃油噴射系統 | EGI | Electronic Gasoline Injection System<br>電子汽油噴射系統 | |
| CS 感知器 | Control Sleeve Sensor<br>控制套感知器 | CSP 感知器 | Control Sleeve Position Sensor<br>控制套位置感知器 | #6 |
| CKP 感知器 | Crankshaft Position Sensor<br>曲軸位置感知器 | — | Crank Angle Sensor 2<br>曲軸角度感知器 2 | |
| DLC | Data Link Connector<br>資料連結接頭 | — | Diagnosis Connector<br>診斷接頭 | |
| DTM | Diagnostic Test Mode<br>診斷測試模式 | — | Test Mode<br>測試模式 | #1 |
| DTC | Diagnostic Trouble Code(s)<br>診斷故障碼 | — | Service Code(s)<br>維修碼 | |
| DI | Distributor Ignition<br>分電盤點火 | — | Spark Ignition<br>火花點火 | |
| DLI | Distributorless Ignition<br>無分電盤式點火 | — | Direct Ignition<br>直接點火 | |
| EI | Electronic Ignition<br>電子點火 | — | Electronic Spark Ignition<br>電子火花點火 | #2 |
| ECT | Engine Coolant Temperature<br>引擎冷卻液溫度 | — | Water Thermo<br>水溫 | |
| EM | Engine Modification<br>引擎變更 | — | Engine Modification<br>引擎變更 | |

| 新標準 | | 舊標準 | | 備註 |
|---|---|---|---|---|
| 縮寫 | 名稱 | 縮寫 | 名稱 | |
| — | Engine Speed Input Signal<br>引擎轉速輸入訊號 | — | Engine RPM Signal<br>引擎 RPM 訊號 | |
| EVAP | Evaporative Emission<br>蒸發油氣排放 | — | Evaporative Emission<br>蒸發油氣排放 | |
| EGR | Exhaust Gas Recirculation<br>排氣再循環 | — | Exhaust Gas Recirculation<br>排氣再循環 | |
| FC | Fan Control<br>風扇控制 | — | Fan Control<br>風扇控制 | |
| FF | Flexible Fuel<br>多功能燃油 | — | Flexible Fuel<br>多功能燃油 | |
| 4GR | Fourth Gear<br>四檔 | — | Overdrive<br>超速驅動 | |
| — | Fuel Pump Relay<br>燃油泵浦繼電器 | — | Circuit Opening Relay<br>迴路開啓繼電器 | #3 |
| FSO 電磁閥 | Fuel Shut Off Solenoid<br>燃油切斷電磁閥 | FCV | Fuel Cut Valve<br>燃油切斷閥 | #6 |
| GEN | Generator<br>發電機 | — | Alternator<br>發電機 | |
| GND | Ground<br>搭鐵 | — | Ground/Earth<br>搭鐵/接地 | |
| HO2S | Heated Oxygen Sensor<br>加熱式含氧感知器 | — | Oxygen Sensor<br>含氧感知器 | 配備加熱器 |
| IAC | Idle Air Control<br>怠速空氣控制 | — | Idle Speed Control<br>怠速控制 | |
| — | IDM Relay<br>IDM 繼電器 | — | Spill Valve Relay<br>溢流閥繼電器 | #6 |
| — | Incorrect Gear Ratio<br>不正確的齒輪比 | — | — | |
| — | Injection Pump<br>噴射泵浦 | FIP | Fuel Injection Pump<br>燃油噴射泵浦 | #6 |
| — | Input/Turbine Speed Sensor<br>輸入/渦輪速度感知器 | — | Pulse Generator<br>脈衝產生器 | |
| IAT | Intake Air Temperature<br>進氣溫度 | — | Intake Air Thermo<br>進氣溫度 | |
| KS | Knock Sensor<br>爆震感知器 | — | Knock Sensor<br>爆震感知器 | |

| 新標準 | | 舊標準 | | 備註 |
|---|---|---|---|---|
| 縮寫 | 名稱 | 縮寫 | 名稱 | |
| MIL | Malfunction Indicator Lamp<br>故障指示燈 | — | Malfunction Indicator Light<br>故障指示燈 | |
| MAP | Manifold Absolute Pressure<br>歧管絕對壓力 | — | Intake Air Pressure<br>進氣壓力 | |
| MAF | Mass Air Flow<br>質量空氣流量 | — | Mass Air Flow<br>質量空氣流量 | |
| MAF 感知器 | Mass Air Flow Sensor<br>質量空氣流量感知器 | — | Airflow Sensor<br>進氣流量感知器 | |
| MFI | Multiport Fuel Injection<br>多點燃油噴射 | — | Multiport Fuel Injection<br>多點燃油噴射 | |
| OBD | On-Board Diagnostic<br>車上診斷 | — | Diagnosis/Self Diagnosis<br>診斷/自我診斷 | |
| OL | Open Loop<br>開迴路 | — | Open Loop<br>開迴路 | |
| — | Output Speed Sensor<br>輸出速度感知器 | — | Vehicle Speed Sensor 1<br>車速感知器 1 | |
| OC | Oxidation Catalytic Converter<br>氧化觸媒轉換器 | — | Catalytic Converter<br>觸媒轉換器 | |
| O2S | Oxygen Sensor<br>含氧感知器 | — | Oxygen Sensor<br>含氧感知器 | |
| PNP | Park/Neutral Position<br>駐車/空檔位置 | — | Park/Neutral Range<br>駐車/空檔範圍 | |
| PID | Parameter Identification<br>參數識別 | — | Parameter Identification<br>參數識別 | |
| — | PCM Control Relay<br>PCM 控制繼電器 | — | Main Relay<br>主繼電器 | #6 |
| PSP | Power Steering Pressure<br>動力轉向壓力 | — | Power Steering Pressure<br>動力轉向壓力 | |
| PCM | Powertrain Control Module<br>動力系統控制模組 | ECU | Engine Control Unit<br>引擎控制單元 | #4 |
| — | Pressure Control Solenoid<br>壓力控制電磁閥 | — | Line Pressure Solenoid Valve<br>管路壓力電磁閥 | |

| 新標準 | | 舊標準 | | 備註 |
|---|---|---|---|---|
| 縮寫 | 名稱 | 縮寫 | 名稱 | |
| PAIR | Pulsed Secondary Air Injection<br>脈衝式二次空氣噴射 | – | Secondary Air Injection System<br>二次空氣噴射系統 | 脈衝噴射 |
| – | Pump Speed Sensor<br>泵浦速度感知器 | – | NE Sensor<br>NE 感知器 | #6 |
| RAM | Random Access Memory<br>隨機存取記憶體 | – | – | |
| AIR | Secondary Air Injection<br>二次空氣噴射 | – | Secondary Air Injection System<br>二次空氣噴射系統 | 利用空氣泵浦噴射 |
| SAPV | Secondary Air Pulse Valve<br>二次空氣脈衝閥 | – | Reed Valve<br>簧片閥 | |
| SFI | Sequential Multipoint Fuel Injection<br>序列多點燃油噴射 | – | Sequential Fuel Injection<br>序列燃油噴射 | |
| – | Shift Solenoid A<br>換檔電磁閥 A | – | 1–2 Shift Solenoid Valve<br>1-2 換檔電磁閥 | |
| | | – | Shift A Solenoid Valve<br>換檔 A 電磁閥 | |
| – | Shift Solenoid B<br>換檔電磁閥 B | – | 2–3 Shift Solenoid Valve<br>2-3 換檔電磁閥 | |
| | | – | Shift B Solenoid Valve<br>換檔 B 電磁閥 | |
| – | Shift Solenoid C<br>換檔電磁閥 C | – | 3–4 Shift Solenoid Valve<br>3-4 換檔電磁閥 | |
| 3GR | Third Gear<br>三檔 | – | 3rd Gear<br>3 檔 | |
| TWC | Three Way Catalytic Converter<br>三元觸媒轉換器 | – | Catalytic Converter<br>觸媒轉換器 | |
| TB | Throttle Body<br>節氣閥體 | – | Throttle Body<br>節氣閥體 | |
| TP | Throttle Position<br>節氣閥位置 | – | – | |
| TP 感知器 | Throttle Position Sensor<br>節氣閥位置感知器 | – | Throttle Sensor<br>節氣閥感知器 | |
| TCV | Timer Control Valve<br>計時器控制閥 | TCV | Timing Control Valve<br>正時控制閥 | #6 |

| 新標準 | | 舊標準 | | 備註 |
|---|---|---|---|---|
| 縮寫 | 名稱 | 縮寫 | 名稱 | |
| TCC | Torque Converter Clutch<br>扭力轉換器離合器 | — | Lockup Position<br>鎖定位置 | |
| TCM | Transmission Control Module<br>變速箱控制模組 | — | EC-AT Control Unit<br>EC-AT 控制單元 | |
| — | Transmission (Transaxle) Fluid Temperature Sensor<br>變速箱油溫度感知器 | — | ATF Thermosensor<br>ATF 溫度感知器 | |
| TR | Transmission (Transaxle) Range<br>變速箱(聯合傳動器)檔位 | — | Inhibitor Position<br>抑制器位置 | |
| TC | Turbocharger<br>渦輪增壓器 | — | Turbocharger<br>渦輪增壓器 | |
| VSS | Vehicle Speed Sensor<br>車速感知器 | — | Vehicle Speed Sensor<br>車速感知器 | |
| VR | Voltage Regulator<br>電壓調整器 | — | IC Regulator<br>IC 調整器 | |
| VAF 感知器 | Volume Air Flow Sensor<br>容積空氣流量感知器 | — | Air Flow Sensor<br>進氣流量感知器 | |
| WUTWC | Warm Up Three Way Catalytic Converter<br>暖車三元觸媒轉換器 | — | Catalytic Converter<br>觸媒轉換器 | #5 |
| WOT | Wide Open Throttle<br>節氣閥全開 | — | Fully Open<br>全開 | |

#1：診斷故障碼依據診斷測試模式而定

#2：由 PCM 控制

#3：在某些車型中，配備有一個控制泵浦速度的燃油泵浦繼電器。此繼電器現在被稱爲燃油泵浦繼電器(速度)。

#4：控制引擎和動力傳動的裝置

#5：直接連接到排氣歧管

#6：柴油引擎的零件名稱

## 2. 縮寫汽車專有名詞之中英對照表

| 縮寫 | 英文 | 中文 |
|---|---|---|
| AAS | Active Adaptive Shift | 主動調適換檔 |
| ABS | Antilock Brake System | 防鎖煞車系統 |
| ABDC | After Bottom Dead Center | 下死點後 |
| ACC | Accessories | 附加配件 |
| AFS | Adaptive Front lighting System | 自動調整前照明系統 |
| ALC | Auto Level Control | 自動水平控制 |
| ALR | Automatic Locking Retractor | 自動鎖定牽引器 |
| ATDC | After Top Dead Center | 上死點後 |
| ATF | Automatic Transaxle Fluid | 自動變速箱油 |
| ATX | Automatic Transaxle | 自動變速箱 |
| BBDC | Before Bottom Dead Center | 下死點前 |
| BCM | Body Control Module | 車身控制模組 |
| BDC | Bottom Dead Center | 下死點 |
| BTDC | Before Top Dead Center | 上死點前 |
| CAN | Controller Area Network | 控制器區域網路(CAN 網路) |
| CCM | Comprehensive Component Monitor | 綜合組件監控器 |
| CHT | | 汽缸頭溫度 |
| CKP | Crankshaft Position | 曲軸位置 |
| CM | Control Module | 控制模組 |
| CMDTC | Continuous Memory Diagnostic Trouble Code | 持續記憶診斷故障碼 |
| CMP | Camshaft Position | 凸輪軸位置 |
| CMU | Connectivity Master Unit | 連接主單元 |
| CPU | Central Processing Unit | 中央處理單元 |
| DC | Drive Cycle | 行駛週期 |
| DEF | Defroster | 除霜裝置 |
| DSC | Dynamic Stability Control | 動態穩定控制 |
| EBD | Electronic Brakeforce Distribution | 電子煞車力分配 |
| EEPROM | Electrically Erasable Programmable Read-Only Memory | 電子抹除式可複寫唯讀記憶體 |
| EHPAS | Electro Hydraulic Power Assist Steering | 電子液壓動力輔助轉向 |
| ELR | Emergency Locking Retractor | 緊急鎖定牽引器 |
| EPS | Electric Power Steering | 電動轉向 |
| ESS | Emergency Stop signal System | 緊急煞車信號系統 |

| 縮寫 | 英文 | 中文 |
|---|---|---|
| EX | Exhaust | 排氣 |
| FBCM | Front Body Control Module | 前車身控制模組 |
| FSC | Forward Sensing Camera | 前置感應攝影機 |
| GPS | Global Positioning System | 全球定位系統 |
| HBC | High Beam Control | 遠光燈控制 |
| HF/TEL | Hands-Free Telephone | 免持電話 |
| HI | High | 高 |
| HLA | Hydraulic Lash Adjuster | 液壓間隙調整器 |
| HS | High Speed | 高速 |
| HU | Hydraulic Unit | 液壓單元 |
| IDS | Integrated Diagnostic Software | 內建診斷軟體 |
| IG | Ignition | 點火 |
| IN | Intake | 進氣 |
| INT | Intermittent | 間歇性 |
| KOEO | Key On Engine Off | 鑰匙開啓引擎停止 |
| KOER | Key On Engine Running | 鑰匙開啓引擎運轉 |
| LCD | Liquid Crystal Display | 液晶顯示幕 |
| LDWS | Lane Departure Warning System | 車道偏離警示系統 |
| LED | Light Emitting Diode | 發光二極體 |
| LF | Left Front | 左前 |
| LH | Left Hand | 左邊 |
| L.H.D. | Left Hand Drive | 左駕 |
| LO | Low | 低 |
| LR | Left Rear | 左後 |
| M | Motor | 馬達 |
| MAX | Maximum | 最大 |
| MIN | Minimum | 最小 |
| MS | Middle speed | 中速 |
| MTX | Manual Transaxle | 手排變速箱 |
| NVH | Noise, Vibration, Harshness | 異音、震動、粗糙 |
| OCV | Oil Control Valve | 機油控制閥 |
| ODDTC | On-demand Diagnostic Trouble Code | 需求診斷故障碼 |
| PAD | Passenger Air Bag Deactivation | 乘客側氣囊取消作動 |
| PCV | Positive Crankcase Ventilation | 積極式曲軸箱通風 |
| PDS | Portable Diagnostic Software | 可攜式診斷軟體 |
| PID | Parameter Identification | 參數辨識 |

| 縮寫 | 英文 | 中文 |
|---|---|---|
| POWER MOSFET | Power Metal Oxide Semiconductor Field Effect Transistor | 電源金屬氧化物半導體場效電晶體 |
| PSD | Power Sliding Door | 電動滑門 |
| P/W CM | Power Window Control Module | 電動窗控制模組 |
| PTC | Positive Temperature Coefficient | 正溫度係數 |
| RBCM | Rear Body Control Module | 後車身控制模組 |
| RCTA | Rear Crossing Traffic Alert | 後方十字路口交通警告 |
| RDP | Run Dry Prevention | 燃油耗盡駕駛預防 |
| RDS | Radio Data System | 無線電資料系統 |
| REC | Recirculate | 再循環 |
| RES | Rear Entertainment System | 後娛樂系統 |
| RF | Right Front | 右前 |
| RH | Right Hand | 右邊 |
| R.H.D. | Right Hand Drive | 右駕 |
| RR | Right Rear | 右後 |
| SAS | Sophisticated Air Bag Sensor | 精密的氣囊感知器 |
| SST | Special Service Tool | 特殊維修工具 |
| SW | Switch | 開關 |
| TAU | Tuner and Amp Unit | 調諧器與擴大機單元 |
| TCS | Traction Control System | 循跡控制系統 |
| TDC | Top Dead Center | 上死點 |
| TFT | Transaxle Fluid Temperature | 變速箱油溫度 |
| TNS | Tail Number Side Lights | 車尾牌照燈 |
| TPMS | Tire Pressure Monitoring System | 胎壓監控系統 |
| USB | Universal Serial Bus | 通用序列匯流排 |
| VBC | Variable Boost Control | 可變增壓控制 |
| VENT | Ventilation | 通風 |
| WGN | Wagon | 旅行車 |
| W/M | Workshop Manual | 修護手冊 |
| 1GR | First Gear | 一檔 |
| 2GR | Second Gear | 二檔 |
| 2WD | 2-Wheel Drive | 2-輪驅動 |
| 3GR | Third Gear | 三檔 |
| 4GR | Fourth Gear | 四檔 |
| 4SD | 4 Door Sedan | 4 門轎車 |

| 縮寫 | 英文 | 中文 |
|---|---|---|
| 4WD | 4-Wheel Drive | 4-輪驅動 |
| 5GR | Fifth Gear | 五檔 |
| 5HB | 5 Door Hatchback | 5 門掀背 |
| 6GR | Sixth Gear | 六檔 |

## 3. SAE J1930 專有名詞與頭字語

| 專有名詞 | 頭字語 |
|---|---|
| 3-2 Timing Solenoid | 3-2TS |
| Accelerator Pedal | AP |
| Accelerator Pedal Position | APP |
| Adsorber | |
| Air Cleaner | ACL |
| Air Conditioning | A/C |
| Air Fuel Ratio | A/F |
| Ambient Air Temperature | AAT |
| Automatic 4 Wheel Drive | A4WD |
| Automatic Transaxle | A/T |
| Automatic Transmission | A/T |
| Barometric Pressure | BARO |
| Battery Positive Voltage | B+ |
| Blower Control | BC |
| Brake Pedal Position | BPP |
| Brake Pressure | |
| Bus Negative | BUS N |
| Bus Positive | BUS P |
| Calculated Load Value | LOAD |
| Camshaft Position | CMP |
| Canister | |
| Carbon Dioxide | CO2 |
| Carbon Monoxide | CO |
| Carburetor | CARB |
| Catalytic Converter Heater | |
| Charge Air Cooler | CAC |
| Climate Control | CC |
| Closed Loop | CL |

| 專有名詞 | 頭字語 |
|---|---|
| Closed Throttle Position | CTP |
| Clutch Pedal Position | CPP |
| Coast Clutch Solenoid | CCS |
| Constant Volume Sampler | CVS |
| Continuous Fuel Injection | CFI |
| Continuous Trap Oxidizer | CTOX |
| Continuously Variable Transaxle | CVT |
| Continuously Variable Transmission | CVT |
| Crankshaft Position | CKP |
| Critical Flow Venturi | CFV |
| Data Link Connector | DLC |
| Diagnostic Test Mode | DTM |
| Diagnostic Trouble Code | DTC |
| Direct Fuel Injection | DFI |
| Distributor Ignition | DI |
| Drive Motor | DM |
| Drive Motor Control Module | DMCM |
| Drive Motor Coolant Temperature | DMCT |
| Drive Motor Power Inverter | DMPI |
| Driver | |
| Early Fuel Evaporation | EFE |
| Electrically Erasable Programmable Read Only Memory | EEPROM |
| Electrically Heated Oxidation Catalyst | HOC |
| Electronic Ignition | EI |
| Engine Control | EC |
| Engine Control Module | ECM |
| Engine Coolant Level | ECL |
| Engine Coolant Temperature | ECT |
| Engine Fuel Temperature | EFT |
| Engine Modification | EM |
| Engine Oil Pressure | EOP |
| Engine Oil Temperature | EOT |
| Engine Speed | RPM |
| Erasable Programmable Read Only Memory | EPROM |
| Evaporative Emission | EVAP |
| Exhaust Control | EXC |

| 專有名詞 | 頭字語 |
| --- | --- |
| Exhaust Gas Recirculation | EGR |
| Exhaust Gas Recirculation Temperature | EGRT |
| Exhaust Gas Temperature | EGT |
| Exhaust Pressure | EP |
| Exhaust Pressure Regulator | EPR |
| Exhaust Temperature | E/T |
| Four Wheel Drive | 4WD |
| Fan Control | FC |
| Flame Ionization Detector | FID |
| Flash Electrically Erasable Programmable Read Only Memory | FEEPROM |
| Flash Erasable Programmable Read Only Memory | FEPROM |
| Flexible Fuel | FF |
| Fourth Gear | 4GR |
| Freeze Frame | |
| Front Wheel Drive | FWD |
| Fuel Injector Control | FIC |
| Fuel Level Sensor | |
| Fuel Pressure | |
| Fuel Pump | FP |
| Fuel Rail Pressure | FRP |
| Fuel Rail Temperature | FRT |
| Fuel System Status | |
| Fuel Tank Pressure | FTP |
| Fuel Tank Temperature | FTT |
| Fuel Trim | FT |
| Full Time Four Wheel Drive | F4WD |
| Generator | GEN |
| Glow Plug | |
| Governor | |
| Governor Control Module | GCM |
| Grams Per Mile | GPM |
| Ground | GND |
| Heated Oxygen Sensor | HO2S |
| Heated 3-Way Catalyst | HTWC |
| High Clutch Drum Speed | HCDS |
| High Pressure Cutoff | HPC |

| 專有名詞 | 頭字語 |
|---|---|
| Hydrocarbon | HC |
| Idle Air Control | IAC |
| Idle Speed Control | ISC |
| Ignition Coil | |
| Ignition Control | IC |
| Ignition Control Module | ICM |
| Indirect Fuel Injection | IFI |
| Inertia Fuel Shutoff | IFS |
| Injection Control Pressure | ICP |
| Input Shaft Speed | ISS |
| Intake Manifold Tuning | IMT |
| Inspection and Maintenance | I/M |
| Intake Air | IA |
| Intake Air Temperature | IAT |
| Intake Manifold Runner Control | IMRC |
| Knock Sensor | KS |
| Malfunction Indicator Lamp | MIL |
| Manifold Absolute Pressure | MAP |
| Manifold Absolute Pressure and Temperature | MAPT |
| Manifold Differential Pressure | MDP |
| Manifold Surface Temperature | MST |
| Manifold Vacuum Zone | MVZ |
| Manual Transaxle | M/T |
| Manual Transmission | M/T |
| Mass Airflow | MAF |
| Mixture Control | MC |
| Multiport Fuel Injection | MFI |
| Non Dispersive Infra Red | NDIR |
| Non-Volatile Random Access Memory | NVRAM |
| Nitrogen Oxides | NOX |
| On Board Diagnostic | OBD |
| On-Board Refueling Vapor Recovery | ORVR |
| Open Loop | OL |
| Overdrive Drum Speed | ODS |
| Output Shaft Speed | OSS |
| Oxidation Catalytic Converter | OC |

| 專有名詞 | 頭字語 |
|---|---|
| Oxygen | O2 |
| Oxygen Sensor | O2S |
| Park/Neutral Position | PNP |
| Parameter Identification | PID |
| Periodic Trap Oxidizer | PTOX |
| Positive Crankcase Ventilation | PCV |
| Power Steering Pressure | PSP |
| Power Steering Control | PSC |
| Power Takeoff | PTO |
| Powertrain Control Module | PCM |
| Pressure Control | PC |
| Pressure Relief | PR |
| Programmable Read Only Memory | PROM |
| Pulsed Secondary Air Injection | PAIR |
| Pulse Width Modulation | PWM |
| Random Access Memory | RAM |
| Read Only Memory | ROM |
| Rear Wheel Drive | RWD |
| Relay Module | RM |
| Scan Tool | ST |
| Secondary Air Injection | AIR |
| Selectable Four Wheel Drive | S4WD |
| Sequential Multiport Fuel Injection | SFI |
| Service Reminder Indicator | SRI |
| Shift Solenoid | SS |
| Smoke Puff Limiter | SPL |
| Spark Advance | |
| Spark Plug | |
| Supercharger | SC |
| Supercharger Bypass | SCB |
| System Readiness Test | SRT |
| Thermal Expansion | TE |
| Thermal Vacuum Valve | TVV |
| Third Gear | 3GR |
| Three Way + Oxidation Catalytic Converter | TWC+OC |
| Three Way Catalytic Converter | TWC |

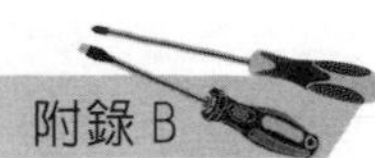

| 專有名詞 | 頭字語 |
|---|---|
| Throttle Actuator | |
| Throttle Actuator Control | TAC |
| Throttle Body | TB |
| Throttle Body Fuel Injection | TBI |
| Throttle Position | TP |
| Torque Converter Clutch | TCC |
| Torque Converter Clutch Pressure | TCCP |
| Track Road Load Horsepower | TRLHP |
| Transmission Control Module | TCM |
| Transmission Fluid Pressure | TFP |
| Transmission Fluid Temperature | TFT |
| Transmission Range | TR |
| Turbine Shaft Speed | TSS |
| Turbocharger | TC |
| Variable Control Relay Module | VCRM |
| Vehicle Control Module | VCM |
| Vehicle Identification Number | VIN. |
| Vehicle Speed Sensor | VSS |
| Voltage Regulator | VR |
| Volume Airflow | VAF |
| Warm Up Oxidation Catalytic Converter | WU-OC |
| Warm Up Three Way Catalytic Converter | WU-TWC |
| Wide Open Throttle | WOT |

# 附錄C

## 電路系統檢修注意要點

### 1. 電路零件

**電瓶線**

- 拆開接頭或拆下電路零件之前，拆開負極電瓶線。

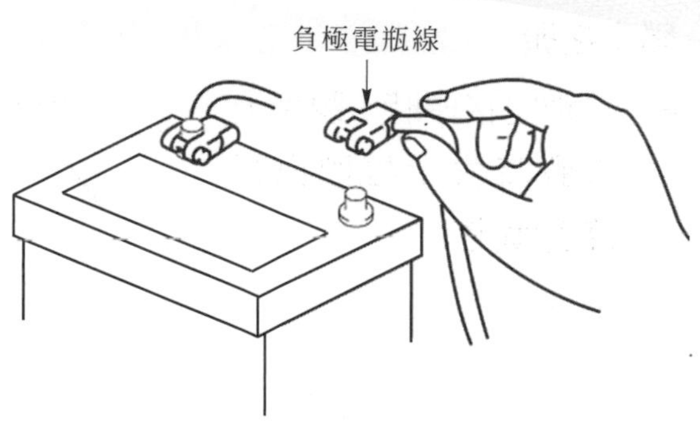


**線束**

- 欲從引擎室的固定扣拆下線束時，使用一字螺絲起子撬開固定扣的鎖扣。
  **注意**：不可拆下線束保護膠帶。否則，電線可能會摩擦車身，可能會造成漏水和短路。

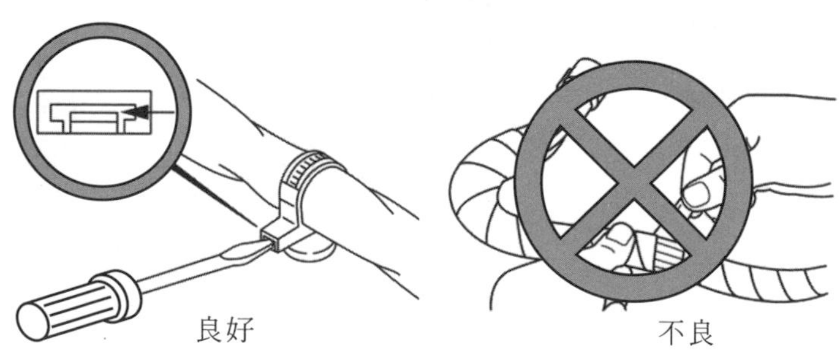

### 接頭

#### 拆開接頭

- 當拆開個接頭時，握住接頭，而非電線。

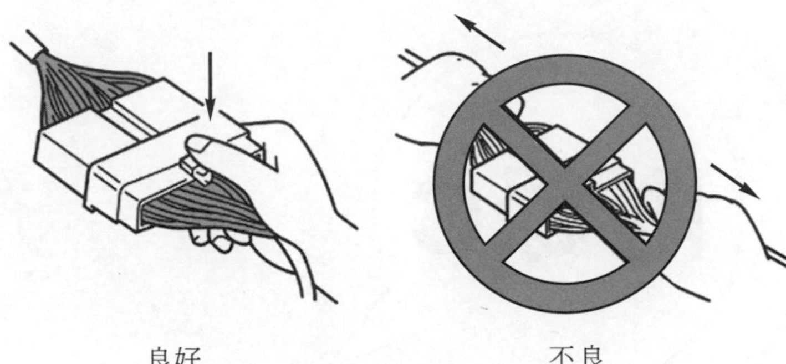

良好　　不良

- 接頭可藉由壓下或拉起圖中所示的鎖桿來拆開。

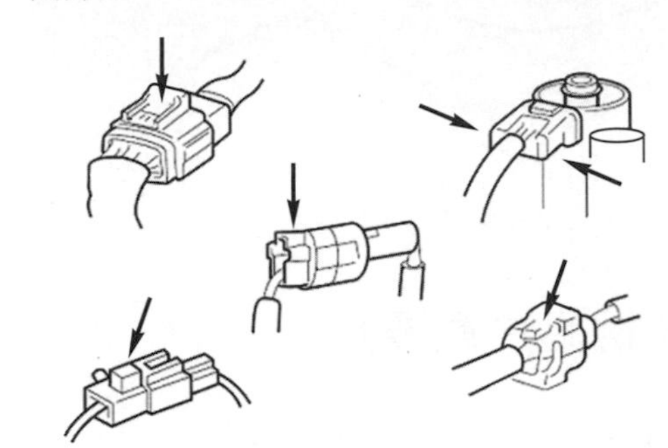

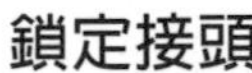

#### 鎖定接頭

- 當鎖定接頭時，聽到卡入聲時表示接頭已經確實鎖定。

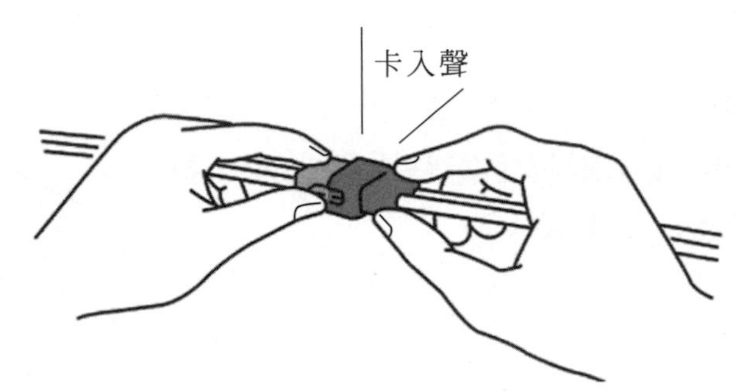


## 2.檢查時注意要點

- 當使用測試器檢查導通性時或測量電壓時，從線束側插入測試器探針。

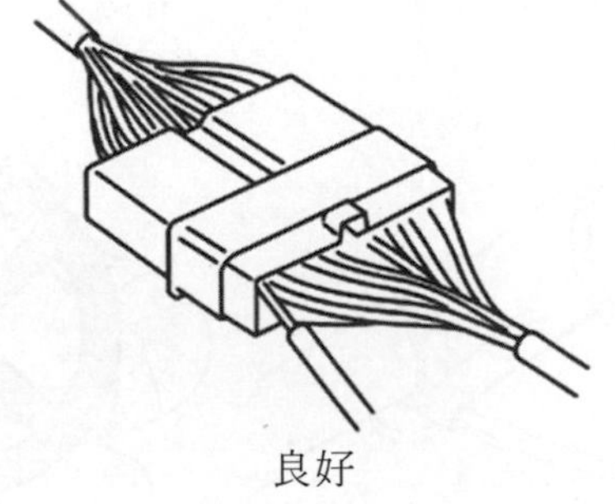

良好

不良

- 從接頭側檢查防水接頭的端子，因爲它們無法自線束側通入(會破壞防水性)。

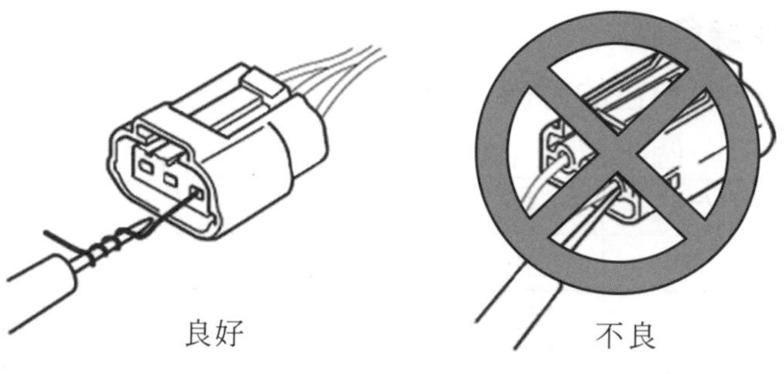


## 檢查端子

- 輕輕拉扯各條導線，確認是否牢固在端子內。

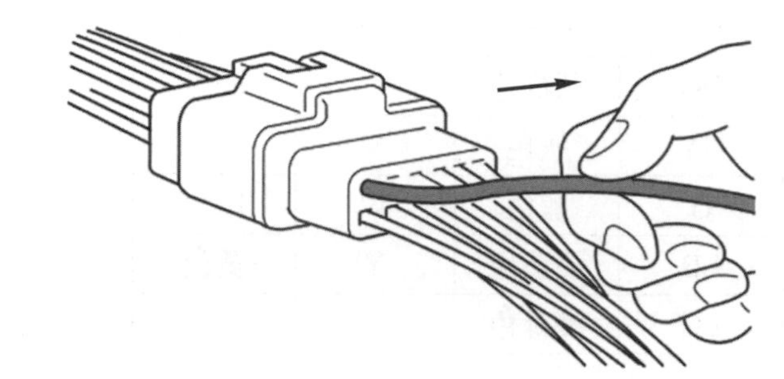

## 更換端子

- 如圖所示，利用適當的工具拆下端子。當安裝端子時，務必將它插入直到牢固鎖住。
- 從接頭的端子側插入細金屬片，並將端子鎖片壓下，然後從接頭將端子拉出。

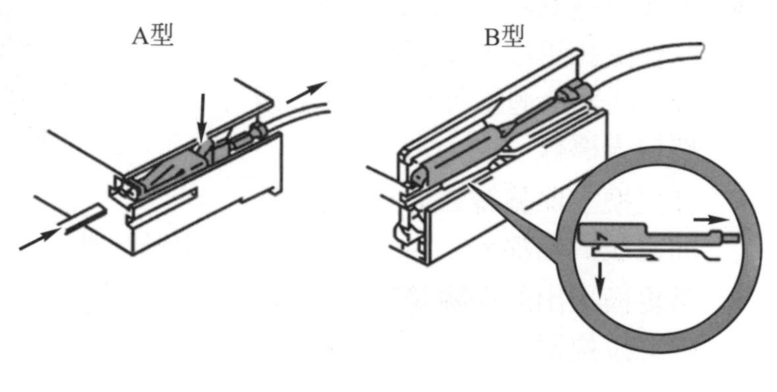


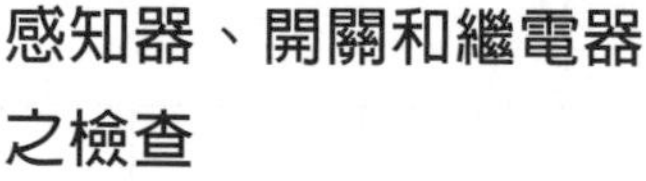

## 感知器、開關和繼電器之檢查

- 小心處理感知器、開關和繼電器。不可掉落或和其他的物體發生碰撞。

### 線束線色碼

- 二個顏色的導線，以二個色碼符號表示。
- 第一個字母表示導線的底色，第二個字母是表示條紋的顏色。

| 代碼 | 顏色 | 代碼 | 顏色 |
|---|---|---|---|
| B | 黑色 | O | 橙色 |
| L | 綠色 | P | 粉紅色 |
| BR | 棕色 | R | 紅色 |
| DL | 深藍色 | SB | 天空藍 |
| DG | 深綠色 | T | 桐色 |
| GY | 灰色 | V | 紫色 |
| G | 藍色 | W | 白色 |
| LB | 淺藍色 | Y | 黃色 |
| LG | 淺綠色 | — | — |

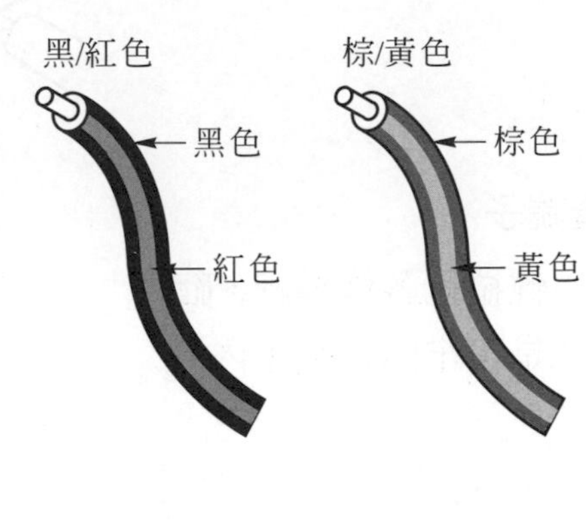


### 更換保險絲

- 更換保險絲時，務必以相同容量的保險絲更換。若保險絲再次故障，則表示迴路可能短路，必須要檢查導線。
- 在更換主保險絲之前，請務必拆開電瓶負極線。
- 當更換拔出的保險絲時，使用保險絲拉拔器。

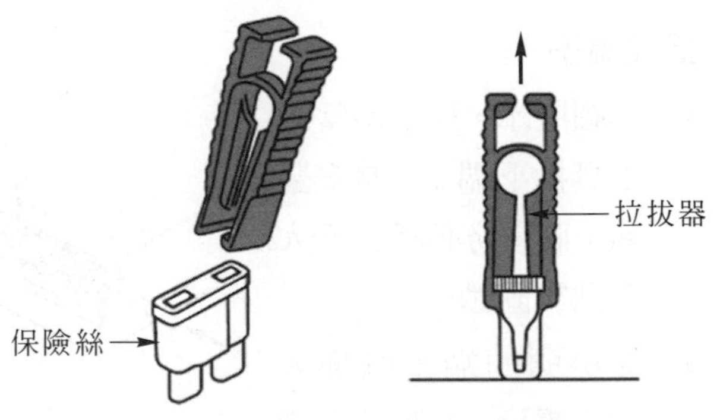


### 線束接頭的觀察方向

- 接頭的觀察方向以符號來表示。
- 顯示觀察方向的圖與使用於線路圖上的相同。
- 觀察方向以下述的三個方式來表示。

### 零件側接頭

零件側接頭的觀察方向是從端子側。

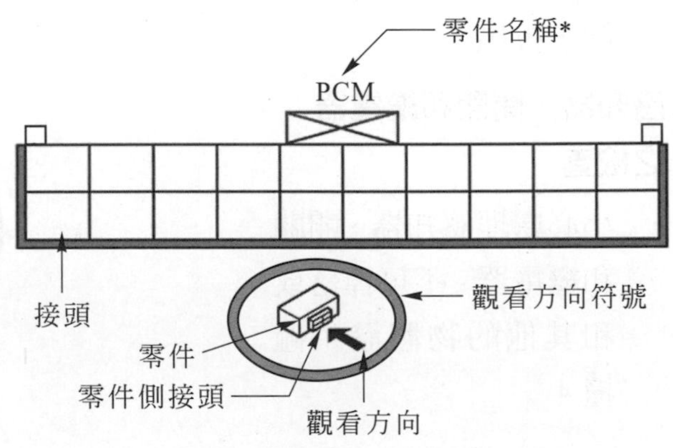


*只有在當有多接頭圖形時，才會顯示零件名稱。

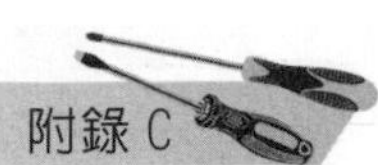

**車輛線束側接頭**

車輛線束側接頭的觀察方向是從線束側。

連接的零件名稱*
PCM
接頭
車輛線束側接頭
觀看方向符號
車輛線束
觀看方向

*只有在當有多接頭圖形時，才會顯示零件名稱。

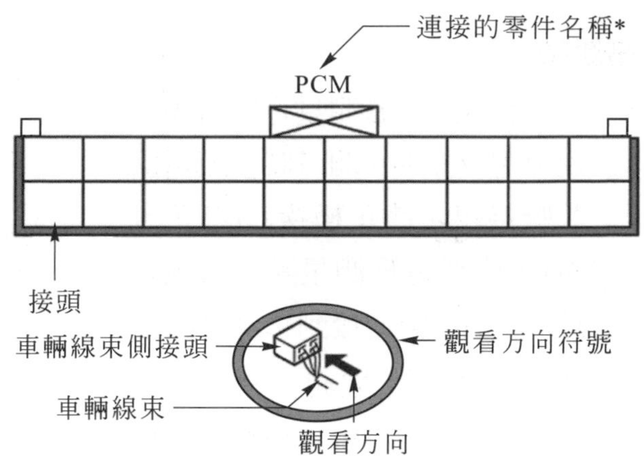

**其他**

- 當需要顯示車輛線束側接頭的端子側時，例如以下的接頭，觀察方向是從端子側。
  - 主保險絲盒和主保險絲盒繼電器
  - 資料連結接頭
  - 檢查接頭
  - 繼電器盒

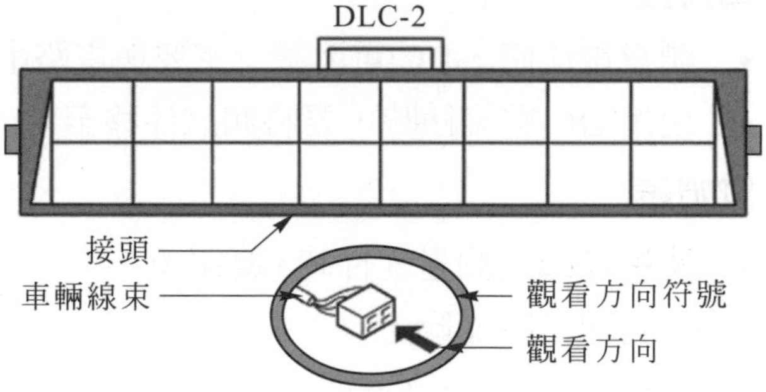

DLC-2
接頭
車輛線束
觀看方向符號
觀看方向

## 3. 電路故障排除工具

**跨接線**

- 跨接線是用來產生一條臨時的迴路。要越過開關在迴路的端子之間連接跨接線。

  **注意：**不可將跨接線從電源線連接到接地。如此會造成線束或電子組件燒燬或其他的損壞。

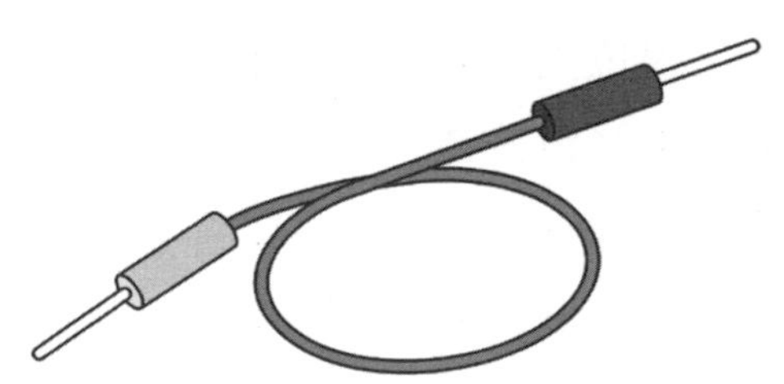

**電壓錶**

- DC 電壓錶用於測量迴路電壓。使用電壓錶時，測量時要與電路並聯接線，將正極探針(紅色導線)連接到電壓測量點，負極探針(黑色導線)連接到車身搭鐵。
- 檔位要放在比欲測量電路之電壓要高一點之 DCV 檔位上，例如要測量 12V 之電路，要放在 DCV 20V 之檔位上。

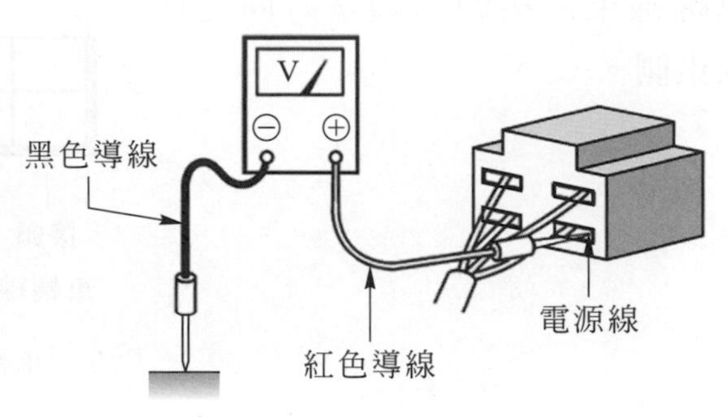


**電流錶**

- 測量電流時，DC 電流錶一定要與電路串聯連接。
- 使用 DC 電流錶時，要將測試棒移至 10A(或 20A)插孔上。

**歐姆錶**

- 使用歐姆錶測量元件時，應避免有其他電阻並聯。
- 歐姆錶用於測量迴路中兩個點之間的電阻，以檢查其導通和短路。
- 檔位要放在比欲測量元件之電阻要高一點之 Ω 檔位上，例如要測量 350 Ω 之電阻，要放在 2000 Ω 之檔位上，如果放在 200 Ω 之檔位上將無法測得。

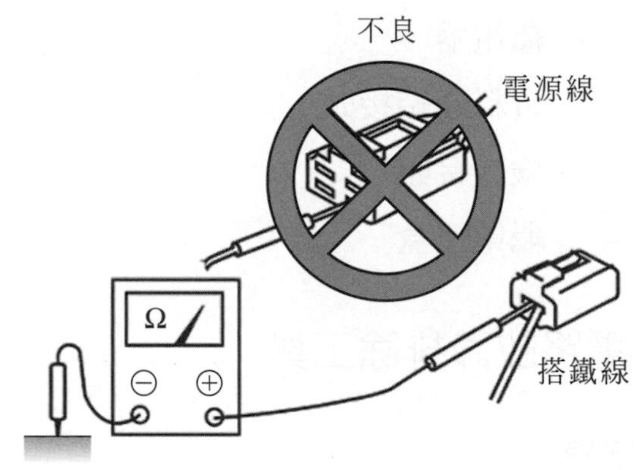


- 使用歐姆錶測量時，不可將兩支手同時握住測試棒，否則量出數值會不準確(等於並聯一個人體電阻)。

  **注意**：不可將歐姆錶連接到有電壓作用的任何迴路，否則將會損壞歐姆錶。

## 焊接之前的注意事項

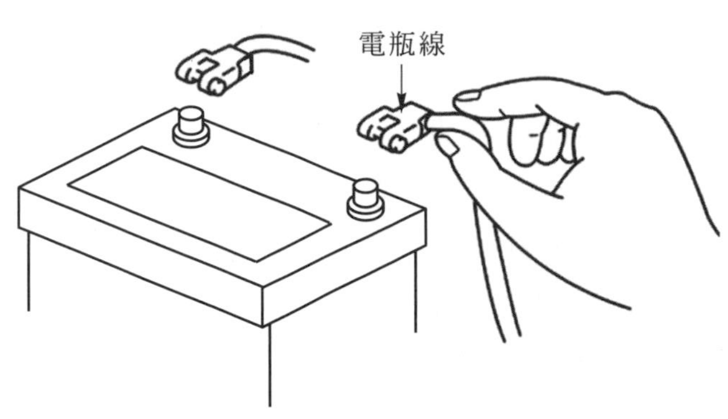


車輛中有各種的電子零件。為避免焊接時因過大電流導致這些零件損壞，務必要遵照以下的程序。

1. 點火開關轉到 OFF (LOCK)位置。
2. 拆開電瓶線。
3. 在焊接區域附近，牢固地連接焊接機接地。
4. 蓋住焊接區域附近的零件，保護受到焊接物質噴濺。

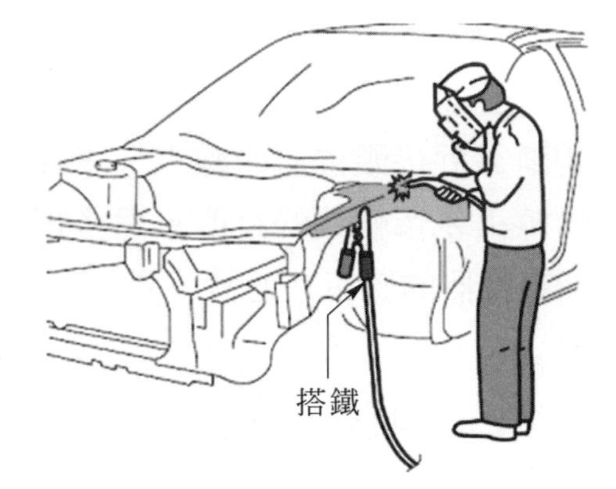


## 檢查搭鐵及拆開/重新連接

- 搭鐵連接對正常電路操作是極重要的，請依下列說明檢查及拆開/重新連接搭鐵。
  - 拆下搭鐵的螺栓或螺絲，檢查是否髒污或生銹。
  - 若有髒污或生銹，則清除掉。
  - 確實依照規定鎖緊扭力鎖緊螺栓或螺絲。
  - 確認零件未與搭鐵迴路干涉。

## 4. 維修時欲更換線束接頭之程序

### 切斷車輛側的線束

(1) 若線束有使用膠套或膠帶來保護，將其切開，小心不可切斷或損傷電線，並露出電線距離接頭約 20 cm。

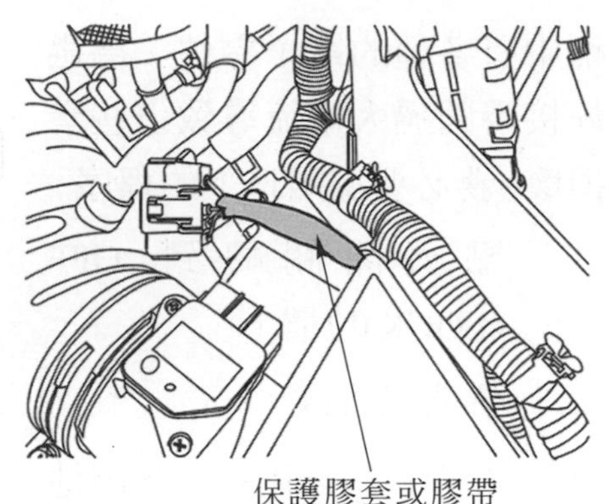


(2) 當切斷靠近接頭位置的線束，車輛側的線束要留較長的長度，然後再切斷車輛側的線束在適當位置。

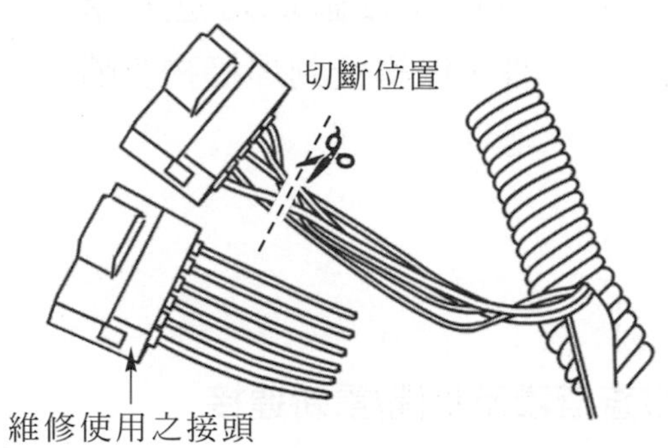


**注意**

- 考量可焊接到的量，將線束長度留較長一點。
- 若切斷線束的長度不同於維修使用線束的長度時，將會發生以下問題。
  - 如果太短：張力將產生於端子、接點或接頭，造成斷路。
  - 如果太長：因靠近接頭的線束過長造成壓住或磨損導致短路發生。
- 若多條電線連接到相同的接頭，如圖示階梯式切斷位置使維修位置不會重疊，以避免維修後的線束變寬。

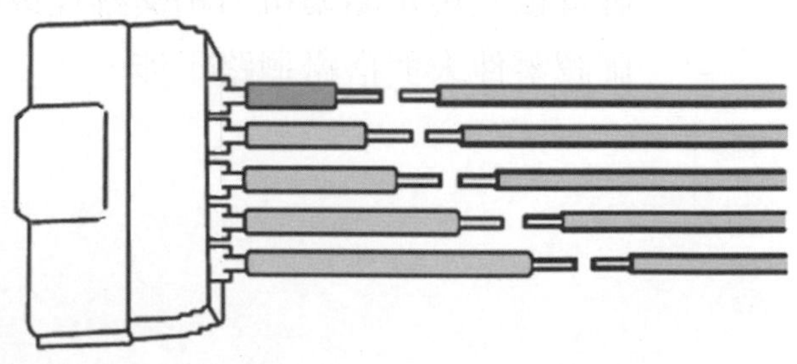

**切斷車輛側線束和維修使用之接頭線束的絕緣**

(1) 切斷絕緣距離車輛側線束和維修使用接頭線束的末端約 10-20 mm。(若維修使用之接頭線束是粗的，藉由切斷較長的絕緣可容易扭轉線芯)

**注意**：不可損壞或切斷線束線芯。完工後檢查線束線芯是否損壞或切斷，如有必要重新作業。

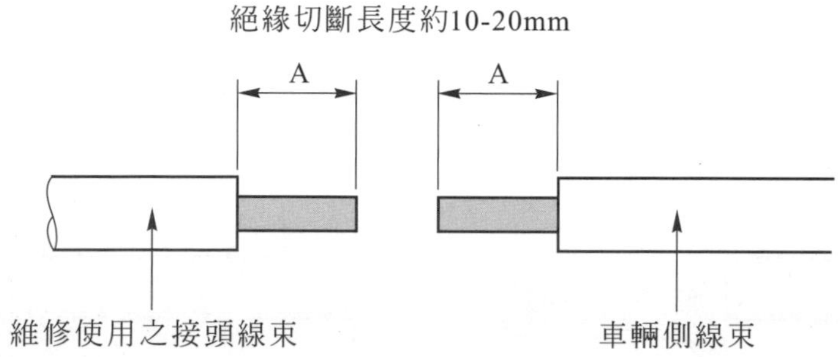

絕緣切斷長度約10-20mm

A

A

維修使用之接頭線束

車輛側線束

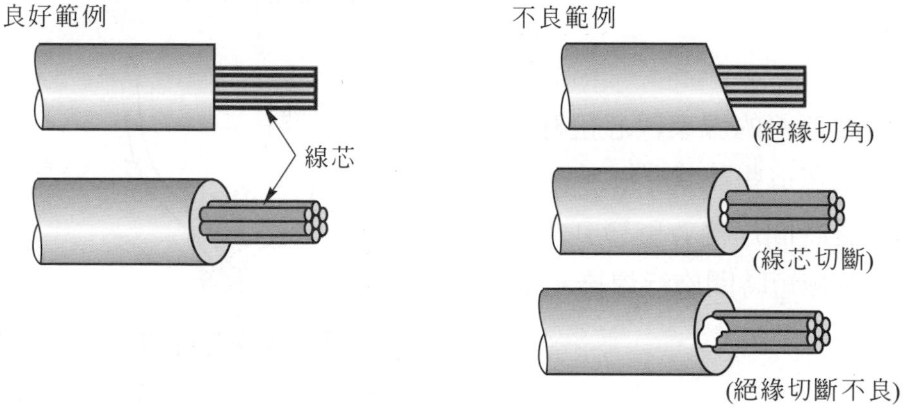

良好範例

線芯

不良範例

(絕緣切角)

(線芯切斷)

(絕緣切斷不良)

(2) 依照要維修線束的粗細度，選擇適用的熱縮管，並在線芯扭轉前，將線束穿過熱縮管。

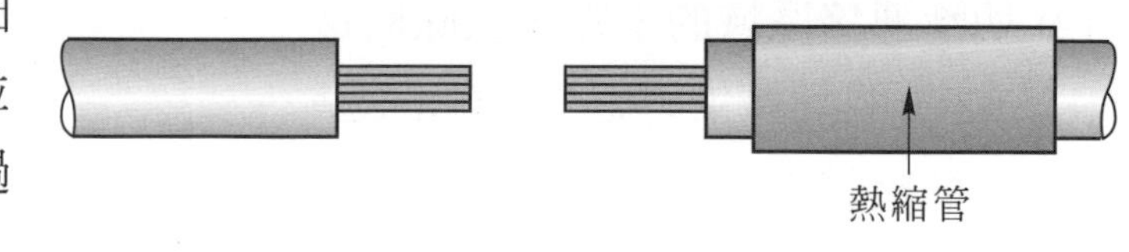


<table>
<tr><th rowspan="2"></th><th colspan="2">熱縮管</th><th rowspan="2">電線尺寸<br>(外徑)</th></tr>
<tr><th>熱縮前</th><th>熱縮後</th></tr>
<tr><td>小</td><td>4 mm</td><td>1 mm</td><td>$\phi$2 mm 或以下</td></tr>
<tr><td>大</td><td>8 mm</td><td>2 mm</td><td>2 mm 或以下</td></tr>
</table>

**注意**：若線芯露出上焊料的區域是 10 mm 時，因熱縮管總長是 50 mm，可切斷熱縮管長度的一半(25 mm)使用。

(3) 如圖示將線束線芯對齊連接。

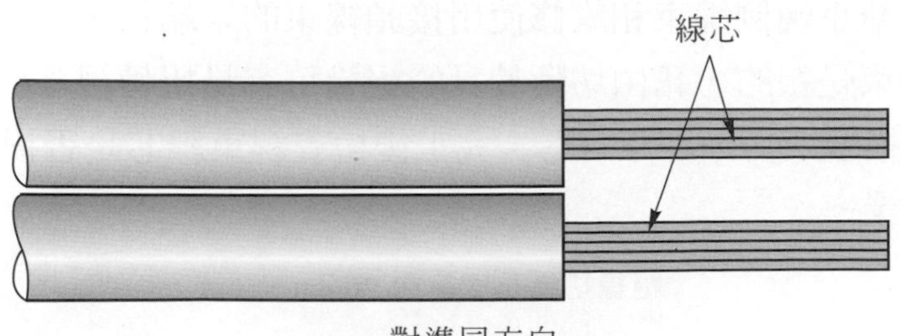


(4) 將兩線芯扭轉在一起。

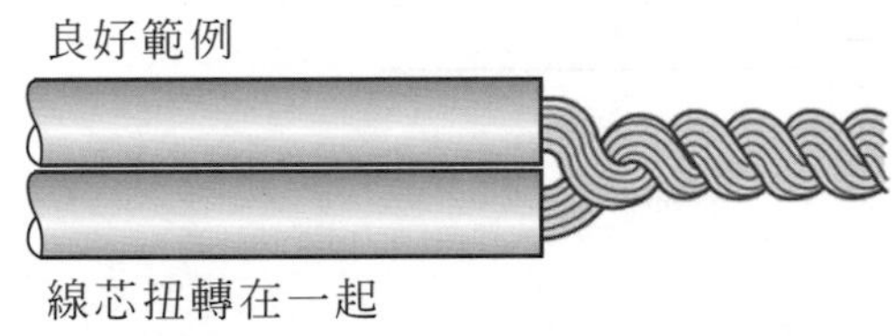


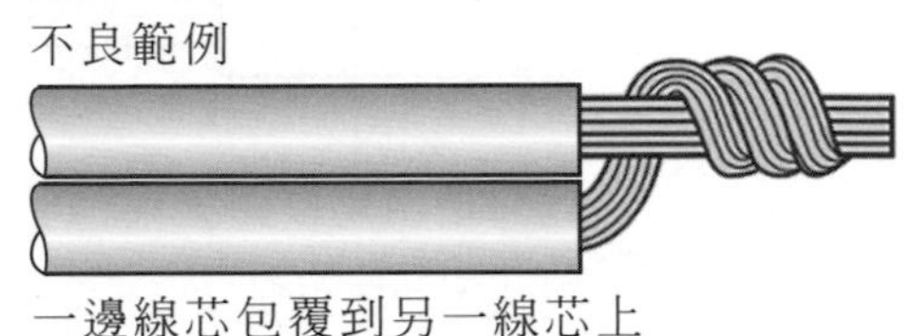


**線芯焊接**

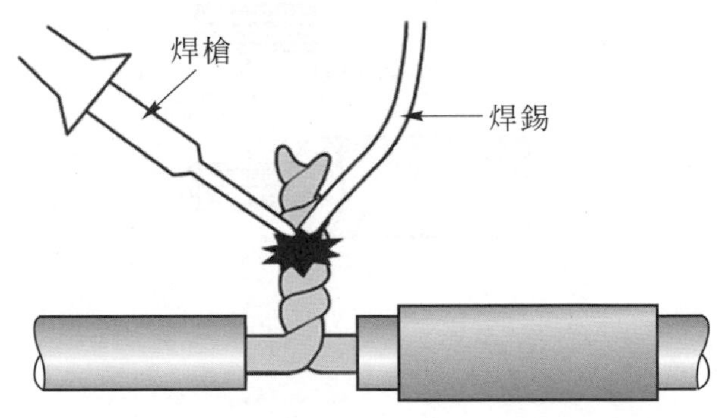


(1) 確實將要連接的線束線芯扭轉在一起，並在這些區域焊接。

**注意**：長時間焊接會影響到周遭電路，應極短時間施行焊接。

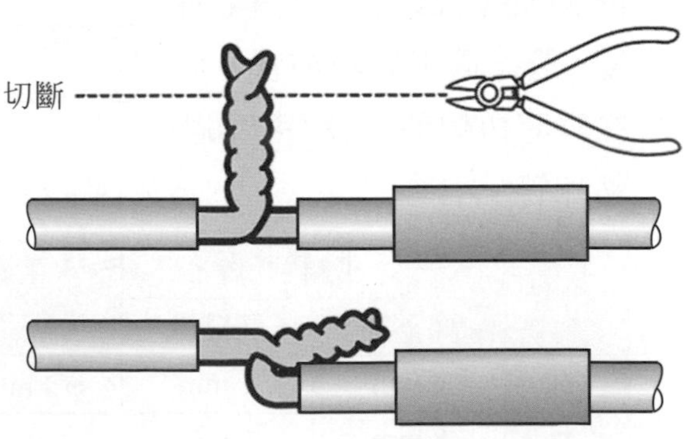


(2) 切斷連接區域的末端，去除磨邊之後，將焊鐵尖頭施予到線芯處。

(3) 將熱縮管安裝到已焊接區域，使用吹風機並以溫度約為 100°C 來熱縮熱縮管。

**注意**：完成熱縮熱縮管使線束無間隙。實施此作業時要小心，不可過熱造成線束絕緣熔損。

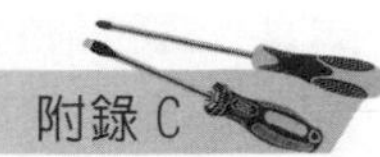

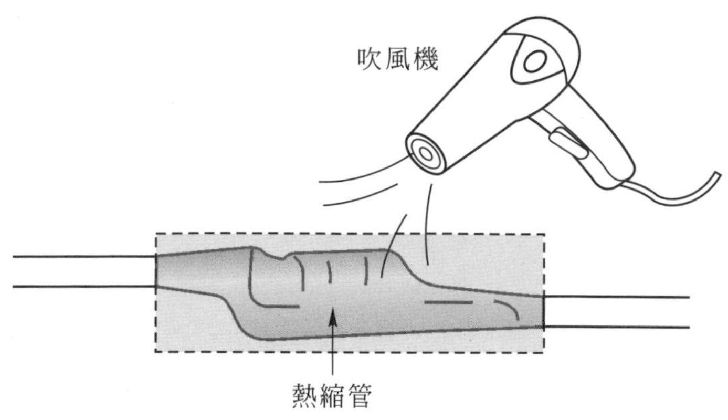


**包覆作業**

(1) 使用膠帶包覆熱縮管表面。

**注意**

- 包覆之前，去除包覆區域上的濕氣、油脂和灰塵。
- 緊實包覆到末端，使末端不會剝開。
- 包覆時務必要重疊包覆。
- 包覆膠帶至熱縮管兩端之後約 20～30 mm。

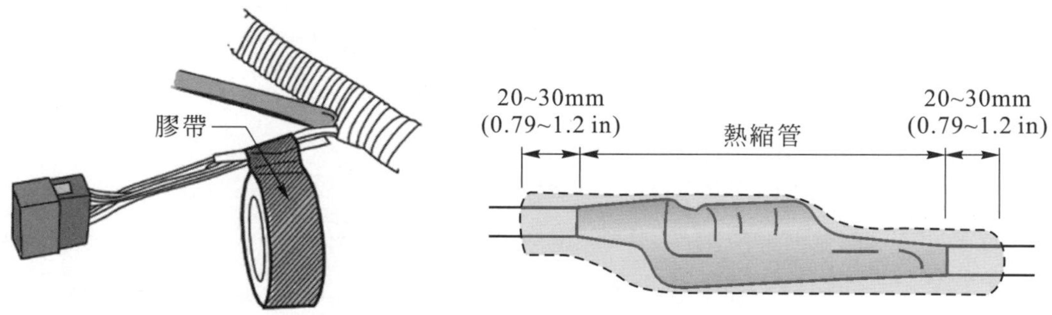


(2) 欲將線束捆綁和包覆，可於距離接頭約 30 mm 處捆綁。

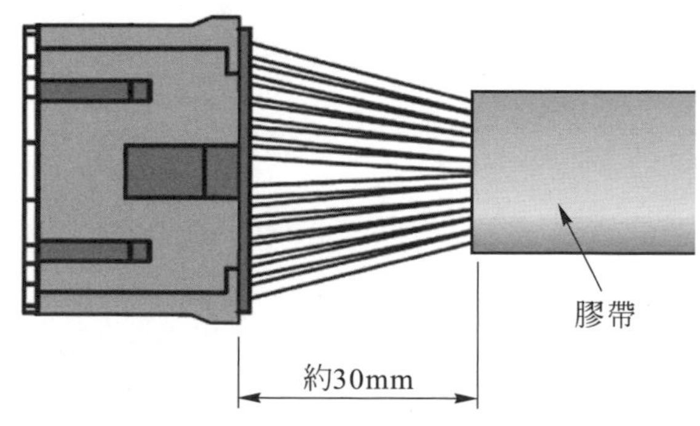

國家圖書館出版品預行編目資料

車輛感測器原理與檢測 / 蕭順清編著. -- 四版.
-- 新北市：全華圖書股份有限公司, 2022.12
面 ； 公分
ISBN 978-626-328-367-1(平裝)
1.CST：車輛 2.CST：感測器
447 111019384

# 車輛感測器原理與檢測

作者／蕭順清
發行人／陳本源
執行編輯／林昱先
出版者／全華圖書股份有限公司
郵政帳號／0100836-1 號
印刷者／宏懋打字印刷股份有限公司
圖書編號／0618003
四版一刷／2023 年 01 月
定價／新台幣 360 元
ISBN／978-626-328-367-1(平裝)
全華圖書／www.chwa.com.tw
全華網路書店 Open Tech／www.opentech.com.tw
若您對本書有任何問題，歡迎來信指導 book@chwa.com.tw

**臺北總公司(北區營業處)**
地址：23671 新北市土城區忠義路 21 號
電話：(02) 2262-5666
傳真：(02) 6637-3695、6637-3696

**南區營業處**
地址：80769 高雄市三民區應安街 12 號
電話：(07) 381-1377
傳真：(07) 862-5562

**中區營業處**
地址：40256 臺中市南區樹義一巷 26 號
電話：(04) 2261-8485
傳真：(04) 3600-9806(高中職)
(04) 3601-8600(大專)

# 讀者回函卡

掃 QRcode 線上填寫 ▶▶▶

姓名：＿＿＿＿＿＿　生日：西元＿＿＿年＿＿＿月＿＿＿日　性別：□男 □女

電話：（　）＿＿＿＿＿＿　手機：＿＿＿＿＿＿

e-mail：（必填）＿＿＿＿＿＿

註：數字零，請用 Φ 表示，數字 1 與英文 L 請另註明並書寫端正，謝謝。

通訊處：□□□□□

學歷：□高中・職　□專科　□大學　□碩士　□博士

職業：□工程師　□教師　□學生　□軍・公　□其他

學校／公司：＿＿＿＿＿＿　科系／部門：＿＿＿＿＿＿

・需求書類：

□ A. 電子 □ B. 電機 □ C. 資訊 □ D. 機械 □ E. 汽車 □ F. 工管 □ G. 土木 □ H. 化工 □ I. 設計

□ J. 商管 □ K. 日文 □ L. 美容 □ M. 休閒 □ N. 餐飲 □ O. 其他

・本次購買圖書為：＿＿＿＿＿＿　書號：＿＿＿＿＿＿

・您對本書的評價：

封面設計：□非常滿意　□滿意　□尚可　□需改善，請說明＿＿＿＿＿＿

內容表達：□非常滿意　□滿意　□尚可　□需改善，請說明＿＿＿＿＿＿

版面編排：□非常滿意　□滿意　□尚可　□需改善，請說明＿＿＿＿＿＿

印刷品質：□非常滿意　□滿意　□尚可　□需改善，請說明＿＿＿＿＿＿

書籍定價：□非常滿意　□滿意　□尚可　□需改善，請說明＿＿＿＿＿＿

整體評價：請說明＿＿＿＿＿＿

・您在何處購買本書？

□書局　□網路書店　□書展　□團購　□其他＿＿＿＿＿＿

・您購買本書的原因？（可複選）

□個人需要　□公司採購　□親友推薦　□老師指定用書　□其他＿＿＿＿＿＿

・您希望全華以何種方式提供出版訊息及特惠活動？

□電子報　□ DM　□廣告（媒體名稱＿＿＿＿＿＿）

・您是否上過全華網路書店？（www.opentech.com.tw）

□是　□否　您的建議＿＿＿＿＿＿

・您希望全華出版哪方面書籍？＿＿＿＿＿＿

・您希望全華加強哪些服務？＿＿＿＿＿＿

感謝您提供寶貴意見，全華將秉持服務的熱忱，出版更多好書，以饗讀者。

填寫日期：　　/　　/

2020.09 修訂

---

親愛的讀者：

感謝您對全華圖書的支持與愛護，雖然我們很慎重的處理每一本書，但恐仍有疏漏之處，若您發現本書有任何錯誤，請填寫於勘誤表內寄回，我們將於再版時修正，您的批評與指教是我們進步的原動力，謝謝！

全華圖書　敬上

## 勘誤表

| 書　號 | | 書　名 | | 作　者 | |
|---|---|---|---|---|---|
| 頁　數 | 行　數 | 錯誤或不當之詞句 | | 建議修改之詞句 | |
| | | | | | |
| | | | | | |
| | | | | | |
| | | | | | |
| | | | | | |
| | | | | | |
| | | | | | |
| | | | | | |
| | | | | | |

我有話要說：（其它之批評與建議，如封面、編排、內容、印刷品質等・・・）